AngularJS
リファレンス

池添 明宏、金井 健一、吉田 徹生 [共著]

インプレス

■ソースコードについて

本書で使用しているソースコードは、以下のURLよりダウンロードできます。

http://www.impressjapan.jp/books/1114101042/

■本書の内容と商標について

・本書の内容は、2014年8月の情報に基づいています。記載したURLやサービス内容などは、予告なく変更される可能性があります。
・本書の内容によって生じる直接的または間接的被害について、著者ならびに弊社では一切の責任を負いかねます。
・本文中の社名、製品・サービス名などは、一般に各社の商標または登録商標です。本文中に©、®、™は表示していません。

はじめに

　近年のWebアプリケーションは、UI（User Interface）のみならずUX（User Experience）も考慮されたリッチなインタフェースが求められています。パソコンだけではなくスマートフォンやタブレット対応も必要になるなど、開発の複雑化はとどまることなく、端末のパフォーマンス向上やブラウザの性能や機能の向上により、JavaScriptで実現できることも大きく拡がっています。

　複雑で大規模なクライアントJavaScriptアプリケーションの開発を支えるため、Ext.jsやBackbone.js、Knockout.js、Ember.js、Vue.jsなど多くのフレームワークが登場していますが、現時点ではAngularJSがもっとも人気があります。

　AngularJSの最大の特徴はフルスタックであることです。すなわち、クライアントサイドで必要となる機能がひと通り揃っているため、不足機能を補おうと思い悩む必要がありません。また、Googleが注力して開発を進めている安心感もあります。さらに、ECMAScript 6やWebComponentsの仕様を視野に入れているなど、将来性も期待できます。

　AngularJSは学習コストが高いとも言われますが、決して学習に対する費用対効果が悪いわけではありません。データバインディングをはじめ、DI、モジュール、サービス、フィルター、ディレクティブなど独自の概念が数多く登場する上に、テストやセキュリティのサポートも充実しているなど、多くの機能が搭載されているため、すべてを学習するコストは掛かります。しかし、多くの基本部品を組み合わせるだけでも、ある程度のアプリケーションが簡単に開発できます。独自の動きを表現したり、メンテナンス性の高いアプリケーションを開発する際に、はじめてフィルターやサービス、ディレクティブを自ら開発する必要に迫られるので、順次学習を進めるスタイルでも構いません。

　本書では、序盤でAngularJS標準のディレクティブ、フィルター、サービスを説明し、DI、モジュール、スコープやコントローラなど、提供されるフレームワークを解説します。中盤以降では、フィルターやサービス、ディレクティブの開発を解説します。特にAngularJSの難所と言われるディレクティブに関しては、基本的なAPIをサンプルを交えながら解説し、より実践的なディレクティブの実装例を紹介します。

　これまでjQueryなどでアプリケーションを開発してきたものの、その複雑さに限界を感じている開発者におすすめです。本書が複雑かつ大規模なアプリケーション開発の手助けとなれば幸いです。

2014年夏　執筆陣を代表して
池添 明宏

Contents

Chapter 01 基本機能の説明

- 1-1 AngularJS とは ... 002
- 1-2 AngularJS のダウンロード ... 005
- 1-3 AngularJS の基本機能紹介 ... 007

Chapter 02 ビルトインディレクティブ

- 2-1 DOM 操作 ... 014
  - 2-1-1 ngBind ... 014
  - 2-1-2 ngBindHtml ... 015
  - 2-1-3 ngBindTemplate ... 016
  - 2-1-4 ngNonBindable ... 016
  - 2-1-5 ngCloak ... 017
  - 2-1-6 ngStyle ... 018
  - 2-1-7 ngClass ... 018
  - 2-1-8 ngClassEven ... 020
  - 2-1-9 ngClassOdd ... 021
  - 2-1-10 ngShow ... 021
  - 2-1-11 ngHide ... 022
  - 2-1-12 ngOpen ... 023
  - 2-1-13 ngPluralize ... 023
  - 2-1-14 ngIf ... 025
  - 2-1-15 ngSwitch ... 026
  - 2-1-16 ngRepeat ... 027
  - 2-1-17 ngMessages/ngMessage ... 030
- 2-2 イベント ... 032
  - 2-2-1 ngClick ... 032
  - 2-2-2 ngDblClick ... 033
  - 2-2-3 ngMousedown ... 034
  - 2-2-4 ngMouseup ... 034

2-2-5	ngMouseenter	035
2-2-6	ngMouseover	036
2-2-7	ngMousemove	037
2-2-8	ngMouseleave	038
2-2-9	ngFocus	038
2-2-10	ngBlur	039
2-2-11	ngKeydown	040
2-2-12	ngKeypress	041
2-2-13	ngKeyup	041
2-2-14	ngChange	042
2-2-15	ngChecked	043
2-2-16	ngCopy	044
2-2-17	ngCut	045
2-2-18	ngPaste	045
2-2-19	ngSubmit	046
2-2-20	$event	047

2-3　form・input　052

2-3-1	form	052
2-3-2	ngForm	052
2-3-3	input	053
2-3-4	input[text]/textarea	053
2-3-5	input[email]	054
2-3-6	input[number]	054
2-3-7	input[url]	055
2-3-8	input[checkbox]	055
2-3-9	input[radio]	056
2-3-10	input[dateTimeLocal|date|month|time|week]	057
2-3-11	ngList	058
2-3-12	select/ngOptions	059
2-3-13	ngValue	061
2-3-14	ngDisabled/ngReadonly/ngSelected	062

2-4　その他のディレクティブ　063

2-4-1	ngApp	063
2-4-2	ngInit	064
2-4-3	ngInclude	064
2-4-4	ngModel	064
2-4-5	ngModelOptions	065
2-4-6	a要素	066
2-4-7	ngHref	066
2-4-8	script	066
2-4-9	ngSrc/ngSrcset	067
2-4-10	ngTransclude	067
2-4-11	ngCsp	067

Chapter 03 フィルター・サービス・フォームバリデーション

3-1 フィルター ... 070
- 3-1-1 currency ... 070
- 3-1-2 date ... 071
- 3-1-3 number ... 073
- 3-1-4 json ... 074
- 3-1-5 limitTo ... 075
- 3-1-6 orderBy ... 076
- 3-1-7 lowercase/uppercase ... 078
- 3-1-8 filter ... 079
- 3-1-9 フィルターの組み合わせ ... 080
- 3-1-10 i18n/l10n 対応 ... 081

3-2 サービス ... 083
- 3-2-1 $rootScope ... 085
- 3-2-2 $location ... 086
- 3-2-3 $timeout ... 087
- 3-2-4 $interval ... 088
- 3-2-5 $log ... 089
- 3-2-6 ngCookies ... 090
- 3-2-7 ngTouch ... 090

3-3 フォームバリデーション ... 092
- 3-3-1 バリデーションの定義 ... 092
- 3-3-2 エラーハンドリング ... 095
- 3-3-3 バリデーションチェックの結果 ... 096

Chapter 04 グローバル API

4-1 オブジェクト操作 ... 100
- 4-1-1 angular.bind ... 101
- 4-1-2 angular.copy ... 104

	4-1-3	angular.extend	105
	4-1-4	angular.forEach	107
	4-1-5	angular.toJson	108
	4-1-6	angular.fromJson	110
	4-1-7	angular.equals	110

4-2 汎用メソッド … 113

	4-2-1	型の判別メソッド	113
	4-2-2	その他の汎用メソッド	114

4-3 DOM 操作 … 115

	4-3-1	angular.element	115
	4-3-2	jqLite	116
	4-3-3	AngularJS 拡張	118
	4-3-4	jQuery の利用	119

Chapter 05 モジュールと DI

5-1 モジュール … 122

	5-1-1	モジュールの作成と取得	123
	5-1-2	モジュールへのサービスの登録	124
	5-1-3	依存関係の定義	126
	5-1-4	ng モジュールの依存関係	127

5-2 DI（Dependency Injection） … 129

	5-2-1	DI とは	129
	5-2-2	サービスのインジェクション	129
	5-2-3	アンダースコアラッピング	131
	5-2-4	アノテーション	132
	5-2-5	厳格な DI	133
	5-2-6	インジェクト可能なメソッド	134
	5-2-7	モジュールのコンフィギュレーション	134
	5-2-8	$injector サービスの利用	136

5-3 AngularJS の起動 … 141

Chapter 06 スコープとコントローラ

6-1 スコープとコントローラの基本 — 144
- 6-1-1 スコープとコントローラの利用方法 — 144
- 6-1-2 スコープの役割 — 145
- 6-1-3 コントローラの役割 — 147

6-2 スコープの適用範囲とインスタンス — 148
- 6-2-1 コントローラとスコープの関係 — 148
- 6-2-2 コントローラの階層化 — 150
- 6-2-3 プロトタイプ継承 — 151
- 6-2-4 $rootScope — 154
- 6-2-5 スコープとしてのコントローラ — 155
- 6-2-6 スコープ間連携 — 156

6-3 スコープの監視と反映 — 160
- 6-3-1 変更監視機能 — 160
- 6-3-2 更新処理 — 163

6-4 AngularJS アプリケーションのアーキテクチャ — 166
- 6-4-1 SPA（Single Page Application） — 166
- 6-4-2 MVW（Model View Whatever）パターン — 169

Chapter 07 ルーティングと通信

7-1 プロミス — 172
- 7-1-1 プロミスとは — 173
- 7-1-2 プロミスの利用 — 174

7-2 ルーティング — 177
- 7-2-1 ルーティングの構成技術 — 177

	7-2-2	ng-routeの利用	178
	7-2-3	Hashモードとhtml5モード	179
	7-2-4	ルーティングの設定	179
	7-2-5	ng-view	181

7-3 サーバとの通信 … 182

	7-3-1	XMLHttpRequestでのやり取り	182
	7-3-2	リクエストとレスポンス	184
	7-3-3	REST	185
	7-3-4	$resource の利用	186
	7-3-5	WebSocket の利用	189

Chapter 08 カスタムフィルター

8-1 フィルターの作成 … 192

	8-1-1	フィルターを作成するAPI	192
	8-1-2	単一値のフィルター	193
	8-1-3	配列のフィルター	194
	8-1-4	オプションパラメータ	195
	8-1-5	サービスのインジェクション	197
	8-1-6	フィルターの組み合わせ	198

8-2 フィルター実装時の注意点 … 201

	8-2-1	フィルター関数の安定性	201
	8-2-2	パフォーマンス	202
	8-2-3	実装例	203

Chapter 09 カスタムサービス

9-1 サービスの登録 … 206

	9-1-1	valueとconstant	206
	9-1-2	ServiceとFactory	209
	9-1-3	Provider	214

9-2　サービス実装のコツと例 — 217
- 9-2-1　シングルトン — 217
- 9-2-2　新しいインスタンスを返すサービス — 218
- 9-2-3　メソッドの使い分け — 219
- 9-2-4　実装例 — 221

Chapter 10　カスタムディレクティブ

10-1　ディレクティブの仕組み — 226
- 10-1-1　ディレクティブの処理 — 226
- 10-1-2　$digestループ — 229
- 10-1-3　$digestループの終了条件 — 231

10-2　API仕様 — 233
- 10-2-1　name — 234
- 10-2-2　template、templateUrl — 235
- 10-2-3　restrict — 236
- 10-2-4　scope — 238
- 10-2-5　replace、transclude、multiElement — 242
- 10-2-6　compile、link — 250
- 10-2-7　priority、terminal — 254
- 10-2-8　controller、controllerAs、require — 257

10-3　ディレクティブの開発に利用可能なサービス — 263
- 10-3-1　スコープの生成と破棄 — 263
- 10-3-2　スコープの評価 — 265
- 10-3-3　$parse、$interpolate、$compile — 266
- 10-3-4　ngModelController — 270

10-4　ディレクティブ実装例 — 275
- 10-4-1　comboBoxディレクティブ — 275
- 10-4-2　notificationディレクティブ — 277
- 10-4-3　ratingディレクティブ — 279
- 10-4-4　bookItem/bookListディレクティブ — 281
- 10-4-5　barGraphディレクティブ — 288

Chapter 11 テスト

11-1 自動テストの基本 — 294
- 11-1-1 テストの種類 — 294
- 11-1-2 テストツール — 295

11-2 ユニットテスト — 297
- 11-2-1 ユニットテストの基本 — 297
- 11-2-2 ユニットテストのAPI — 303
- 11-2-3 ユニットテストの実装例 — 310

11-3 インテグレーションテスト — 316
- 11-3-1 インテグレーションテストの基本 — 316
- 11-3-2 ProtractorのAPI — 322

Chapter 12 セキュリティ

12-1 Webアプリケーションの脆弱性 — 332
- 12-1-1 XSS（Cross Site Scripting） — 332
- 12-1-2 XSRF（Cross Site Request Forgeries） — 333

12-2 XSSの基本対策 — 334
- 12-2-1 エスケープ — 334
- 12-2-2 HTML内へのイベント記述の禁止 — 336

12-3 サニタイズ — 337
- 12-3-1 ngSanitize — 337
- 12-3-2 linkyフィルター — 338

12-4 SCE（Strict Contextual Escaping） — 341
- 12-4-1 SCEによる出力制限 — 341
- 12-4-2 信頼済みマーク — 341
- 12-4-3 ホワイトリスト・ブラックリスト — 343

12-5 CSP (Content Security Policy) ... 345
- 12-5-1 AngularJS におけるCSP への対応 ... 345
- 12-5-2 Chrome 拡張・アプリケーション ... 347

12-6 HttpProvider ... 348
- 12-6-1 セキュリティトークン ... 348
- 12-6-2 JSON の想定外読み出しによる攻撃 ... 349
- 12-6-3 カスタムヘッダのチェック ... 350

Chapter 13 ツール

13-1 開発ツール ... 352
- 13-1-1 Node.js ... 352
- 13-1-2 npm（Node Package Manager） ... 352
- 13-1-3 bower ... 355
- 13-1-4 grunt ... 357
- 13-1-5 yo & generator-angular ... 357

13-2 UI コンポーネント ... 363
- 13-2-1 UI-Utils ... 363
- 13-2-2 UI-Layout ... 365
- 13-2-3 UI-Modules ... 368
- 13-2-4 NG-Grid ... 370
- 13-2-5 UI-Bootstrap ... 372
- 13-2-6 UI-Router ... 374

13-3 AngularJS Batarang ... 377

索引 ... 380

謝辞 ... 386

著者プロフィール ... 387

Chapter 01

基本機能の概要

Chapter 01

[Section]
1-1 AngularJS とは

　現代はWebアプリケーションのUI（User Interface）を語る際、UX（User Experience）も無視できない時代です。新しいユーザー体験を提供するには、従来のWebアプリケーションでは実現できないリッチでインタラクティブなUIが必要となります。こうしたUIの実現にはJavaScriptは欠かすことができない要素です。HTML5の登場やJavaScriptエンジンの性能向上、ライブラリの充実などが追い風となり、JavaScriptの重要性はさらに増すばかりです。

　しかし、JavaScriptは各種ブラウザの挙動が統一されていなかったり、ブラウザ固有の不具合が存在するなど、必ずしも優れた開発プラットフォームとは言えません。この問題を解決すべく「Prototype Javascript framework」（prototype.js）や「jQuery」など、ブラウザ間での挙動の差異を吸収するライブラリが登場しました。特にjQueryは簡単にモジュール化できることもあり、独自のエコシステムが構築され、標準ライブラリのように利用されるまで普及しました。しかし、jQueryはあくまでもDOM操作をサポートするライブラリであり、アプリケーション規模が大きくなった際の問題を解決するすべを持つわけではありません。

　ブラウザ依存の問題を解決し、大規模アプリケーションの開発にも耐え得る環境として、「Adobe

表 1.1: 主な出来事

2004 年	Adobe Flex 登場
2005 年	Prototype.js が Ruby on Rails 付属のモジュールとして登場
2006 年	jQuery 登場
2007 年	Microsoft Silverlight 登場
2008 年	HTML5 の仕様の草案が発表
2008 年	iPhone 3G 発売
2009 年	AngularJS 登場
2010 年	Backbone.js 登場
2010 年	iPad 発売
2011 年	Ember.js 登場
2011 年	モバイル版 Flash の開発を断念、Flex を Apache 財団に寄付
2012 年	Silverlight5 以降の開発終了が報道される

1-1　AngularJSとは

Flex」や「Microsoft Silverlight」など、RIA (Rich Internet Application) プラットフォームも登場しましたが、スマートフォンやタブレット普及のタイミングと重なったこともあり、結局はプラグイン不要でブラウザネイティブで動作するJavaScriptが生き残っています。

　前述のRIAプラットフォーム衰退と同時期に、「Backbone.js」や「Ember.js」などに代表されるMVC (Model View Controller) パターンを取り入れたフレームワークの人気が向上してきました。本書で紹介する「AngularJS」もこのMVCパターンを取り入れたフレームワークです。
　長年にわたりMVCパターンは、ネイティブなGUIアプリケーションやサーバサイドで利用されるものと考えられてきました。しかし、クライアントサイドの複雑化・大規模化に伴い、JavaScriptアプリケーションにもMVCパターンを適用する必要性が高まっています。MVCパターンを適用することで、役割ごとにコードを分割することや、複数人での大規模開発やメンテナンス性の高いアプリケーション構築が可能になります。
　近年では、Backbone.js、Ember.js、Knockout.js、Vue.jsをはじめ、数えきれないほどのライブラリやフレームワークが登場しています。MVCフレームワークの戦国時代とも言える現状において、頭1つ抜きんでているのが本書で解説する「AngularJS」です。

　AngularJSは、Google所属のMiško HeveryとAdam Abronsにより開発がスタートしましたが、2009年の発表以降は、MIT Licenseでオープンソース・ソフトウェアとしてコミュニティ主導で開発されています。2010年の「バージョン1.0.0」から「バージョン1.3」のリリースまで、毎年20回ほどのアップデートが繰り返されている、開発が非常に活発なフレームワークです。

　AngularJSが高い人気を誇る理由の1つに、フルスタックであるという特徴があります。すなわち、Webアプリケーションのクライアントサイドを開発する上で必要な機能がひと通り揃っているということです。AngularJSには下記に挙げる機能があります。

・HTMLベースのテンプレート機能
・豊富なディレクティブ
・多彩な表現を実現するフィルター機能
・双方向データバインディング
・DI（Dependency Injection）コンテナの仕組みを持つモジュール管理機能
・厳格なスコープ
・シングルページアプリケーションに最適なルーティング
・Ajax通信のサポート

・テストの重視
・セキュリティ対策
・モバイル対応

他のフレームワークで同等の機能を実現するには、複数のフレームワークやライブラリを組み合わせる必要がありますが、AngularJSであれば、標準で用意されている機能だけでほとんどの目的を達成できます。

AngularJS 2.0

AngularJSは、現在バージョン1.2と1.3が並行で開発が進められています（2014年8月現在）。バージョン1.2はレガシーブラウザにも対応するlegacy版、バージョン1.3はメインで開発が進められているlatest版（β版）になります。一方、次世代のAngularJSとしてバージョン2.0の仕様策定とプロトタイプ実装が進められています。

AngularJS 2.0では、下記の方針が掲げられています。

・モダンブラウザ対応
・ECMAScript 6 対応
・パフォーマンスの向上
・仕様のシンプル化
・モバイル対応の強化
・タッチアニメーション、ルーティング、永続化などの機能強化

AngularJS 2.0のリリース時期は未定ですが、大規模な仕様変更がおこなわれるため、正式にリリースされるまでには今しばらく時間がかかるでしょう。

また、大きな仕様変更がおこなわれるため、後方互換性が失われる可能性も高いと推測されます。バージョン1.3から2.0へのマイグレーションツールが用意されるかもしれませんが、あまり変則的な実装はせず、AngularJSの作法に則って実装することをおすすめします。

なお、本書ではAngularJS 2.0で提案されている仕様も適宜コラムで紹介します。ただし、AngularJS 2.0は現在仕様検討中の段階であるため、紹介する内容は実際のリリース版とは大きく実装が異なる可能性があります。そのことを考慮した上で読み進めてください。

Chapter 01

[Section]
1-2 AngularJS のダウンロード

本節では AngularJS のダウンロードから利用までを説明します。さっそく AngularJS をダウンロードしましょう。まず、AngularJS の公式サイトにアクセスします（図1.1）。

図 1.1: AngularJS の公式サイト（https://angularjs.org）

［Download］ボタンをクリックするとダウンロードダイアログが表示されます（図1.2）。

図 1.2: ダウンロードダイアログ

［Branch］でバージョン1.2系か1.3系のどちらを利用するか選択します。［Build］では、Minified（コメントや改行を削除し変数名を短縮したもの。主に本番環境用）、Uncompressed（コメントや改行の削除などがされていないもの。主にデバッグ用）、Zip（全ソースファイルとドキュメントをZIP形式で圧縮したもの）が選択できます。

もし、ファイルをダウンロードせずに、CDN（Contents Delivery Network）を利用するのであれば、CDNに記述されているリンクを利用します。また、パッケージ管理ツール「Bower」を利用しているのであれば、［Bower］に記述されているコマンドを実行します。

ここでは、［Branch］で「1.3.x」、［Build］で「Uncompressed」を選択して［Download］ボタンをクリックしましょう。

下記の内容でファイルを作成し「index.html」として保存します（リスト1.1）。そして、先ほどダウンロードしたangular.jsファイルと同じ場所に配置します。

リスト1.1: index.html

```
<!DOCTYPE html>
<html ng-app>
<head>
  <meta charset="utf-8">
  <script type="text/javascript" src="angular.js"></script>
</head>

<body>
{{'Hello, World!'}}
</body>

</html>
```

上記のindex.htmlをブラウザで開き、スクリプトエラーが発生することなく「Hello, World!」と表示されれば成功です。

スクリプトエラーが発生する場合は、Google Chromeではメニュー［ツール］→［デベロッパーツール］を選択するとログを表示できます。Firefoxの場合は、メニュー［開発ツール］→［開発ツールの表示］にチェック、IEではメニューから［F12開発者ツール］を選択します。AngularJSアプリケーションの開発中は常に、ログ表示を有効にしておくことをおすすめします。

なお、以降のサンプルコードは、上記のindex.htmlのbodyタグの中に記述するものとして解説します。

Chapter 01
Section 1-3 AngularJS の基本機能紹介

　本節では AngularJS の魅力を味わってもらうため、特徴的な機能である「テンプレートエンジン」「ディレクティブ」「双方向データバインディング」「コントローラとスコープ」「DI（Dependency Injection）コンテナ」を簡単に紹介します。

■ テンプレートエンジン

　Web アプリケーションを開発する上で、テンプレートエンジンは欠かすことのできない機能です。クライアントサイドのテンプレートエンジンとして、「EJS」、「Mustache」、「Handlebars」などのオープンソースソフトウェアがあります。これらのテンプレートエンジンの多くでは、条件分岐や繰り返しを実現するため、独自の文法が採用されています。

　一方、AngularJS の大きな特徴の 1 つは、HTML ベースのテンプレートエンジンを採用していることです。AngularJS では、条件分岐や繰り返しなどの制御構造や独自の UI 部品を、HTML の文法に準拠したカスタムタグやカスタム属性として利用できます。したがって、新しいテンプレートエンジンの文法を習得する必要はなく、HTML に新しいタグや要素が増えたように扱えます。デザイナーと協業する場合も、違和感なく受け入れてもらえるメリットも生まれます。

　ただし、HTML と異なり「{{」と「}}」で囲まれるエクスプレッションと呼ばれる文法があります。エクスプレッション内には簡単なロジックを記述できます。簡単な例を示します（リスト 1.2）。これを実行すると {{ 1 + 1 }} の処理が計算され、2 と表示されます（リスト 1.3）。

リスト 1.2: エクスプレッションの利用例

```
<div>
{{ 1 + 1 }}
</div>
```

リスト 1.3: エクスプレッションの展開例

```
<div>
2
</div>
```

また、エクスプレッション内には変数も指定可能です。変数 variable に 42 を代入して、テンプレート内に {{variable}} と記述すると（リスト 1.4）、変数の値である 42 が画面上に表示されます。

リスト 1.4: エクスプレッションでの変数の利用

```
<div ng-init="variable=42" />
<div>
{{variable}}
</div>
```

なお、エクスプレッションの出力はセキュリティが十分考慮されているため、どのような JavaScript の式を記述しても実行できるわけではありません。利用できるオブジェクトや関数は制限され、出力文字列も自動的にエスケープされるため、セキュリティ的にも安心です。

■ ディレクティブ

前述の通り、AngularJS では HTML をベースとしたテンプレートエンジンを採用し、独自の機能をカスタムタグやカスタム属性で実現しています。AngularJS では、このカスタムタグやカスタム属性をディレクティブと呼びます。

例えば、変数の値に応じて HTML の表示を切り替える ng-if ディレクティブがあります（リスト 1.5）。enableMessage の値が true であれば、文字列 'Hello, World!' は表示されますが、false の場合は何も表示されません。DOM の要素を操作しなくても、変数の値を変更するだけで要素の表示・非表示を切り替えられる便利な機能です。

リスト 1.5: ng-if ディレクティブの利用例

```
<div ng-if="enableMessage">
Hello, World!
</div>
```

また、複数の要素を繰り返し表示する ng-repeat ディレクティブが用意されています（リスト 1.6）。下記の例では、ng-init ディレクティブで配列の要素を初期化し、その配列の要素を ng-repeat ディレクティブで繰り返し表示します。

リスト 1.6: ng-repeat ディレクティブの利用例

```
<div ng-init="items = ['AngularJS', 'Backbone.js', 'Ember.js', 'Knockout.js']"></div>
<ul>
```

```
    <li ng-repeat="item in items">
      {{item}}
    </li>
  </ul>
```

　上記を実行すると、下記の通り、配列の要素が展開されて箇条書きとして表示されます（リスト1.7）。複数の値を表示する際には欠かせない機能です。この他にもAngularJSには標準で60種類以上のディレクティブが用意されています。本書ではその1つずつを詳細に解説します。

リスト 1.7: ngRepeat ディレクティブの実行結果

```
<div ng-init="items = ['AngularJS', 'Backbone.js', 'Ember.js', 'Knockout.js']"></div>
<ul>
  <li>AngularJS</li>
  <li>Backbone.js</li>
  <li>Ember.js</li>
  <li>Knockout.js</li>
</ul>
```

■ 双方向データバインディング

　AngularJSが持つ特徴の中でも、もっとも人気のある機能の1つが双方向データバインディングです。JavaScriptがオブジェクトとして保持するデータとHTMLとして画面に表示される内容が、双方向で自動的に連携する機能です。すなわち、「画面に何かを入力するとJavaScript上の変数に値が反映される」かつ「JavaScript上の変数の値が変化すると画面表示に反映される」連携が双方向でおこなわれます。まずは、簡単な例を示します（リスト1.8）。

リスト 1.8: データバインディング

```
<input type="text" ng-model="message">
<div>
  {{message}}
</div>
```

　inputタグのng-modelディレクティブにより、変数messageがテキストボックスの入力値と結び付けられます。これによりテキストボックスに何か値を入力すると、JavaScriptの変数messageにその値が反映されます。一方、エクスプレッション{{message}}もmessage変数に結び付けられています。これによりJavaScriptの変数messageが書き換えられると、画面

上の{{message}}の表示も併せて変化します。

　このように双方向のデータバインディングがおこなわれているため、テキストボックスに入力した値が、即座に画面上の{{message}}の表示に反映されるという動きを実現できます。

　jQueryのように、DOMのイベントに応じてDOMを操作する記述が不要になり、簡潔に記述できます。また、他のMVCフレームワークとは異なり、特殊なオブジェクトを利用しなくても双方向データバインディングを実現できることが、AngularJSの大きな特徴です。

■ コントローラとスコープ

　テンプレートエンジンの3機能に続いて、テンプレートとJavaScriptコードを結び付けるコントローラとスコープを紹介します。スコープはテンプレートに公開するプロパティやメソッドを定義するオブジェクトで、コントローラはスコープオブジェクトをセットアップする関数です。

　なお、コントローラとスコープを利用したサンプルコードを動作させるためには、テンプレートファイル（index.html）だけではなく、JavaScriptファイルを用意する必要があります。

　そのためにはまず、下記のコードを「app.js」として保存し（リスト1.9）、index.htmlと同じ場所に配置します。

リスト1.9: コントローラの記述例

```
var MyController = function ($scope) {
  $scope.message = 'Hello, World!';
  $scope.action = function () {
    $scope.message = 'Goodbye, Everyone!';
  };
};
var appModule = angular.module('app', []);
appModule.controller('myController', MyController);
```

　上記のJavaScriptのコードでは、オブジェクト$scopeを引数に取る関数MyControllerを用意し、関数内で$scopeオブジェクトにプロパティ（message）やメソッド（action()）を登録します。そしてangular.module()でモジュール'app'を作成し、app.controller()でコントローラ'myController'を登録します。

　次に、前節で作成したindex.html（リスト1-1）のヘッダに、<script type="text/javascript" src="app.js"></script>を追記、そして<html ng-app>を<html ng-app="app">に書き換えます（リスト1.10）。

　これでJavaScript側で作成した'app'モジュールを利用できます。

リスト 1.10: テンプレート記述例

```html
<!DOCTYPE html>
<html ng-app="app">

<head>
  <meta charset="utf-8">
  <script type="text/javascript" src="angular.js"></script>
  <script type="text/javascript" src="app.js"></script>
</head>

<body>
<div ng-controller="myController">
  <div>
  {{message}}
  </div>
  <button ng-click="action()">push</button>
</div>
</body>

</html>
```

　テンプレートからコントローラを利用するためには、`ng-controller` ディレクティブを使いコントローラの名前を指定します。JavaScript 側で登録した `'myController'` を指定します。

　これだけで、`$scope.message` に指定した値が、テンプレートで `{{message}}` と記述した箇所に展開されます。また、双方向データバインディングで、ボタンをクリックして `action()` メソッドを実行し `$scope.message` の値を変更すると、即座に画面上の `{{message}}` の内容も更新されます。

　このオブジェクトにスコープという名前が付けられている通り、「範囲」という概念を取り扱います。小規模なアプリケーションであればグローバルスコープに関数やオブジェクトを用意することもありますが、大規模になるとスコープが広い関数やオブジェクトの存在は不具合を誘発する一因となり得ます。AngularJS のスコープを利用すると、関数やオブジェクトにアクセスできる範囲を限定できるため、予期しない場所から関数やオブジェクトにアクセスしてしまい、不用意な不具合を生むことを回避できます。メンテナンス性の高いアプリケーションを開発する上では欠かせない機能です。

■ DI(Dependency Injection)コンテナ

ソフトウェアの規模が大きくなると、ソフトウェアを役割ごとに、関数やクラス、モジュールなどの単位に分割することになります。このとき、ソフトウェアの各部品は高凝集度にして、各部品間の関係は疎結合にすることがよいとされています。凝集度が高く疎結合な部品でソフトウェアを構築すると、複数人での開発が容易で、部品単位のユニットテストが実施しやすく、仕様変更時の修正範囲が多くの部品にまたがらずメンテナンスしやすいなど、多くのメリットがあります。AngularJSではDI(Dependency Injection)パターンを適用したDIコンテナと呼ばれる仕組みにより、部品間の依存関係を管理しています。

利用例として、足し算をするだけの関数MyServiceを用意します（リスト1.11）。メソッド呼び出しangular.module().value()では、関数MyServiceを名前'addService'で共有できるように指定します。次にMyServiceを利用するコントローラを定義します（リスト1.12）。

リスト1.11: 共有したい関数の定義

```
(function () {
  var MyService = function (a, b) {
      return a + b;
  };
  angular.module('app', []).value('addService', MyService);
})();
```

リスト1.12: 共有関数の利用

```
(function () {
  var MyController = function ($scope, addService) {
      $scope.x = addService(12, 34);
  };
  angular.module('app').controller('myController', MyController);
})();
```

関数MyServiceと関数MyControllerは異なる関数スコープの中に定義されているため、本来であればMyControllerの中からMyServiceを呼び出せません。ところが、AngularJSでは関数MyControllerの引数にaddServiceと記述すると、関数の引数名からどのインスタンスを渡すべきか自動的に判断して、MyControllerの引数にMyServiceを渡してくれます。

この仕組みにより、MyControllerはMyServiceの実体を知らなくてもaddServiceという名前で関数を呼び出せます。最初は魔法のようにも見えるかもしれませんが、AngularJSを理解する上では重要な概念です。「Chap.05 モジュールとDI」（P.121参照）で詳しく解説します。

Chapter 02

ビルトインディレクティブ

Chapter 02

Section 2-1 DOM 操作

AngularJSには、数多くのビルトインが備わっています。本章ではその中でも「ビルトインディレクティブ」（Built-in Directive）を解説します。

前章で解説した通り、HTML自身がテンプレートであることがAngularJSの特徴の1つであり、このテンプレートをより扱いやすくするため、HTMLを拡張する仕組みが提供されています。これを利用して作られた機能を「ディレクティブ」（Directive）と呼びます。

ディレクティブにより、HTMLをマークアップするようにデータバインディングやコントローラなどの定義が可能です。「ng-」ではじまる属性が、AngularJSに標準で用意されているディレクティブで「ビルトインディレクティブ」と呼ばれます。この他にもform要素やa要素など、HTMLの要素そのものを拡張するディレクティブもいくつか用意されています。

以降、サンプルコードを紹介しながら、DOM（Document Object Model）操作、イベント、フォームなど役割ごとにビルトインディレクティブを解説します。

本節では、ビルトインディレクティブの中でもDOM操作をおこなうディレクティブを解説します。DOMやテンプレートに対して表示の切り替えや、スタイル・クラスの動的な取り扱いなど、表示に関するディレクティブです。

2-1-1 ngBind

ngBindは、AngularJSにおけるモデルをビューにデータバインディングするディレクティブです。

リスト2.1: ngBind

```
<!DOCTYPE html>
<html lang="ja" ng-app>
<head>
  <meta charset="UTF-8">
```

```
      <title>ng-bind</title>
      <script src="../../angular/angular.js"></script>
  </head>
  <body>
      <input type="text" ng-model="myName">
      <p ng-bind="myName"></p>
  </body>
</html>
```

入力フォームに入力すると即時にp要素に入力値が反映されます。

ng-bindの代わりに{{myName}}をp要素のテンプレートとして記述しても、同様の動作となります。{{モデル名}}を利用すると、画面がロードされる際に一瞬{{モデル名}}がそのまま表示されてしまうことがあります。

AngularJSが読み込まれて初期化が完了するまでは、HTMLに直接記述された{{モデル名}}が表示されるためです。しかし、ngBindの場合はDOMに何も記述していないため、その心配はありません。なお、{{モデル名}}を用いる場合でも、後述のngCloakと合わせて利用すれば対応できます（P.017参照）。

2-1-2 ngBindHtml

前述のngBindがモデルをビューにバインドするのに対して、ngBindHtmlはHTML要素をバインドするために使用します。

ただし、XSS（Cross Site Scripting）の観点から、このディレクティブを利用するにはモジュール「ngSanitize」が読み込まれている必要があります。なお、ngSanitizeを利用したサニタイズに関しては、「12-3 サニタイズ」で詳しく解説します（P.337参照）。

リスト 2.2: ngBindHtml

```
<!DOCTYPE html>
<html lang="ja" ng-app="myModule">
<head>
    <meta charset="UTF-8">
    <title>ng-bind-html</title>
    <script src="../../angular/angular.js"></script>
    <script src="../../angular/angular-sanitize.js"></script>
</head>
```

```
<body>
  <input type="text" ng-model="myName">
  <p ng-bind-html="myName"></p>

  <script>
    angular.module('myModule', ['ngSanitize']);
  </script>
</body>
</html>
```

2-1-3 ngBindTemplate

ngBindTemplate は、モデルをビューにバインドするのではなく、テンプレートをビューにバインドします。ngBind と同等の動きは、ng-bind-template="{{ myName }}" と記述します。

リスト 2.3: ngBindTemplate

```
<!DOCTYPE html>
<html lang="ja" ng-app>
<head>
  <meta charset="UTF-8">
  <title>ng-bind-template</title>
  <script src="../../angular/angular.js"></script>
</head>
<body>
  <input type="text" ng-model="myName">
  <p ng-bind-template="{{ myName }}"></p>
</body>
</html>
```

2-1-4 ngNonBindable

AngularJS でバインディングを望まない場合は、ngNonBindable を使用します。下記のサンプルでは、一方は {{}} でバインディング、もう一方は ngNonBindable を定義します。

ng-non-bindable を定義している、"My name is {{ myName }}" 部分には何も起こりません。"{{ myName }}" の記述がそのまま表示されます。

リスト 2.4: ngNonBindable

```html
<!DOCTYPE html>
<html lang="ja" ng-app>
<head>
  <meta charset="UTF-8">
  <title>ng-non-bindable</title>
  <script src="../../angular/angular.js"></script>
</head>
<body>
  <input type="text" ng-model="myName">
  <p>My name is {{ myName }}</p>
  <p ng-non-bindable>My name is {{ myName }}</p>
</body>
</html>
```

2-1-5　ngCloak

「2-1-1 ngBind」で前述した通り、`{{ myName }}`などの定義をおこなう場合、AngularJSの初期処理が完了するまで、そのままの文字列として表示されます。一瞬ちらっと点滅するように表示されてしまうため、不快な印象を与える場合もあります。この問題を解決するには、ngCloakを使います。

リスト 2.5: ngCloak

```html
<!DOCTYPE html>
<html lang="ja" ng-app>
<head>
  <meta charset="UTF-8">
  <title>ng-cloak</title>
  <script src="../../angular/angular.js"></script>
</head>
<body>
<input type="text" ng-model="myName">

<p ng-cloak>{{ myName }}</p>
</body>
</html>
```

2-1-6 ngStyle

ngStyleは、style属性を動的に操作するディレクティブです。サンプルでは各ボタンのクリックに応じて、テキストに上線、打ち消し線、下線が付与されます。モデルであるmyStyleに対して、ハッシュオブジェクトで定義していきます。

リスト 2.6: ngStyle

```html
<!DOCTYPE html>
<html lang="ja" ng-app>
<head>
  <meta charset="UTF-8">
  <title>ng-stye</title>
  <script src="../../angular/angular.js"></script>
</head>
<body>
  <p ng-style="myStyle">Sample Text</p>
  <div><input type="radio" name="textDecoration"
    ng-click="myStyle={ textDecoration:'overline' }">text-decoration:'overline';</div>
  <div><input type="radio" name="textDecoration"
    ng-click="myStyle={ textDecoration:'line-through' }">text-decoration:line-through;
  </div>
  <div><input type="radio" name="textDecoration"
    ng-click="myStyle={ textDecoration:'underline' }">text-decoration: underline;</div>
</body>
</html>
```

2-1-7 ngClass

ngClassは、CSSを動的に扱うことができるディレクティブです。ng-classの記述にはいくつかの方法があります。

- 一般的なCSSのような定義方法
- 配列での定義方法
- ハッシュオブジェクトでの定義方法

まず、一般的なCSSのような定義方法では、ng-class="' クラス名1　クラス名2'"と記述

します。""の中でさらに''で囲んで文字列として定義します。複数のクラス名を設定する場合は、クラス名同士を半角スペースで区切ります。

次は配列での定義方法です。ng-class="['クラス名1', 'クラス名2']"と記述します。動的に扱うので文字列がセットされたモデルも定義できるため、ng-class="[モデル1, モデル2]"と記述します。

最後の方法は、ハッシュオブジェクトでの定義です。ng-class="{クラス名1: boolean, クラス名2: boolean}"と定義します。クラス名に対応するvalue値がtrueの場合、そのクラスが適用されます。クラス名1とクラス名2のvalue値が両方ともtrueであれば、両方のクラスが適用されます。

リスト 2.7: ngClass

```
<!DOCTYPE html>
<html lang="ja" ng-app>
<head>
  <meta charset="UTF-8">
  <title>ng-class</title>
  <script src="../../angular/angular.js"></script>
</head>
<body>
  <style>
    .lightgray{ color: #999; }
    .learge{ font-size: x-large; }
    .underline{ text-decoration: underline; }
  </style>

  <p> 一般的な CSS のような定義方法 </p>
  <p ng-class="'lightgray'">lightgray</p>
  <p ng-class="'learge'">learge</p>
  <p ng-class="'underline'">underline</p>
  <p ng-class="'lightgray learge underline'">lightgray learge underline</p><br>

  <p ng-init="
    mdlLightGray='lightgray';
    mdlLearge='learge';
    mdlUnderline='underline';"> 配列での定義方法 </p>
  <p ng-class="['lightgray', 'underline']">lightgray underline</p><br>
  <p ng-class="[mdlLightGray, 'learge']">model &文字列 </p><br>
```

● ビルトインディレクティブ

```
<p> ハッシュオブジェクトでの定義方法 </p>
<p ng-class="{
  lightgray: chkLightGray,
  learge: chkLearge,
  underline: chkUnderline
}">Target Text</p>
<input type="checkbox" ng-model="chkLightGray">lightgray<br>
<input type="checkbox" ng-model="chkLearge">learge<br>
<input type="checkbox" ng-model="chkUnderline">underline
</body>
</html>
```

2-1-8 ngClassEven

ngClassEven は、後述の「2-1-16 ngRepeat」(P.027 参照) と組み合わせて使用するディレクティブです。ngRepeat ディレクティブで表示された偶数行に対して指定する振る舞いを定義できます。偶数行であれば true、奇数行であれば false になります。

下記では、偶数行のときに指定のクラスを割り当てます（リスト 2.8）。

リスト 2.8: ngClassEven

```
<!DOCTYPE html>
<html lang="ja" ng-app>
<head>
  <meta charset="UTF-8">
  <title>ng-class-even</title>
  <script src="../../angular/angular.js"></script>
</head>
<body>
  <style>
    .large{ font-size: 40px; }
  </style>
  <ul ng-init="users=['can_i_do_web','zoetro','teyosh',' かない ',' いけぞえ ',' よしだ ']">
    <li ng-repeat="user in users" ng-class-even="'large'">{{ user }}</li>
  </ul>
</body>
</html>
```

2-1-9 ngClassOdd

ngClassOddディレクティブは、前述のngClassEvenと同様にngRepeatディレクティブと組み合わせて使用します。ngClassEvenディレクティブの偶数行とは違い、奇数行のときにtrue、偶数行のときにfalseとなります。

リスト 2.9: ngClassOdd

```
<!DOCTYPE html>
<html lang="ja" ng-app>
<head>
  <meta charset="UTF-8">
  <title>ng-class-odd</title>
  <script src="../../angular/angular.js"></script>
</head>
<body>
  <style>
    .large{ font-size: 40px; }
  </style>
  <ul ng-init="users=['can_i_do_web','zoetro','teyosh','かない','いけぞえ','よしだ']">
    <li ng-repeat="user in users" ng-class-odd="'large'">{{ user }}</li>
  </ul>
</body>
</html>
```

2-1-10 ngShow

ngShowディレクティブは、値の評価がtrueであれば内包するDOMを表示します。

リスト 2.10: ngShow

```
<!DOCTYPE html>
<html lang="ja" ng-app>
<head>
  <meta charset="UTF-8">
  <title>ng-show</title>
  <script src="../../angular/angular.js"></script>
</head>
<body ng-model="isShow" ng-init="isShow=true">
```

```
    <p>ng-show="isShow" : <span ng-show="isShow"> ○ </span></p>
    <p>ng-show="!isShow" : <span ng-show="!isShow"> ○ </span></p>
    <p>ng-show="true" : <span ng-show="true"> ○ </span></p>
    <p>ng-show="'true'" : <span ng-show="'true'"> ○ </span></p>
    <p>ng-show="false" : <span ng-show="false"> ○ </span></p>
    <p>ng-show="'false'" : <span ng-show="'false'"> ○ </span></p>
    <p>ng-show="1 > 0" : <span ng-show="1 > 0"> ○ </span></p>
    <p>ng-show="1 > 3" : <span ng-show="1 > 3"> ○ </span></p>
  </body>
</html>
```

2-1-11 ngHide

ngHideディレクティブは、値の評価がtrueであれば内包するDOMを非表示にします。trueの場合、前述のngShowでは表示、ngHideでは非表示になります。falseの場合であれば、双方ともその反対の挙動となります。

リスト 2.11: ngHide

```
<!DOCTYPE html>
<html lang="ja" ng-app>
<head>
  <meta charset="UTF-8">
  <title>ng-hide</title>
  <script src="../../angular/angular.js"></script>
</head>
<body ng-model="isShow" ng-init="isShow=true">
    <p>ng-hide="isShow" : <span ng-hide="isHide"> ○ </span></p>
    <p>ng-hide="!ishide" : <span ng-hide="!isHide"> ○ </span></p>
    <p>ng-hide="true" : <span ng-hide="true"> ○ </span></p>
    <p>ng-hide="'true'" : <span ng-hide="'true'"> ○ </span></p>
    <p>ng-hide="false" : <span ng-hide="false"> ○ </span></p>
    <p>ng-hide="'false'" : <span ng-hide="'false'"> ○ </span></p>
    <p>ng-hide="1 > 0" : <span ng-hide="1 > 0"> ○ </span></p>
    <p>ng-hide="1 > 3" : <span ng-hide="1 > 3"> ○ </span></p>
  </body>
</html>
```

2-1-12 ngOpen

ngOpenディレクティブは、定義した要素をクリックすると、内包するDOMの表示・非表示を切り替えます。本節でここまで解説したディレクティブはその多くが全要素の属性として宣言できますが、このディレクティブは少し特殊で、details要素に対してのみ下記の通りの挙動を示します。details要素を使用する頻度は多くありませんが、簡単に表示・非表示を切り替えできることを覚えておくと良いでしょう。

リスト2.12: ngOpen

```html
<!DOCTYPE html>
<html lang="ja" ng-app>
<head>
  <meta charset="UTF-8">
  <title>ng-open</title>
  <script src="../../angular/angular.js"></script>
</head>
<body>
  <details ng-open="isOpen">
    <summary>著者</summary>
    <ul>
      <li>can_i_do_web</li>
      <li>zoetro</li>
      <li>teyosh</li>
    </ul>
  </details>
</body>
</html>
```

2-1-13 ngPluralize

ngPluralizeは、数値によって表示を切り替えるディレクティブです。

例えば、複数の選択可能な項目があるケースで、0の場合は「選択してください」、1の場合は「○○を選択中です」、5の場合は「○○と他4つを選択しています」など、選択されている個数でテンプレートを振り分けることが可能です（図2-1〜図2.3）。

サンプルでは、数値を設定するcount、数値による振り分けをカスタム属性whenを使って記述します（リスト2.13）。また、任意オプションでoffset属性を使うことも可能です。

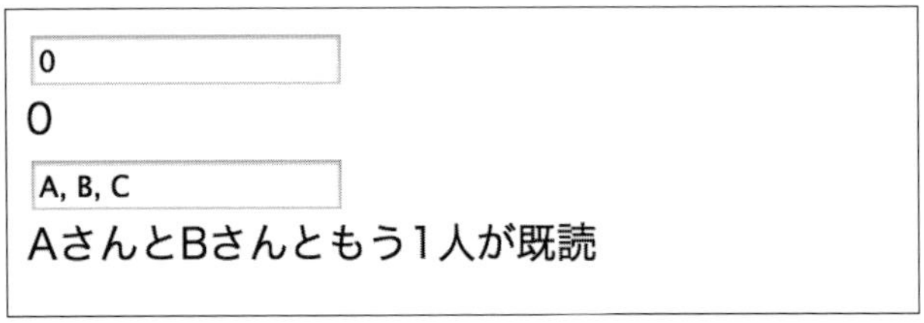

```
0
```
0
```
A, B, C
```
AさんとBさんともう1人が既読

図 2.1: ng-pluralize 初期状態

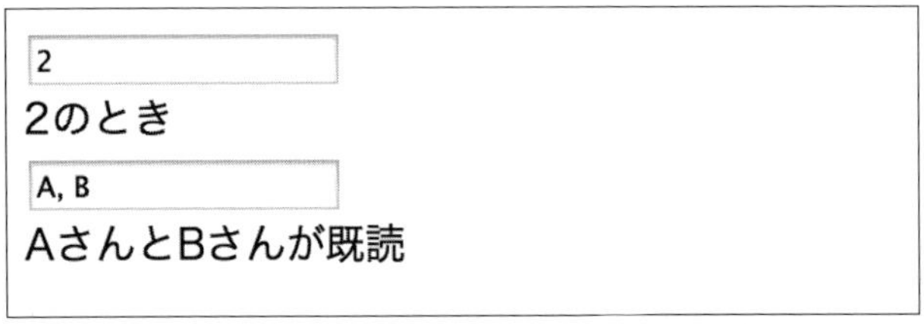

```
2
```
2のとき
```
A, B
```
AさんとBさんが既読

図 2.2: ng-pluralize 数値 2 の場合

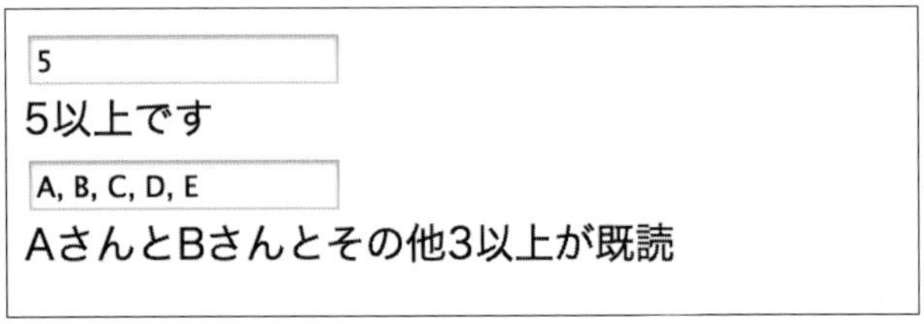

```
5
```
5以上です
```
A, B, C, D, E
```
AさんとBさんとその他3以上が既読

図 2.3: ng-pluralize 数値 5 の場合

リスト 2.13: ngPluralize

```html
<!DOCTYPE html>
<html lang="ja" ng-app>
<head>
  <meta charset="UTF-8">
  <title>ng-pluralize</title>
  <script src="../../angular/angular.js"></script>
</head>
<body>
  <input type="number" ng-model="myCount" ng-init="myCount=0">
  <div ng-pluralize
    count="myCount"
    when="{
      '0': '0',
      '1': '1です',
      '2': '2のとき',
      'other': '{}以上です'
```

```
      }">
    </div>

    <input type="text" ng-list ng-init="list=['A', 'B', 'C']" ng-model="list">
    <div ng-pluralize
      count="list.length"
      offset="2"
      when="{
        '0': '0',
        '1': '{{ list[0] }}',
        '2': '{{ list[0] }}さんと {{ list[1] }}さんが既読',
        'one': '{{ list[0] }}さんと {{ list[1] }}さんともう1人が既読',
        'other': '{{ list[0] }}さんと {{ list[1] }}さんとその他{}以上が既読'
      }">
    </div>

  </body>
</html>
```

2-1-14 ngIf

　ngIf ディレクティブは、値が false と評価された場合に、定義した DOM を DOM ツリーから削除します。前述の ngHide ディレクティブと挙動が同じように見えますが、ngHide は該当する DOM 要素の style を "display:none;" とするだけで、DOM ツリー上には存在します。これに対して、ngIf は DOM ツリーから完全に削除します。

　1度削除された後に ngIf の値の評価が true になったとき、削除された DOM が元の場所に追加されます。DOM ツリーが追加されていることが確認できます（図 2.4 〜図 2.5）。

リスト 2.14: ngIf
```
<!DOCTYPE html>
<html lang="ja" ng-app>
  <head>
    <meta charset="UTF-8">
    <title>ng-if</title>
    <script src="../../angular/angular.js"></script>
  </head>
  <body>
```

```
      <input type="checkbox" ng-model="check"> 表示切り替え
      <p ng-if="check">ng-if で DOM に追加 </p>
  </body>
</html>
```

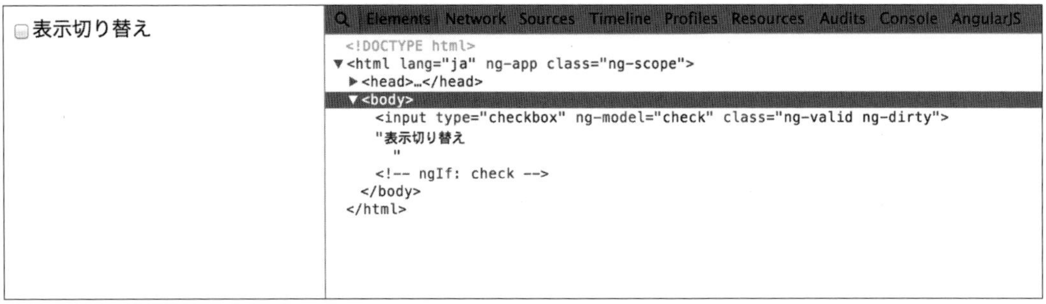

図 2.4: ng-if 切り替え前

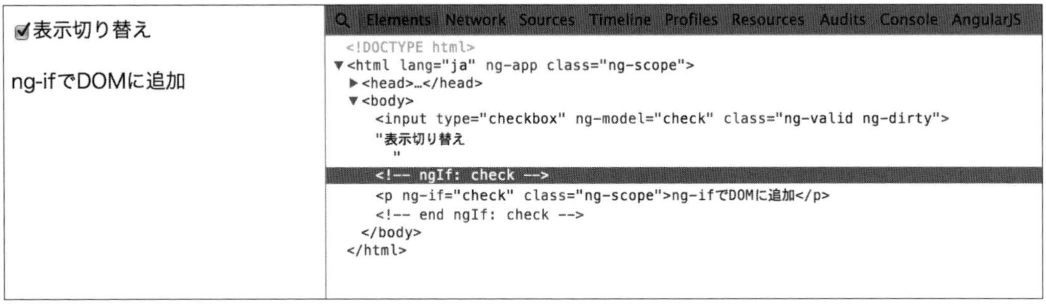

図 2.5: ng-if 切り替え後

2-1-15 ngSwitch

ngSwitch ディレクティブは、JavaScript の switch 文と同様の役割を果たします。
switch/case と同じような記述でテンプレートをケース分けできます。ng-switch 属性で評価式を定義し、ng-switch-when でケースを設定します。また、該当するケースではない場合は、ng-switch-default でデフォルトを設定することも可能です。

リスト 2.15: ngSwitch
```
<!DOCTYPE html>
<html lang="ja" ng-app>
<head>
  <meta charset="UTF-8">
```

2-1　DOM 操作

```html
    <title>ng-switch</title>
    <script src="../../angular/angular.js"></script>
  </head>
  <body >
    <input type="radio" ng-model="greeting" value="morning">朝
    <input type="radio" ng-model="greeting" value="daytime">昼
    <input type="radio" ng-model="greeting" value="night">夜

    <div ng-switch="greeting">
      <div ng-switch-when="morning"> おはよう </div>
      <div ng-switch-when="daytime"> こんにちは </div>
      <div ng-switch-when="night"> こんばんは </div>
      <div ng-switch-default> 選択してください </div>
    </div>
  </body>
</html>
```

図 2.6: ng-switch デフォルト

図 2.7: ng-switch 選択肢（昼）

2-1-16　ngRepeat

ngRepeat は、テンプレート上でループ処理をおこなうディレクティブです。

より便利にループを処理するため、ループ内でインデックスが取得できます。また、ng-repeat-start と ng-repeat-end で、明示的にループ開始と終了を宣言することも可能です。

リスト 2.16: ngRepeat

```html
<!DOCTYPE html>
<html lang="ja" ng-app>
<head>
  <meta charset="UTF-8">
  <title>ng-repeat</title>
  <script src="../../angular/angular.js"></script>
</head>
```

```html
<body>
  <p> シンプルな配列 </p>
  <ul ng-init="authors=['can_i_do_web','zoetro','teyosh']">
    <li ng-repeat="author in authors">{{ author }}</li>
  </ul>

  <p> ハッシュオブジェクトの配列 </p>
  <ul ng-init="authorsInfo=[
    { id: 1, name: 'can_i_do_web' },
    { id: 2, name: 'zoetro' },
    { id: 3, name: 'teyosh' }]">
    <li ng-repeat="author in authorsInfo">
      <p>ID: {{ author.id }} Name: {{ author.name }}</p>
    </li>
  </ul>

  <p> ハッシュオブジェクトのみ </p>
  <ul ng-init="authorData= { id: 1, name: 'can_i_do_web', bloodType: 'A' }">
    <li ng-repeat="(key, val) in authorData">{{ key }} - {{ val }}</li>
  </ul>

  <p> インデックスを取得する </p>
  <table ng-init="week=['Sun','Mon','Tue','Wed','Thu','Fri','Sat']">
    <thead>
      <tr>
        <th>day</th>
        <th>$index</th>
        <th>$first</th>
        <th>$middle</th>
        <th>$last</th>
        <th>$even</th>
        <th>$odd</th>
      </tr>
    </thead>
    <tbody>
      <tr ng-repeat="day in week" ng-class="{ evenRow: $even, oddRow: $odd }">
        <td>{{ day }}</td>
        <td>{{ $index }}</td>
        <td>{{ ($first)? '○': '×' }}</td>
        <td>{{ ($middle)? '○': '×' }}</td>
```

2-1 DOM 操作

```
        <td>{{ ($last)? '○': '×' }}</td>
        <td>{{ ($even)? '○': '×' }}</td>
        <td>{{ ($odd)? '○': '×' }}</td>
      </tr>
    </tbody>
</table>

<p>ng-repeat-start/ng-repeat-end</p>
<span ng-repeat-start="day in week">index: {{ $index }}</span>
```

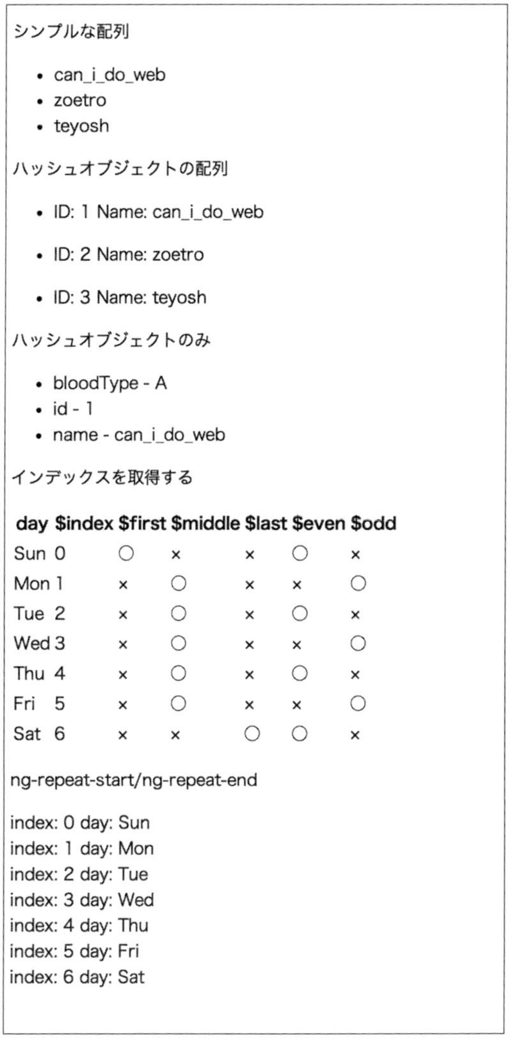

シンプルな配列

- can_i_do_web
- zoetro
- teyosh

ハッシュオブジェクトの配列

- ID: 1 Name: can_i_do_web
- ID: 2 Name: zoetro
- ID: 3 Name: teyosh

ハッシュオブジェクトのみ

- bloodType - A
- id - 1
- name - can_i_do_web

インデックスを取得する

day	$index	$first	$middle	$last	$even	$odd
Sun	0	○	×	×	○	×
Mon	1	×	○	×	×	○
Tue	2	×	○	×	○	×
Wed	3	×	○	×	×	○
Thu	4	×	○	×	○	×
Fri	5	×	○	×	×	○
Sat	6	×	×	○	○	×

ng-repeat-start/ng-repeat-end

index: 0 day: Sun
index: 1 day: Mon
index: 2 day: Tue
index: 3 day: Wed
index: 4 day: Thu
index: 5 day: Fri
index: 6 day: Sat

図 2.8: ng-repeat サンプル実行結果

● ビルトインディレクティブ

```
    <span>day: {{ day }}</span>
    <span ng-repeat-end><br></span>
</body>
</html>
```

2-1-17 ngMessages/ngMessage (※)

ngMessages と ngMessage はその名の通り、メッセージを扱うために用意されたディレクティブです。新たにバージョン 1.3 から追加された新機能です。

ngMessages と ngMessage は、HTML の ul と li 要素のような親子関係をもっているので片方だけでは機能しません。まず、ngMessages にメッセージの表示ステータスを保持しているオブジェクトを定義します。そして、オブジェクト内の状態の評価によって子要素である ngMessage の表示/非表示を切り替えます。

なお、ngMessages と ngMessage は追加モジュールのため、使用する際は別途読み込んでおく必要があります。もちろん、使用しなくても同様の処理は実現可能ですが、これらのディレクティブを利用することで、よりシンプルに記述できます。

リスト 2.17: ngMessages/ngMessage

```
<!DOCTYPE html>
<html lang="ja" ng-app="myApp">
<head>
    <meta charset="UTF-8">
    <title>ngMessages/ngMessage</title>
    <script src="../../angular/angular.js"></script>
    <script src="../../angular/angular-messages.js"></script>
</head>
<body ng-controller="myController">
    <input type="text" ng-model="status" ng-change="change()">

    <div ng-messages="statusList.messages">
        <p ng-message="200">OK</p>
        <p ng-message="404">Not Found</p>
```

※ AngularJS 1.3 から利用できる機能です。

```
    <p ng-message="500">Internal Server Error</p>
    <p ng-message="503">Service Unavailable</p>
</div>
<p ng-show="!status.length">200, 400, 500, 503のどれかを入力してください</p>

<script>
  angular.module
    ('myApp', ['ngMessages']).controller('myController', ['$scope', function($scope){
    $scope.statusList = {
      messages: {
        "200": false,
        "404": false,
        "500": false,
        "503": false
      }
    };

    $scope.change = function($event){
      angular.forEach($scope.statusList.messages, function(value, key){
        $scope.statusList.messages[key] = false;
      });

      if($scope.status in $scope.statusList.messages){
        $scope.statusList.messages[$scope.status] = true;
      }
    }
  }]);
</script>
</body>
</html>
```

図 2.9: ng-messages HTTP Status Code 200

図 2.10: ng-messages HTTP Status Code 503

Chapter 02

[Section] 2-2 イベント

本節では、イベントを扱うディレクティブを解説します。AngularJS でのイベント登録は非常にシンプルです。ネイティブの JavaScript コードで HTML にイベントを登録する場合、下記の通りに記述します。

```
<button onClick="func()">ボタン</button>
```

AngularJS でイベントリスナーを登録する場合も上記の記述に類似しており、次の通り、"ng-"+イベント名と記述します。

```
<button ng-click="func()">ボタン</button>
```

なお、AngularJS に用意されているイベントは、JavaScript で扱えるイベントと同様です。以降サンプルコードを交えながら解説します。

2-2-1 ngClick

ngClick ディレクティブは、AngularJS における click イベントをリスナー登録します。
サンプルでは左ボタンのクリックでカウントを +1、右ボタンのクリックで *2 します（リスト 2.18）。カウントアップ程度であれば、ng-click ディレクティブ内で直接記述できます。より複雑な処理が必要なケースでは、ng-controller の内部に処理を記述します。

リスト 2.18: ngClick

```
<!DOCTYPE html>
<html lang="ja" ng-app="myApp">
<head>
  <meta charset="UTF-8">
  <title>ng-click</title>
```

```
    <script src="../../angular/angular.js"></script>
  </head>
  <body ng-controller="myController">
    <input type="button" value="クリックで +1" ng-click="count=count+1">
    <input type="button" value="クリックで *2" ng-click="click()">
    <p>{{ count }}</p>

    <script>
      angular.module('myApp', []).controller('myController', ['$scope', function($scope){
        $scope.count = 0;    // count の初期化
        $scope.click = function(){
          $scope.count = $scope.count * 2;
        }
      }]);
    </script>
  </body>
</html>
```

2-2-2 ngDblClick

ngDblClick ディレクティブは、JavaScript における dblclick イベントのリスナー登録と同等です。記述は前述の ngClick ディレクティブと同様です。下記のサンプルではダブルクリックするたびに、ng-show で評価されるフラグ値を反転させます（リスト 2.19）。

リスト 2.19: ngDblClick

```
<!DOCTYPE html>
<html lang="ja" ng-app>
<head>
  <meta charset="UTF-8">
  <title>ng-dblclick</title>
  <script src="../../angular/angular.js"></script>
</head>
<body>
  <button ng-dblclick="isOpen=!isOpen"> ダブルクリック </button>
  <div ng-show="isOpen"> 表示されました！ </div>
</body>
</html>
```

2-2-3 ngMousedown

ngMousedown ディレクティブは、JavaScript における mousedown イベントのリスナー登録と同等です。下記のサンプルでは、マウスダウン時にテキストのフォントサイズを大きくするスタイルを設定します（リスト 2.20）。

リスト 2.20: ngMousedown

```
<!DOCTYPE html>
<html lang="ja" ng-app="myApp">
<head>
  <meta charset="UTF-8">
  <title>ng-mousedown</title>
  <script src="../../angular/angular.js"></script>
</head>
<body ng-controller="myController">
  <p ng-mousedown="mousedown()" ng-style="myStyle"> マウスダウンで文字が大きくなる </p>

  <script>
    angular.module('myApp', []).controller('myController', ['$scope', function($scope){
      $scope.mousedown = function(){
        $scope.myStyle = { fontSize: 'x-large' };
      }
    }]);
  </script>
</body>
</html>
```

2-2-4 ngMouseup

ngMouseup ディレクティブは、JavaScript における mouseup イベントのリスナー登録と同等です。下記ではマウスアップ時に打ち消し線を付与するクラスを設定します（リスト 2.21）。

リスト 2.21: ngMouseup

```
<!DOCTYPE html>
<html lang="ja" ng-app="myApp">
<head>
  <meta charset="UTF-8">
```

```
    <title>ng-mouseup</title>
    <script src="../../angular/angular.js"></script>
  </head>
  <body ng-controller="myController">
    <p ng-mouseup="mouseup()" ng-class="{ del: mouseUpped }"> マウスアップで打ち消し線 </p>

    <style>
      .del{ text-decoration: line-through; }
    </style>

    <script>
      angular.module('myApp', []).controller('myController', ['$scope', function($scope){
        $scope.mouseup = function(){
          $scope.mouseUpped = true;
        }
      }]);
    </script>
  </body>
</html>
```

2-2-5 ngMouseenter

ngMouseenter ディレクティブは、JavaScript における mouseenter イベントのリスナー登録と同等です。下記のサンプルは、マウスエンター時に要素を非表示にするだけのものです（リスト 2.22）。

リスト 2.22: ngMouseenter
```
<!DOCTYPE html>
<html lang="ja" ng-app="myApp">
<head>
  <meta charset="UTF-8">
  <title>ng-mouseenter</title>
  <script src="../../angular/angular.js"></script>
</head>
<body ng-controller="myController">
  <p ng-mouseenter="mouseenter()" ng-hide="mouseEntered"> マウスエンターで非表示 </p>
```

```
    <script>
      angular.module('myApp', []).controller('myController', ['$scope', function ($scope) {
        $scope.mouseenter = function () {
          $scope.mouseEntered = true;
        }
      }]);
    </script>
  </body>
</html>
```

2-2-6 ngMouseover

ngMouseoverディレクティブは、JavaScriptにおけるmouseoverイベントのリスナー登録と同等です。前述のngMouseenterディレクティブと同じ動作ですが、ngMouseenterディレクティブはイベントのバブリングをおこないません。JavaScriptの仕様に準拠して、AngularJSでも同様の挙動をとります。なお、イベントのバブリングは、「2-2-20 $event」で解説します（P.047参照）。

下記のサンプルでは、マウスオーバー時に要素の色調を反転させます。

リスト 2.23: ngMouseover

```
<!DOCTYPE html>
<html lang="ja" ng-app="myApp">
<head>
  <meta charset="UTF-8">
  <title>ng-mouseover</title>
  <script src="../../angular/angular.js"></script>
</head>
<body ng-controller="myController">
  <p ng-mouseover="mouseover()" ng-style="color"> マウスオーバーで色が反転 </p>

  <script>
    angular.module('myApp', []).controller('myController', ['$scope', function($scope){
      $scope.mouseover = function(){
        $scope.color = {
          backgroundColor: '#000',
          color: '#fff'
        };
```

```
    }
  }]);
</script>
</body>
</html>
```

2-2-7 ngMousemove

ngMousemoveディレクティブはJavaScriptにおけるmousemoveイベントのリスナー登録と同等です。下記では、マウスが要素の上を移動すると背景色が徐々に黒くなります（リスト2.24）。

リスト 2.24: ngMousemove

```
<!DOCTYPE html>
<html lang="ja" ng-app="myApp">
<head>
  <meta charset="UTF-8">
  <title>ng-mousemove</title>
  <script src="../../angular/angular.js"></script>
</head>
<body ng-controller="myController">
  <p ng-mousemove="mousemove()" ng-style="bgColor"> マウスムーブで徐々に背景が黒くなる </p>

  <script>
    angular.module('myApp', []).controller('myController', ['$scope', function($scope){
      var color = 255;
      $scope.mousemove = function(){
        color = (color > 5)? color - 5: color;
        $scope.bgColor =
                { backgroundColor: 'rgb(' + color + ',' + color + ',' + color + ')' };
      }
    }]);
  </script>
</body>
</html>
```

2-2-8 ngMouseleave

ngMouseleaveディレクティブは、JavaScriptにおけるmouseleaveイベントのリスナー登録と同等です。サンプルでは、前述のngMouseoverディレクティブと組み合わせて、マウスが要素に重なるときと離れるときで、表示されるテキストを切り替えます（リスト2.25）。

リスト 2.25: ngMouseleave

```
<!DOCTYPE html>
<html lang="ja" ng-app>
<head>
  <meta charset="UTF-8">
  <title>ng-mouseleave</title>
  <script src="../../angular/angular.js"></script>
</head>
<body>
  <p ng-mouseenter="status='over'" ng-mouseleave="status='leave'">
    マウスオーバー/リーブでメッセージを切り替える </p>
  <div ng-switch="status">
    <p ng-switch-when="over"> マウスオーバー </p>
    <p ng-switch-when="leave"> マウスリーブ </p>
  </div>
</body>
</html>
```

2-2-9 ngFocus

ngFocusディレクティブは、JavaScriptにおけるfocusイベントのリスナー登録と同等です。主にinput要素やselect要素、textarea要素などに対して使用します。また、windowオブジェクトに対してもフォーカスイベントを登録できます。

リスト 2.26: ngFocus

```
<!DOCTYPE html>
<html lang="ja" ng-app="myApp">
<head>
  <meta charset="UTF-8">
  <title>ng-focus</title>
  <script src="../../angular/angular.js"></script>
```

```
  </head>
  <body ng-controller="myController">
    <input type="text" ng-focus="focus()" ng-model="focusedText">

    <script>
      angular.module('myApp', []).controller('myController', ['$scope', function($scope){
        $scope.focus = function(){
          $scope.focusedText = 'フォーカスしました';
        }
      }]);
    </script>
  </body>
</html>
```

2-2-10　ngBlur

ngBlurディレクティブは、JavaScriptにおけるblurイベントのリスナー登録と同等です。下記サンプルでは、前項のngFocusディレクティブと組み合わせて、フォーカス時にinput要素のモデル値をセット、ブラー時にはモデル値をクリアします（リスト2.27）。

リスト 2.27: ngBlur

```
<!DOCTYPE html>
<html lang="ja" ng-app="myApp">
<head>
  <meta charset="UTF-8">
  <title>ng-blur</title>
  <script src="../../angular/angular.js"></script>
</head>
<body ng-controller="myController">
  <input type="text" ng-focus="focus()" ng-blur="blur()" ng-model="focusedText">

  <script>
    angular.module('myApp', []).controller('myController', ['$scope', function($scope){
      $scope.focus = function(){
        $scope.focusedText = 'フォーカスしました';
      }
      $scope.blur = function(){
```

```
          $scope.focusedText = '';
        }
      }]);
    </script>
  </body>
</html>
```

2-2-11 ngKeydown

ngKeydown ディレクティブは、JavaScript における keydown イベントのリスナー登録と同等です。カーソルキーやコントロールキーが押されたイベントを捕捉する際に使用します。

後述の ngKeypress はカーソルキーやコントロールキーのイベントを取得できません。日本語の入力を 1 文字ずつ取得するケースなども、ngKeydown ディレクティブを使用します。

リスト 2.28: ngKeydown

```
<!DOCTYPE html>
<html lang="ja" ng-app="myApp">
<head>
  <meta charset="UTF-8">
  <title>ng-keydown</title>
  <script src="../../angular/angular.js"></script>
</head>
<body ng-controller="myController">
  <input type="text" ng-keydown="keydown()">
  <p>keydown イベント : {{ count }}</p>

  <script>
    angular.module('myApp', []).controller('myController', ['$scope', function($scope){
      $scope.count = 0;
      $scope.keydown = function(){
        $scope.count++;
      }
    }]);
  </script>
</body>
</html>
```

2-2-12 ngKeypress

ngKeypressディレクティブは、JavaScriptにおけるkeypressイベントのリスナー登録と同等です。なお、前述の通り、カーソルキーやコントロールキーのイベントは取得できません。

リスト 2.29: ngKeypress

```
<!DOCTYPE html>
<html lang="ja" ng-app="myApp">
<head>
  <meta charset="UTF-8">
  <title>ng-keypress</title>
  <script src="../../angular/angular.js"></script>
</head>
<body ng-controller="myController">
  <input type="text" ng-keypress="keypress()">
  <p>keypress イベント : {{ count }}</p>

  <script>
    angular.module('myApp', []).controller('myController', ['$scope', function($scope){
      $scope.count = 0;
      $scope.keypress = function(){
        $scope.count++;
      }
    }]);
  </script>
</body>
</html>
```

2-2-13 ngKeyup

ngKeyupディレクティブは、JavaScriptにおけるkeyupイベントのリスナー登録と同等です。前述のngKeydownディレクティブと同じ動作ですが、実行されるタイミングが異なります。ngKeydownやngKeypressではキーが押された際、ngKeyupではキーが離れたときにイベントが発生します。

サンプルは前述のngKeydownやngKeypressとの比較です。各イベントが発生したらカウントアップします（リスト 2.30）。

リスト 2.30: ngKeyup

```html
<!DOCTYPE html>
<html lang="ja" ng-app="myApp">
<head>
  <meta charset="UTF-8">
  <title>ng-keyup</title>
  <script src="../../angular/angular.js"></script>
</head>
<body ng-controller="myController">
  <input type="text" ng-keydown="keydown()" ng-keypress="keypress()" ng-keyup="keyup()">
  <p>keydown イベント : {{ count.keydown }}</p>
  <p>keypress イベント : {{ count.keypress }}</p>
  <p>keyup イベント : {{ count.keyup }}</p>
  <script>
    angular.module('myApp', []).controller('myController', ['$scope', function($scope){
      $scope.count = {
        keydown: 0,
        keypress: 0,
        keyup: 0
      };
      $scope.keydown = function(){
        $scope.count.keydown++;
      }
      $scope.keypress = function(){
        $scope.count.keypress++;
      }
      $scope.keyup = function(){
        $scope.count.keyup++;
      }
    }]);
  </script>
</body>
</html>
```

2-2-14　ngChange

　ngChangeディレクティブは、JavaScriptにおけるchangeイベントのリスナー登録と同等です。入力値が変更されたときに定義されている処理が実行されます。サンプルでは入力文字数

をカウントし、140文字を超過したら超過した文字数を表示します（リスト2.31）。

リスト2.31: ngChange

```html
<!DOCTYPE html>
<html lang="ja" ng-app="myApp">
<head>
  <meta charset="UTF-8">
  <title>ng-change</title>
  <script src="../../angular/angular.js"></script>
</head>
<body ng-controller="myController">
  <textarea cols="60" rows="15" ng-change="change()" ng-model="tweet"></textarea>
  <p><span ng-hide="isOver">残り </span>{{ count }}文字
    <span ng-show="isOver">オーバー </span></p>
  <script>
    angular.module('myApp', []).controller('myController', ['$scope', function($scope){
      var maxCount = 140;
      $scope.count = maxCount;
      $scope.change = function(){
        $scope.count = maxCount - $scope.tweet.length;
        if($scope.count < 0){
          $scope.count = Math.abs($scope.count);
          $scope.isOver = true;
        }
        else {
          $scope.isOver = false;
        }
      }
    }]);
  </script>
</body>
</html>
```

2-2-15　ngChecked

　ngCheckedは、値の評価がtrueであればチェックボックスなどがチェックされた状態になります。サンプルでは、「まとめてチェック」する機能を実装します（リスト2.32）。

リスト 2.32: ngChecked

```
<!DOCTYPE html>
<html lang="ja" ng-app>
<head>
  <meta charset="UTF-8">
  <title>ng-checked</title>
  <script src="../../angular/angular.js"></script>
</head>
<body>
  <div><label><input type="checkbox" ng-model="allCheck"> まとめてチェック </label></div>
  <div><label><input type="checkbox" ng-checked="allCheck">can_i_do_web</label></div>
  <div><label><input type="checkbox" ng-checked="allCheck">zoetro</label></div>
  <div><label><input type="checkbox" ng-checked="allCheck">teyosh</label></div>
</body>
</html>
```

2-2-16　ngCopy

ngCopy ディレクティブは、JavaScript における copy イベントのリスナー登録と同等です。Windows では Ctrl+C、Mac では command+C を押して、コピーしたタイミングで捕捉します。

リスト 2.33: ngCopy

```
<!DOCTYPE html>
<html lang="ja" ng-app="myApp">
<head>
  <meta charset="UTF-8">
  <title>ng-copy</title>
  <script src="../../angular/angular.js"></script>
</head>
<body ng-controller="myController">
  <textarea cols="60" rows="15" ng-model="target" ng-copy="copy()"></textarea>
  <p>{{ copied }}</p>
  <script>
    angular.module('myApp', []).controller('myController', ['$scope', function($scope){
      $scope.target = ' コピーしてください。Ctrl + c / command + c';
      $scope.copy = function(){
        $scope.copied = ' コピーしました。';
      }
```

```
        }]);
    </script>
</body>
</html>
```

2-2-17 ngCut

ngCutディレクティブは、JavaScriptにおけるcutイベントのリスナー登録と同等です。カットしたタイミングを捕捉します。WindowsではCtrl+X、Macではcommand+Xを押したときです。

リスト 2.34: ngCut

```
<!DOCTYPE html>
<html lang="ja" ng-app="myApp">
<head>
  <meta charset="UTF-8">
  <title>ng-cut</title>
  <script src="../../angular/angular.js"></script>
</head>
<body ng-controller="myController">
  <textarea cols="60" rows="15" ng-model="target" ng-cut="cut()"></textarea>
  <p>{{ copied }}</p>
  <script>
    angular.module('myApp', []).controller('myController', ['$scope', function($scope){
      $scope.target = 'カットしてください。Ctrl + x / command + x';
      $scope.cut = function(){
        $scope.copied = 'カットしました。';}
    }]);
  </script>
</body>
</html>
```

2-2-18 ngPaste

ngPasteディレクティブは、JavaScriptにおけるpasteイベントのリスナー登録と同等です。ペーストしたタイミングを捕捉します。WindowsではCtrl+V、Macではcommand+Vを押したタイミングです。前述のngCopyやngCutディレクティブとの併用がほとんどでしょう。

リスト 2.35: ngPaste

```html
<!DOCTYPE html>
<html lang="ja" ng-app="myApp">
<head>
  <meta charset="UTF-8">
  <title>ng-paste</title>
  <script src="../../angular/angular.js"></script>
</head>
<body ng-controller="myController">
  <textarea cols="60" rows="15"
            ng-model="target" ng-copy="copy()" ng-cut="cut()"></textarea>
  <p>{{ copiedOrCut }}</p>
  <input type="text" placeholder="ペーストしてください" ng-paste="paste()">
  <p>{{ pasted }}</p>
  <script>
    angular.module('myApp', []).controller('myController', ['$scope', function($scope){
      $scope.target =
        'コピーもしくはカットしてください。\nCtrl + c / command + c\nCtrl + x / command + x';
      $scope.copy = function(){
        $scope.copiedOrCut = 'コピーしました。';
      }
      $scope.cut = function(){
        $scope.copiedOrCut = 'カットしました。';
      }
      $scope.paste = function(){
        $scope.pasted = 'ペーストしました。';
      }
    }]);
  </script>
</body>
</html>
```

2-2-19 ngSubmit

ngSubmitでは、action属性の有無によりデフォルト動作を実行するかどうかを判定します。action、data-action、x-action属性のいずれかを設定するとデフォルトの動作となります。つまり、指定されたaction先にリクエストの送信とそれに伴う画面遷移をおこないます。一方、action、data-action、x-actionの属性を記述しない場合は抑止されます。

リスト 2.36: ngSubmit

```html
<!DOCTYPE html>
<html lang="ja" ng-app="myApp">
<head>
  <meta charset="UTF-8">
  <title>ng-submit</title>
  <script src="../../angular/angular.js"></script>
</head>
<body ng-controller="myController">
  <form ng-submit="submit()">
    <label><input type="checkbox" ng-model="myModel">同意する </label>
    <input type="submit" value="submit">
  </form>
  <p>{{ message }}</p>

  <script>
    angular.module('myApp', []).controller('myController', ['$scope', function($scope){
      $scope.submit = function(){
        $scope.message = (!$scope.myModel)? 'チェックしてください': '';
      }
    }]);
  </script>
</body>
</html>
```

2-2-20 $event

AngularJS には、$event と呼ばれるイベントオブジェクトをラップしたオブジェクトがあります。下記の通り、引数として定義すると、コントローラ側の関数に引数として渡ります（リスト 2.37）。$event オブジェクトの内容を console.log() でログ出力します（図2.11）。JavaScript のイベントオブジェクトと同様です。

リスト 2.37: $event

```html
<!DOCTYPE html>
<html lang="ja" ng-app="myApp">
<head>
  <meta charset="UTF-8">
```

```html
    <title>$event</title>
    <script src="../../angular/angular.js"></script>
</head>
<body ng-controller="myController">
    <button ng-click="click($event)"> クリック </button>

    <script>
        angular.module('myApp', []).controller('myController', ['$scope', function($scope){
            $scope.click = function($event){
```

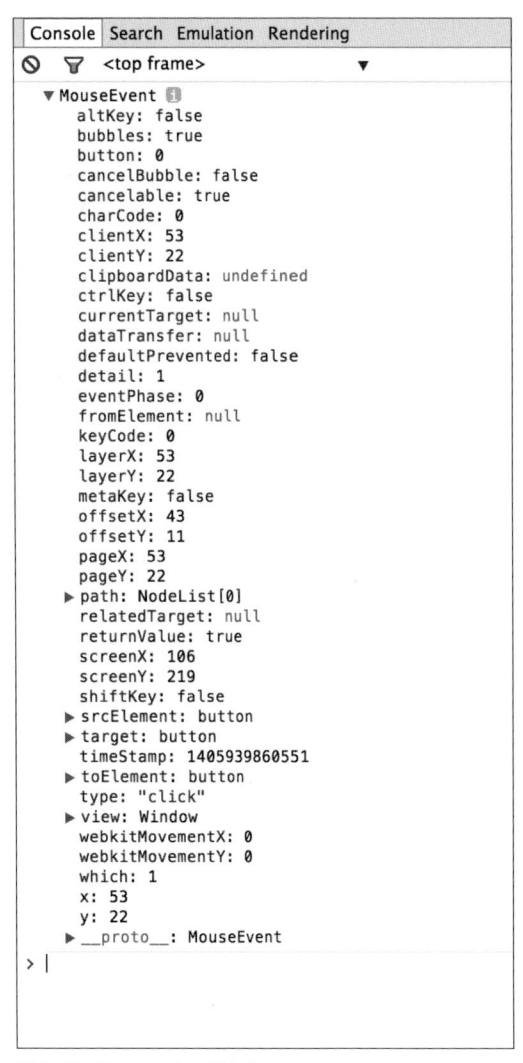

```
Console  Search  Emulation  Rendering
🚫  ▽   <top frame>               ▼
▼ MouseEvent
      altKey: false
      bubbles: true
      button: 0
      cancelBubble: false
      cancelable: true
      charCode: 0
      clientX: 53
      clientY: 22
      clipboardData: undefined
      ctrlKey: false
      currentTarget: null
      dataTransfer: null
      defaultPrevented: false
      detail: 1
      eventPhase: 0
      fromElement: null
      keyCode: 0
      layerX: 53
      layerY: 22
      metaKey: false
      offsetX: 43
      offsetY: 11
      pageX: 53
      pageY: 22
    ▶ path: NodeList[0]
      relatedTarget: null
      returnValue: true
      screenX: 106
      screenY: 219
      shiftKey: false
    ▶ srcElement: button
    ▶ target: button
      timeStamp: 1405939860551
    ▶ toElement: button
      type: "click"
    ▶ view: Window
      webkitMovementX: 0
      webkitMovementY: 0
      which: 1
      x: 53
      y: 22
    ▶ __proto__: MouseEvent
> |
```

図 2.11: $event をログ出力

```
          console.log($event);
        }
    }]);
  </script>
</body>
</html>
```

バブリングの抑止

　通常 JavaScript のイベントは、イベントが発生した DOM から DOM ツリーを遡って伝播していきます。これをイベントのバブリングと呼びます。例えば、あるボタンをクリックした場合は、そのボタンの親要素を順に辿って最終的に body 要素、html 要素までクリックイベントが伝わります。そのため、親要素・子要素それぞれにクリックイベントが登録されている場合は、子要素のクリックだけで、親要素に登録されているイベントも実行されてしまいます。これを回避するには、JavaScript では event.stopPropagation() を用いてイベントの伝播を制止します。

　AngularJS におけるバブリング抑止を説明します。AngularJS でももちろん、JavaScript で扱える event.preventDefault() や event.stopPropagation() などの関数を呼び出すことができます。左側のボタンはイベントがバブリングするため外側の枠にもクリックイベントが発生してしまいます。これを回避するにはまず、下記の (1) のように定義します（リスト 2.38）。次に、右側のボタンではクリックされたら (2) で $event.stopPropagation() を実行します。これでイベントのバブリングを抑止できます。

リスト 2.38: $event.stopPropagation()

```
<!DOCTYPE html>
<html lang="ja" ng-app="myApp">
<head>
  <meta charset="UTF-8">
  <title>$event</title>
  <script src="../../angular/angular.js"></script>
</head>
<body ng-controller="myController">

  <div ng-click="outerClick()" class="box">
    <p> 外側をクリック </p>
    <button ng-click="innerClick()" class="box"> ボタンをクリック </button>
    <!-- (1) クリックイベントに $event を渡す -->
    <button ng-click="stopBubbling($event)" class="box"> バブリングしないボタン </button>
```

```
    </div>
    <p>外側をクリック : {{ outerClickCount }}</p>
    <p>ボタンをクリック : {{ innerClickCount }}</p>
    <p>バブリングしないボタン : {{ stopBubblingCount }}</p>

    <style>
      .box{ border: solid 1px #666; padding: 16px; }
    </style>

    <script>
      angular.module('myApp', []).controller('myController', ['$scope', function($scope){
        $scope.outerClickCount = 0;
        $scope.innerClickCount = 0;
        $scope.stopBubblingCount = 0;

        $scope.outerClick = function(){
          $scope.outerClickCount++;
        }
        $scope.innerClick = function(){
          $scope.innerClickCount++;
        }
        $scope.stopBubbling = function($event){
          // (2) イベントのバブリングを制止
          $event.stopPropagation();
          $scope.stopBubblingCount++;
        }
      }]);
    </script>
  </body>
</html>
```

下記は、マウスイベントを取得してマウスの座標を表示するサンプルです（リスト2.39）。それぞれのイベント取得後に、$event.x と $event.y から座標を取得してビューに表示します。

リスト2.39: $event.x, $event.y

```
<!DOCTYPE html>
<html lang="ja" ng-app="myApp">
<head>
  <meta charset="UTF-8">
```

```
    <title>$event</title>
    <script src="../../angular/angular.js"></script>
  </head>
  <body ng-controller="myController">
    <div ng-mouseover="over($event)" ng-mousemove="move($event)"
                            ng-mouseleave="leave($event)" class="box">
      <p>mouseover ( x: {{ ev.mo.x }}, y: {{ ev.mo.y }} )</p>
      <p>mousemove ( x: {{ ev.mm.x }}, y: {{ ev.mm.y }} )</p>
      <p>mouseleave ( x: {{ ev.ml.x }}, y: {{ ev.ml.y }} )</p>
    </div>

    <style>
      .box{ width: 300px; height: 300px; border: solid 1px #666; }
    </style>

    <script>
      angular.module('myApp', []).controller('myController', ['$scope', function($scope){
        $scope.ev = {
          mo: {}, mm: {}, ml: {}
        };

        $scope.over = function($event){
          $scope.ev.mo = { x: $event.pageX, y: $event.pageY };
        }
        $scope.move = function($event){
          $scope.ev.mm = { x: $event.pageX, y: $event.pageY };
        }
        $scope.leave = function($event){
          $scope.ev.ml = { x: $event.pageX, y: $event.pageY };
        }
      }]);
    </script>
  </body>
</html>
```

Chapter 02

Section 2-3 form・input

AngularJS の「フォーム」(form) や「インプット」(input) は通常の HTML とは違い、バリデーション機能などの便利な仕組みが用意されています。本節では、フォームやインプットの特徴を解説します。なお、バリデーションは「3-3 フォームバリデーション」(P.092) で詳述します。

2-3-1 form

AngularJS での form 要素は、HTML の要素ではなくあくまでもディレクティブの 1 つです。HTML の form 要素と違うところは、バリデーションチェックのために拡張されている点です。

2-3-2 ngForm

HTML のフォームを作成する場合、form 要素の中に form 要素を定義することはできませんが、ngForm ディレクティブを利用することで擬似的にフォームの入れ子を実現できます。

リスト 2.40: ngForm

```html
<!DOCTYPE html>
<html lang="ja" ng-app>
<head>
  <meta charset="UTF-8">
  <title>ng-form</title>
  <script src="../../angular/angular.js"></script>
</head>
<body>
  <form name="demoForm" ng-init="list=['foo','bar','baz']">
    <div ng-repeat="item in list" ng-form>
      <input type="text" ng-value="item">
      <input type="submit" value=" 更新 ">
```

```
        </div>
    </form>
</body>
</html>
```

2-3-3 input

　input要素では、typeごとにさまざまな機能が拡張されています。HTML5で追加されたtypeに関しても、主要なtypeは既に対応しています。

　AngularJSのinput要素には、ng-model属性の定義が必須となります。ng-model属性が定義されていない場合は、後述のバリデーション機能などが動作しません。また、ng-changeディレクティブをすべてのinput要素に対して任意に使用できます。なお、以降で解説するinput要素の属性は、ng-model属性以外は原則的に任意の属性となります。

2-3-4 input[text]/textarea

　required、ng-required、ng-minlength、ng-maxlength、ng-patternがバリデーションチェック用の属性です。

リスト2.41: input[text]
```
<input type="text"
       ng-model=""
       name=""
       required=""
       ng-required=""
       ng-minlength=""
       ng-maxlength=""
       ng-pattern=""
       ng-change=""
       ng-trim="">
```

　ng-trim属性は入力された文字列の前後のスペースをモデル値の更新時に取り除きます。デフォルト値はtrueであるため自動的に前後のスペースが削除されます。前後のスペースを除去したくない場合は、ng-trim属性に対して明示的にfalseを宣言します。

リスト 2.42: input[text]/textarea

```html
<!DOCTYPE html>
<html lang="ja" ng-app>
<head>
  <meta charset="UTF-8">
  <title>input[text]/textarea</title>
  <script src="../../angular/angular.js"></script>
</head>
<body>
  <input type="text" ng-model="normalModel">
  {{ normalModel }}: 文字の長さ {{ normalModel.length }}
  <br>
  <input type="text" ng-model="trimModel" ng-trim="false">
  {{ trimModel }}: 文字の長さ {{ trimModel.length }}
</body>
</html>
```

2-3-5　input[email]

emailを指定することで、メールアドレスとして妥当かどうかをチェックします。

リスト 2.43: input[email]

```html
<input type="email"
       ng-model=""
       name=""
       required=""
       ng-required=""
       ng-minlength=""
       ng-maxlength=""
       ng-pattern=""
       ng-change="">
```

2-3-6　input[number]

numberを指定することで、数値として妥当かどうかをチェックします。また、minやmaxなどを併用して数値の範囲を指定することも可能です。

リスト 2.44: input[number]

```
<input type="number"
       ng-model=""
       name=""
       min=""
       max=""
       required=""
       ng-required=""
       ng-minlength=""
       ng-maxlength=""
       ng-pattern=""
       ng-change="">
```

2-3-7　input[url]

url を指定することで、URL として妥当かどうかをチェックします。

リスト 2.45: input[url]

```
<input type="url"
       ng-model=""
       name=""
       required=""
       ng-required=""
       ng-minlength=""
       ng-maxlength=""
       ng-pattern=""
       ng-change="">
```

2-3-8　input[checkbox]

checkbox では、`ng-true-value` と `ng-false-value` 属性が任意で利用できます。
通常はチェックボックスがチェックされているときは `true`、そうでないときは `false` ですが、`ng-true-value` と `ng-false-value` 属性を使用することで、任意の値を設定できます。

リスト 2.46: input[checkbox]

```
<input type="checkbox"
```

```
    ng-model=""
    name=""
    ng-true-value=""
    ng-false-value=""
    ng-change="">
```

下記では、`ng-true-value` と `ng-false-value` で `value` 値を変更します（リスト 2.47）。

リスト 2.47: input[checkbox]

```
<!DOCTYPE html>
<html lang="ja" ng-app>
<head>
  <meta charset="UTF-8">
  <title>input[checkbox]</title>
  <script src="../../angular/angular.js"></script>
</head>
<body>
  <input type="checkbox" ng-model="check"> check<br>
  value:{{ check }}<br>
  <input type="checkbox" ng-model="checkOnOff"
    ng-true-value="'On'" ng-false-value="'Off'"> check<br>
  value:{{ checkOnOff }}
</body>
</html>
```

2-3-9 input[radio]

radio は、`value` と `ng-value` のいずれか 1 つの定義が必須です。`value` は HTML と同じく文字列しか定義できませんが、`ng-value` は配列など任意のオブジェクトを設定できます。

リスト 2.48: input[radio]

```
<input type="radio"
    ng-model=""
    name=""
    value=""
    ng-value=""
    ng-change="">
```

下記のサンプルでは、ng-value にさまざまな値を設定します（リスト 2.49）。

リスト 2.49: input[radio]

```
<!DOCTYPE html>
<html lang="ja" ng-app>
<head>
  <meta charset="UTF-8">
  <title>input[radio]</title>
  <script src="../../angular/angular.js"></script>
</head>
<body>
  <div ng-init="
    strValue=' 文字列 ';
    arrayValue=['A', 'B', 'C'];
    hashValue={ data: 'hash' };
  "></div>
  <input type="radio" ng-model="ngValue" value="true">value<br/>
  <input type="radio" ng-model="ngValue" ng-value="strValue">ng-value="strValue"<br/>
  <input type="radio" ng-model="ngValue" ng-value="arrayValue">ng-value="arrayValue"<br/>
  <input type="radio" ng-model="ngValue" ng-value="hashValue">ng-value="hashValue"<br/>
  {{ ngValue }}
</body>
</html>
```

2-3-10　input[dateTimeLocal|date|month|time|week] (※)

dateTimeLocal、date、month、time、week の type では、日付や時間関連のバリデーション機能が追加されています。これらは同じ機能なので必須チェックをおこないたい場合はいずれかを指定します。

また、min、max、required などは HTML5 で追加されたバリデーションチェック用の属性です。AngularJS では、これらの属性も拡張されています。

リスト 2.50: input[dateTimeLocal|date|month|time|week]

```
<input type="dateTimeLocal"
       ng-model=""
```

※ AngularJS 1.3 から利用できる機能です。

```
name=""
min=""
max=""
required=""
ng-required=""
ng-change="">
```

2-3-11 ngList

ngListは、特定の区切り文字を使って文字列を配列に変換します。デフォルトでは区切り文字として","が設定されています。区切り文字は、ng-list="区切り文字"で変更できます。

リスト2.51: ngList

```
<!DOCTYPE html>
<html lang="ja" ng-app>
<head>
  <meta charset="UTF-8">
  <title>ngList</title>
  <script src="../../angular/angular.js"></script>
</head>
<body>
  <input type="text" ng-model="list" ng-list> カンマ区切り <br>
  <ul>
    <li ng-repeat="item in list">{{ item }}</li>
  </ul>
```

図2.12: ngListサンプル実行結果

```
    <input type="text" ng-model="customList" ng-list="@">@区切り <br>
    <ul>
      <li ng-repeat="item in customList">{{ item }}</li>
    </ul>
  </body>
</html>
```

2-3-12 select/ngOptions

select 要素には任意の属性 ng-options が用意されています。この属性は動的に option 要素や optgroup 要素を作成するものです。配列やハッシュなどのデータ形式に対応するため、さまざまな記述方法があります。動的に作成しない場合は option 要素を使って記述可能です。

リスト 2.52: select
```
<select
    ng-model=""
    name=""
    required=""
    ng-required=""
    ng-options="">
    ...
</select>
```

ngOptions の記述例を下記に示します（リスト 2.53）。

ng-options="color.name for color in arrayOptions" がもっともシンプルな書き方です。「ラベル for 配列の1要素 in 配列」と記述します。

次の ng-options="color.code as color.name for color in arrayOptions" は、select 要素に定義したモデルに渡す値を指定します。つまり、colorModel2 に対して選択されたリストの color.code の値がモデルにセットされます。最初の例では、colorModel2 に対して color にあたるオブジェクトがセットされます。

3つ目は optgruop を設定する例です。グループ化する対象を "gruop by color.type" と指定することで、color.type の値に応じてグルーピングされます。最後のハッシュオブジェクトは、color にあたるオブジェクトの代わりに "(key, value)" とします。その他の取り扱いについては配列のときと同じです。

リスト 2.53: select/ngOptions

```html
<!DOCTYPE html>
<html lang="ja" ng-app="myApp">
<head>
  <meta charset="UTF-8">
  <title>select/ngOptions</title>
  <script src="../../angular/angular.js"></script>
</head>
<body ng-controller="myController">
  <select ng-model="colorModel" ng-options="color.name for color in arrayOptions">
    <option value="">選択してください</option>
  </select>
  {{ colorModel }}<br><br>

  <select ng-model="colorModel2"
          ng-options="color.code as color.name for color in arrayOptions">
    <option value="">選択してください</option>
  </select>
  {{ colorModel2 }}<br><br>

  <select ng-model="colorModel3"
          ng-options="color.name group by color.type for color in arrayOptions">
    <option value="">選択してください</option>
  </select>
  {{ colorModel3 }}<br><br>

  <select ng-model="colorModel4" ng-options="key for (key, value) in hashOptions">
    <option value="">選択してください</option>
  </select>
  {{ colorModel4 }}<br><br>

  <script>
    angular.module('myApp', []).controller('myController', ['$scope', function($scope){
      $scope.arrayOptions = [
        { id: 1, name: 'red',    code: '#ff0000', type:'group_1' },
        { id: 2, name: 'green',  code: '#00ff00', type:'group_1' },
        { id: 3, name: 'blue',   code: '#0000ff', type:'group_2' },
        { id: 4, name: 'orange', code: '#ffa500', type:'group_2' },
        { id: 5, name: 'gray',   code: '#808080', type:'group_3' }
      ];
```

```
      $scope.hashOptions = {
        color: 'red',
        code: 'ff0000',
        type: 'group_1'
      };
    }]);
  </script>
</body>
</html>
```

2-3-13 ngValue

ngValueディレクティブは、input[type="select"]とinput[type="radio"]で使用します。ng-repeatでoption要素やラジオボタンを動的に生成するときに役に立ちます。

リスト 2.54: ngValue

```
<!DOCTYPE html>
<html lang="ja" ng-app>
<head>
  <meta charset="UTF-8">
  <title>ngValue</title>
  <script src="../../angular/angular.js"></script>
</head>
<body>
<form ng-init="user.selected=''">
  <ul ng-init="list=['can_i_do_web', 'zoetro', 'teyosh']">
    <li ng-repeat="name in list">
      <input type="radio" ng-model="user.selected" ng-value="name">{{name}}
    </li>
  </ul>
  <div>{{user.selected}} is selected.</div>
</form>
</body>
</html>
```

2-3-14 ngDisabled/ngReadonly/ngSelected

ngDisable、ngReadonly、ngSelectedはそれぞれ、disabled属性、readOnly属性、そしてselected属性の拡張です。

ngDisabledを例にあげると、値の評価がtrueであればdisabled="true"となり、falseであればその逆になります。値には関数を定義できるため、処理の結果に対してtrue/falseを切り替えることもできます。ngReadonlyとngSelectedに対しても同様の設定が可能です。

リスト 2.55: ngDisabled/ngReadonly/ngSelected

```
<!DOCTYPE html>
<html lang="ja" ng-app>
<head>
  <meta charset="UTF-8">
  <title>ngDisabled/ngReadonly/ngSelected</title>
  <script src="../../angular/angular.js"></script>
</head>
<body>
  <input type="button" value="ボタン" ng-disabled="disabled">
  <input type="checkbox" ng-model="disabled">disabled<br>

  <input type="text" ng-readonly="readonly">
  <input type="checkbox" ng-model="readonly">readonly<br>

  <select>
    <option>ngDisabled</option>
    <option ng-selected="selected">ngSelected</option>
    <option>ngReadonly</option>
  </select>
  <input type="checkbox" ng-model="selected">selected
</body>
</html>
```

Chapter 02

Section 2-4 その他のディレクティブ

本節では、本章でここまで解説してきた DOM 操作、イベント、フォームのいずれにも含まれないディレクティブを解説します。

2-4-1 ngApp

ngApp は AngularJS の中でも特別なディレクティブで、AngaularJS の適用範囲とロードするモジュールを指定します。AngaularJS の適用範囲は DOM の範囲を意味します。

また、モジュールの指定は、ng-app=" モジュール名 " と記述します。ここで定義するモジュール名が自身で作成するアプリケーションのメインモジュールになります。特別な制限がない限りは、下記の通り html 要素もしくは body 要素に記述すれば良いでしょう（リスト 2.56）。

リスト 2.56: ng-app

```
<html ng-app>
    ...
</html>
```

ただし、下記リスト 2.57 の定義では、上記リスト 2.56 と同じ動作にはなりません。ng-app の定義が div 要素に記述されているため、div 要素の内側が AngularJS の適用範囲として扱われるためです。

リスト 2.57: ng-app 適用範囲例

```
<body>
    <div ng-app>
        <input type="text" ng-model="greeting">
    </div>
    <p>{{ greeting }} World</p>
</body>
```

● ビルトインディレクティブ

2-4-2 ngInit

モデルの初期値を設定するには、ngInitディレクティブを利用します。

下記の通り、モデルgreetingに'hello'を初期値として指定できます。もちろん、データバインディングによる即時反映も正常に動作します。AjaxやRESTなどでデータを取得するケースでは、ngInitを利用することは稀ですが、サーバサイドでテンプレート機能を利用するケースや、初期表示のデータを非同期で取得したくないケースで役に立ちます。

リスト 2.58: ng-init

```
<body>
    <input type="text" ng-model="greeting" ng-init="greeting='hello'">
    <p>{{ greeting }} World</p>
</body>
```

2-4-3 ngInclude

ngIncludeディレクティブを利用して、他のテンプレートを読み込むことができます。

ng-include属性の値に文字列として指定する方法と、src属性の値にパスを指定する方法があります。挙動はどちらも同じなので扱いやすい方で構いません。

リスト 2.59: ng-include

```
<div ng-include="'./header.html'"></div>
<div ng-include src="'./footer.html'"></div>
```

また、onloadとautoscroll属性も任意の属性として定義できます。onload属性はテンプレートの読み込みが完了した際のイベントを登録できます。

autoscroll属性はautoscrollと記述するかautoscroll=""で値の評価がtrueであれば、ビューポートをスクロールします。読み込むビューに記述されている要素にページ内ジャンプをさせたいときに利用すると良いでしょう。

2-4-4 ngModel

ngModelディレクティブの役割は、各input要素やselect、textarea要素に対してモデ

ルの管理とバインディングです。

　入力された値に対して動的にバリデーションチェックをおこない、その結果の保持や該当する`class`の差し替えなども`ngModel`がおこないます。また、コントローラ`modelController`を内包しています。カスタムディレクティブを作成する際には、`modelController`越しにデータを操作します。

2-4-5　ngModelOptions(※)

　`ngModelOptions`は、モデルの更新するタイミングを管理するディレクティブです。

　通常の入力フォームは入力と同時にモデルを更新しますが、`ngModelOptions`を使い更新タイミングを変更できます。

　下記サンプルの1つ目では、入力してから1秒後にモデルにセットします。2つ目ではフォーカスが外れるまで、3つ目ではキー入力では1秒遅延させ、フォーカスが外れたら即時モデルにセットします（リスト2.60）。

リスト 2.60: ngModelOptions

```html
<!DOCTYPE html>
<html lang="ja" ng-app>
<head>
  <meta charset="UTF-8">
  <title>ng-model-options</title>
  <script src="../../angular/angular.js"></script>
</head>
<body>
  <p>ng-model-options="{ updateOn: 'default', debounce: 1000 }"</p>
  <input type="text" ng-model="delay"
         ng-model-options="{ updateOn: 'default', debounce: 1000 }">{{delay}}<br>

  <p>ng-model-options="{ updateOn: 'blur' }"</p>
  <input type="text" ng-model="blur" ng-model-options="{ updateOn: 'blur' }">{{blur}}<br>
  <p>ng-model-options="{ updateOn: 'default blur',
                        debounce: { 'default': 1000, 'blur': 0 } }"</p>
  <input type="text" ng-model="delayDefault"
    ng-model-options="{ updateOn: 'default blur',
```

※ AngularJS 1.3から利用できる機能です。

```
                        debounce: { 'default': 1000, 'blur': 0 } }">{{delayDefault}}<br>
</body>
</html>
```

2-4-6　a要素

　a要素もAngularJSで拡張されています。大々的な拡張ではなく、a要素にhref属性が宣言されていない場合はブラウザ挙動を制止します。href属性がある場合は、HTMLとしてのa要素と同じ挙動ですが、AngularJSの機能を使い込むためには、次項で解説するngHrefをhref属性と併用して利用します。

2-4-7　ngHref

　動的にURLを作成する際にhref属性を{{url}}と記述すると、AngularJSが{{url}}の値を書き換えるまで{{url}}の値は""の状態です。この状態でリンクがクリックされると、予期しないページに遷移してしまいます。

　これを回避するためにngHrefを使用します。ngHrefディレクティブは値が設定されていないときには、アンカーリンクにならないためユーザーの誤クリックを防ぐことが可能です。

　ただし、ng-href="/foo/{{ param }}"と一部で{{}}を適用していると、リンクとなってしまうため、利用には注意が必要です。

2-4-8　script

　前述の「2-4-3　ngInclude」で解説した通り、外部ファイルに定義されたテンプレートを読み込むことも可能ですが、読み込むファイルサイズが大きいと表示されるまで時間を要します。

　そこでscript要素に対して、type='text/ng-template'とid="someId"を定義するとテンプレートとしてキャッシュされます。外部のJavaScriptファイルや呼び出し元のテンプレート内の一部として定義することで、あらかじめテンプレートを読み込んでおくことが可能です。下記のサンプルではngIncludeで読み込みます（リスト2.61）。

リスト 2.61: script

```html
<!DOCTYPE html>
<html lang="ja" ng-app>
<head>
  <meta charset="UTF-8">
  <title>script</title>
  <script src="../../angular/angular.js"></script>
</head>
<body>
  <script type="text/ng-template" id="template.html">
    テンプレートとして定義
  </script>

  <div ng-include src="'template.html'"></div>
</body>
</html>
```

2-4-9　ngSrc/ngSrcset

ngSrc/ngSrcset ディレクティブも ngHref と同様ですが、a 要素ではなく img 要素で利用します。a 要素と異なりユーザーのアクションを伴わず src 属性の画像をリクエストするため、{{url}} の値が設定されていないと画像リンクが切れた状態となります。動的な画像 URL を扱う場合は、ngSrc/ngSrcset ディレクティブを利用しましょう。

2-4-10　ngTransclude

主にカスタムディレクティブを作成する際に利用します。カスタムディレクティブに関しては「Chap.10 カスタムディレクティブ」で詳しく解説します（P.225 参照）。

2-4-11　ngCsp

CSP（コンテンツセキュリティポリシー）互換のディレクティブです。CSP に関する詳細は別途「Chap.12 セキュリティ」で解説します（P.331 参照）。

AngularJS 1.3 の新機能

本書は、AngularJS 1.3 の仕様を元に解説しています。そのため、AngularJS 1.2 を利用してアプリケーションを開発する際には、本書の内容そのままでは動作しないこともあります。

以下に、AngularJS 1.3 で新たに搭載された機能を紹介します。AngularJS 1.2 を利用する場合は、これらの機能は利用できないので注意してください。

機能追加

- input ディレクティブで date、time、datetime-local、month、week をサポート
- input ディレクティブで ngTrueValue/ngFalseValue 属性の指定が可能
- ngModelOptions ディレクティブの追加
- $scope.$watchGroup の追加
- ng-strict-di が利用可能
- ngMessages ディレクティブの追加
- $interpolate で allOrNothing パラメータの追加
- $interpolate で { や } をエスケープ可能
- expression で One-time binding が利用可能
- ngModelController に $validators、$touched、$untouched、$rollbackViewValue 追加
- ngModel で getter/setter によるバインドを指定可能
- ngInclude でテンプレートの読み込みに失敗したときに、$includeContentError イベントが発行される
- $animate でアニメーションのキャンセルが可能
- ngRepeat でフィルターした結果をスコープのメンバに格納する as キーワードが利用可能

仕様追加

- IE8 のサポートを停止
- Attributes.$observer が、リスナーを解除する関数を返す
- グローバル関数をコントローラとして利用できない
- ngList のセパレータに正規表現を利用できない
- ディレクティブの開始要素と終了要素を利用する場合、multiElement プロパティを必ず指定
- ディレクティブの restrict のデフォルト値が A から EA に変更
- ngTransclude が要素名として指定可能
- $q が ES6 形式の Promise のインタフェースを提供

Chapter 03

フィルター・サービス・フォームバリデーション

Chapter 03

[Section] 3-1 フィルター

前章「Chap.02 ビルトインディレクティブ」に引き続き、本章ではビルトインで提供されるフィルター機能とサービス機能、そしてフォームのバリデーション機能を解説します。

AngularJSにはフィルターと呼ばれるデータを整形する機能が標準で搭載されています。このフィルター機能によりモデルの値を変更することなく表示フォーマットに変換できます。フィルターのシンプルな定義方法は、テンプレート内の{{ モデル名 }}で「|」を使いフィルター名を繋ぎ、{{ モデル名 | フィルター名 }} と記述します（リスト3.1）。

リスト3.1: currency

```
{{ myModel | currency }}
```

3-1-1 currency

currencyは通貨を表示するフィルターです。"$"マークと3桁ごとに","が挿入され、通貨表記となります。デフォルトはUSドル表記になっているため、日本円での表記にするには、別途i18n用のファイルを読み込む必要があります。

リスト3.2: currency

```
<!DOCTYPE html>
<html lang="ja" ng-app="myApp">
<head>
  <meta charset="UTF-8">
  <title>currency</title>
  <script src="../../angular/angular.js"></script>
</head>
<body ng-controller="myController">
  <input type="text" ng-model="dollar">
  <p>フィルターなし: {{ dollar }}</p>
  <p>フィルター: {{ dollar | currency }}</p>
```

```
    <script>
      angular.module('myApp', []).controller('myController', ['$scope', function($scope){
        $scope.dollar = 1000000;
      }]);
    </script>
  </body>
</html>
```

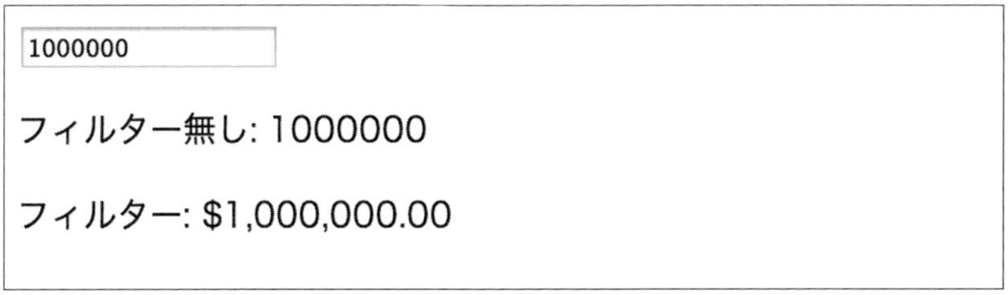

```
1000000
```

フィルター無し: 1000000

フィルター: $1,000,000.00

図 3.1: currency フィルター

3-1-2 date

date フィルターは、日付を対象にさまざまなフォーマットに変換できます。'fullDate' などあらかじめ用意されているフォーマットや 'yyyy 年 MM 月 dd 日 ' 形式など、任意のフォーマットを組み合わせて定義できます。

リスト 3.3: date

```
<!DOCTYPE html>
<html lang="ja" ng-app="myApp">
<head>
  <meta charset="UTF-8">
  <title>date</title>
  <script src="../../angular/angular.js"></script>
</head>
<body ng-controller="myController">
  <input type="date" ng-model="today">
  <p>フィルターなし : {{ today }}</p>
  <p>フィルター : {{ today | date: 'yyyy 年 MM 月 dd 日 HH 時 MM 分 ss.sss 秒 ' }}</p>

  <script>
```

フィルター・サービス・フォームバリデーション

```
    angular.module('myApp', []).controller('myController', ['$scope', function($scope){
        $scope.today = new Date();
    }]);
  </script>
 </body>
</html>
```

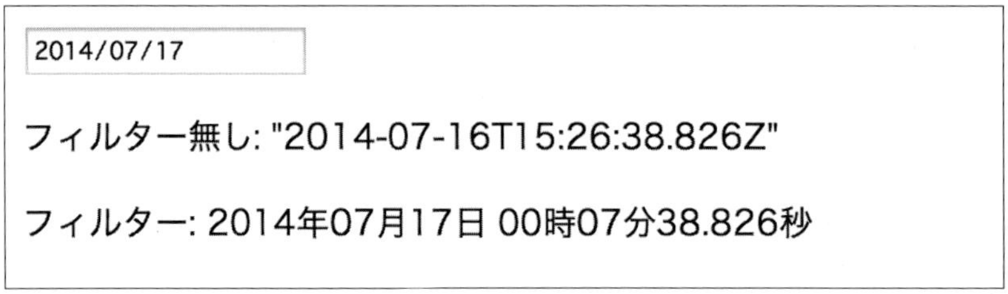

```
2014/07/17

フィルター無し: "2014-07-16T15:26:38.826Z"

フィルター: 2014年07月17日 00時07分38.826秒
```

図 3.2: date フィルター

date フォーマット一覧（デフォルト設定）

下表は date フィルターで変換可能なフォーマット一覧です（表 3.1）。

標準は en_US ロケールであるため、月や曜日、fullDate や short などに定義されているフォーマットは日本向けの表記とは異なります。ja_JP の i18n 対応ファイルを読み込むことで、日本向けの表記にローカライゼーション可能です。

表 3.1: date フォーマット一覧

フォーマット	詳細
'yyyy'	西暦の年 4 桁固定 AD 1 => 0001, AD 2014 => 2014
'yy'	西暦の年 2 桁固定 AD 2001 => 01, AD 2010 => 10
'y'	西暦の年 AD 1 => 1, AD 199 => 199
'MMMM'	月（January-December）
'MMM'	月（Jan-Dec）
'MM'	月 2 桁固定（01-12）
'M'	月 2 桁（1-12）
'dd'	日 2 桁固定（01-31）
'd'	日 2 桁（1-31）
'EEEE'	曜日（Sunday-Saturday）
'EEE'	曜日（Sun-Sat）
'HH'	時 24 時間表記 2 桁固定（00-23）
'H'	時 24 時間表記（0-23）
'hh'	時 12 時間表記 2 桁固定（01-12）

フォーマット	詳細
'h'	時 12時間表記（1-12）
'mm'	分 2桁固定（00-59）
'm'	分 2桁（0-59）
'ss'	秒 2桁固定（00-59）
's'	秒 2桁（0-59）
'.sss' or ',sss'	ミリ秒 2桁固定（.000-999 or ,000-999）
'a'	am/pm
'Z'	タイムゾーンのオフセット 4桁固定（-1200 - +1200）
'ww'	週 2桁固定（00-53）
'w'	週（0-53）
'medium'	'MMM d, y h:mm:ss a' (en_US locale)
'short'	'M/d/yy h:mm a' (en_US locale)
'fullDate'	'EEEE, MMMM d, y' (en_US locale)
'longDate'	'MMMM d, y' (en_US locale)
'mediumDate'	'MMM d, y' (en_US locale)
'shortDate'	'M/d/yy' (en_US locale)
'mediumTime'	'h:mm:ss a' (en_US locale)
'shortTime'	'h:mm a' (en_US locale)

3-1-3　number

`number`フィルターも前述の`currency`と同様に、3桁ごとに","で区切って表示します。また、引数に数値を渡すことで、小数点以下の桁数を制限できます。

例えば、`number:0`と指定すると小数点以下は表示されません。`number:3`では小数点以下3桁までが表示されます。「3.333...」など割り切れない計算結果でも、小数点以下の桁数を固定することでレイアウトの崩れを防ぐことができます。

リスト 3.4: number

```
<!DOCTYPE html>
<html lang="ja" ng-app="myApp">
<head>
  <meta charset="UTF-8">
  <title>number</title>
  <script src="../../angular/angular.js"></script>
</head>
<body ng-controller="myController">
  <input type="text" ng-model="myNumber">
```

```
    <p>フィルターなし：{{ myNumber }}</p>
    <p>フィルター：{{ myNumber | number:0 }}</p>

    <script>
      angular.module('myApp', []).controller('myController', ['$scope', function($scope){
        $scope.myNumber = 100 / 3;
      }]);
    </script>
  </body>
</html>
```

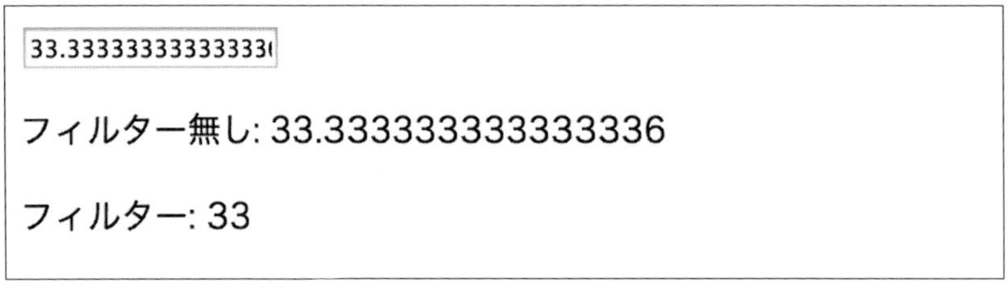

```
33.3333333333333336
```

フィルター無し: 33.333333333333336

フィルター: 33

図 3.3: number フィルター

3-1-4　json

json フィルターは JavaScript のオブジェクトを JSON 形式に変換するフィルターです。

実践で利用されることは稀ですが、デバッグ時にモデルの値を確認したいケースで役に立ちます。モデルの値がオブジェクトである場合、{{ someModel }} の記述を {{ someModel | json }} に変更するするだけです。ただし、オブジェクトの中に function オブジェクトなどがあると、JSON 形式に変換されないので注意が必要です。

リスト 3.5: json

```
<!DOCTYPE html>
<html lang="ja" ng-app="myApp">
<head>
  <meta charset="UTF-8">
  <title>json</title>
  <script src="../../angular/angular.js"></script>
</head>
<body ng-controller="myController">
  <p>フィルターなし：{{ myJson }}</p>
```

```
    <p>フィルター：{{ myJson | json }}</p>

    <script>
      angular.module('myApp', []).controller('myController', ['$scope', function($scope){
        $scope.myJson = {
          name: 'kanai',
          twitterId: 'can_i_do_web'
        };
      }]);
    </script>
  </body>
</html>
```

3-1-5　limitTo

limitToフィルターは主にng-repeatと併用して、配列の表示件数をフィルタリングします。最大表示件数を定義することで、配列サイズが大きくなっても表示件数は一定に制限できます。したがって、limitToフィルターは引数に必ず表示件数の指定が必要になります。

リスト 3.6: limitTo

```
<!DOCTYPE html>
<html lang="ja" ng-app="myApp">
<head>
  <meta charset="UTF-8">
  <title>limitTo</title>
  <script src="../../angular/angular.js"></script>
</head>
<body ng-controller="myController">
  <p> フィルターなし </p>
  <ul>
    <li ng-repeat="person in myList">{{ person }}</li>
  </ul>

  <p> フィルター </p>
  <ul>
    <li ng-repeat="person in myList | limitTo: 3">{{ person }}</li>
  </ul>
```

```
    <script>
      angular.module('myApp', []).controller('myController', ['$scope', function($scope){
        $scope.myList = ['kanai', 'ikezoe', 'yoshida', 'can_i_do_web', 'zoetro', 'teyosh'];
      }]);
    </script>
  </body>
</html>
```

フィルター無し

- kanai
- ikezoe
- yoshida
- can_i_do_web
- zoetro
- teyosh

フィルター

- kanai
- ikezoe
- yoshida

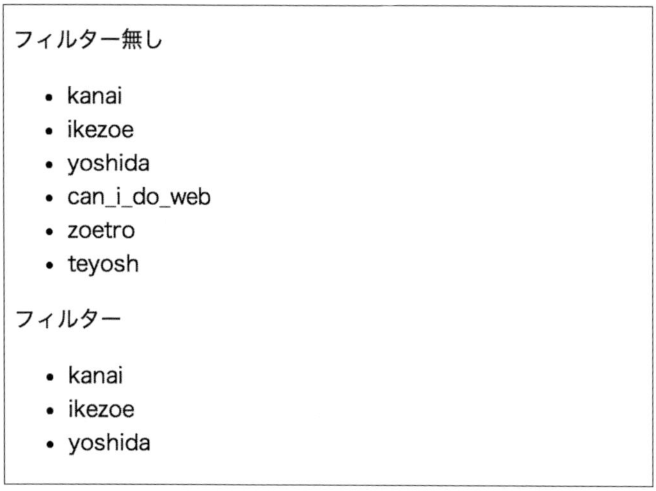

図 3.4: limitTo フィルター

3-1-6 orderBy

　配列をソートするには orderBy フィルターを利用します。orderBy:' 項目名 ' と記述して、ソートする対象項目を設定します。orderBy:'name':true と第 2 引数に true を設定することで、逆順のソートも可能です。

リスト 3.7: orderBy

```
<!DOCTYPE html>
<html lang="ja" ng-app="myApp">
<head>
  <meta charset="UTF-8">
  <title>orderBy</title>
  <script src="../../angular/angular.js"></script>
```

3-1 フィルター

```
</head>
<body ng-controller="myController">
  <p> フィルターなし </p>
  <ul>
    <li ng-repeat="person in myList">{{ person.name }}</li>
  </ul>

  <p> フィルター </p>
  <ul>
    <li ng-repeat="person in myList | orderBy:'name'">{{ person.name }}</li>
  </ul>

  <script>
    angular.module('myApp', []).controller('myController', ['$scope', function($scope){
      $scope.myList = [
        { name: 'kanai' },
        { name: 'ikezoe' },
        { name: 'yoshida' },
        { name: 'can_i_do_web' },
        { name: 'zoetro' },
        { name: 'teyosh' }
      ];
```

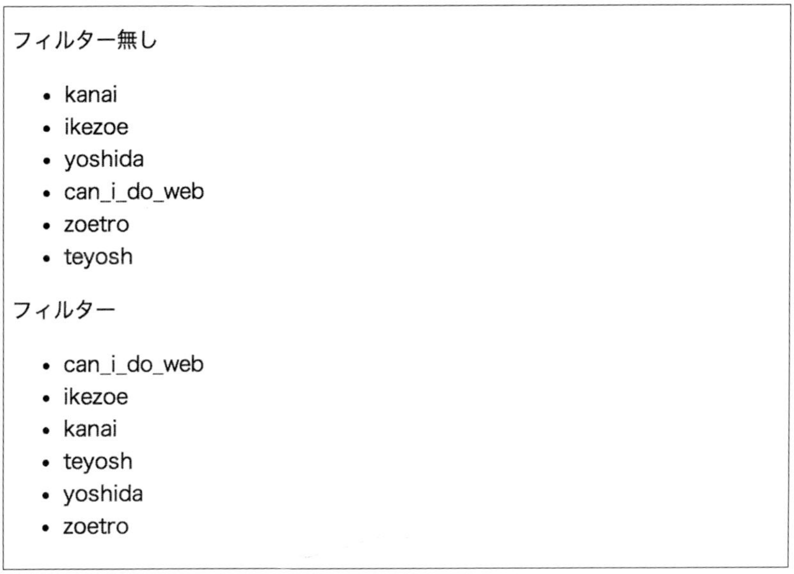

フィルター無し

- kanai
- ikezoe
- yoshida
- can_i_do_web
- zoetro
- teyosh

フィルター

- can_i_do_web
- ikezoe
- kanai
- teyosh
- yoshida
- zoetro

図 3.5: orderBy フィルター

```
        }]);
    </script>
</body>
</html>
```

3-1-7 lowercase/uppercase

lowercase フィルターは大文字を小文字に変換します。uppercase フィルターはその逆で、小文字を大文字に変換します。

リスト 3.8: lowercase

```
<!DOCTYPE html>
<html lang="ja" ng-app="myApp">
<head>
    <meta charset="UTF-8">
    <title>lowercase/uppercase</title>
    <script src="../../angular/angular.js"></script>
</head>
<body ng-controller="myController">
    <input type="text" ng-model="myAccount">
    <p> フィルターなし </p>
    <p>{{ myAccount }}</p>

    <p>lowercase フィルター </p>
    <p>{{ myAccount | lowercase }}</p>

    <p>uppercase フィルター </p>
    <p>{{ myAccount | uppercase }}</p>

    <script>
        angular.module('myApp', []).controller('myController', ['$scope', function($scope){
            $scope.myAccount = '';
        }]);
    </script>
</body>
</html>
```

3-1-8 filter

`filter`はいわゆる絞り込み機能を作成できます。`filter:'検索文字列'`と定義すると検索文字列でフィルターします。また、第2引数に`true/false/`関数のいずれかを指定できます。第2引数が`true`であれば完全一致、`false`であれば部分一致での絞り込み条件となります。デフォルトは`undefined`のため`false`と同じ挙動をとります。

関数を指定することで任意の絞り込みロジックを作成できます。下記では、シンプルな配列を絞り込むフィルター定義と、項目を指定して絞り込むフィルターを紹介します（リスト3.9）。

リスト3.9: filter

```
<!DOCTYPE html>
<html lang="ja" ng-app="myApp">
<head>
  <meta charset="UTF-8">
  <title>filter</title>
  <script src="../../angular/angular.js"></script>
</head>
<body ng-controller="myController">
  <input type="text" ng-model="mySearch">
  <ul>
    <li ng-repeat="person in myList | filter:mySearch">{{ person.name }}</li>
  </ul>

  <div>
    <input type="text" ng-model="mySearchTwetter.twitterId">
    twitterIdで絞り込み </div>
  <table>
    <thead>
      <tr>
        <th>twitterId</th>
        <th>following</th>
        <th>followers</th>
      </tr>
    </thead>
    <tbody>
      <tr ng-repeat="info in twitterInfo | filter: mySearchTwetter">
        <td>{{ info.twitterId }}</td>
        <td>{{ info.following }}</td>
```

```
        <td>{{ info.followers }}</td>
      </tr>
    </tbody>
  </table>

  <script>
    angular.module('myApp', []).controller('myController', ['$scope', function($scope){
      $scope.myList = [
        { name: 'kanai' },
        { name: 'ikezoe' },
        { name: 'yoshida' },
        { name: 'can_i_do_web' },
        { name: 'zoetro' },
        { name: 'teyosh' }
      ];

      $scope.twitterInfo = [
        { twitterId: 'can_i_do_web', following: 100, followers: 10},
        { twitterId: 'zoetro', following: 200, followers: 1000},
        { twitterId: 'teyosh', following: 200, followers: 500}
      ];
    }]);
  </script>
</body>
</html>
```

3-1-9 フィルターの組み合わせ

これまでは各フィルターを個別に解説してきました。それぞれのフィルター1つ1つだけでも有用ですが、"|"を使って処理を繋げていくことでさらに便利なものになります。以下のサンプルでは、orderByとlimitToを使って名前でソートし、その結果の3件のみを表示します。

リスト3.10: filter 組み合わせ

```
<!DOCTYPE html>
<html lang="ja" ng-app="myApp">
<head>
  <meta charset="UTF-8">
```

```html
    <title>orderBy & limitTo</title>
    <script src="../../angular/angular.js"></script>
</head>
<body ng-controller="myController">
    <p> フィルターなし </p>
    <ul>
        <li ng-repeat="person in myList">{{ person.name }}</li>
    </ul>

    <p> フィルター orderBy & limitTo</p>
    <ul>
        <li ng-repeat="person in myList | orderBy:'name' | limitTo:3">{{ person.name }}</li>
    </ul>

    <script>
        angular.module('myApp', []).controller('myController', ['$scope', function($scope){
            $scope.myList = [
                { name: 'kanai' },
                { name: 'ikezoe' },
                { name: 'yoshida' },
                { name: 'can_i_do_web' },
                { name: 'zoetro' },
                { name: 'teyosh' }
            ];
        }]);
    </script>
</body>
</html>
```

3-1-10 i18n/l10n 対応

　フィルターをより有効的に使うために、i18n対応をした日本向けフォーマットを適用してみましょう。AngularJSファイルより後ろにangular-locale_ja-jp.jsファイルを宣言するだけです。AngularJSがロードされる際にangular-locale_ja-jp.jsから設定を読み込んでくれます。

リスト 3.11: i18n/l10n 対応

```html
<!DOCTYPE html>
<html lang="ja" ng-app="myApp">
<head>
  <meta charset="UTF-8">
  <title>i18n/l10n</title>
  <script src="../../angular/angular.js"></script>
  <script src="../../angular/angular-locale_ja-jp.js"></script>
</head>
<body ng-controller="myController">
  <p>1000 | currency -> {{ 1000 | currency }}</p>
  <p>today | date: 'EEEE' -> {{ today | date: 'EEEE' }}</p>
  <p>today | date: 'EEE' -> {{ today | date: 'EEE' }}</p>
  <p>today | date: 'medium' ->
    {{ today | date: 'medium' }} --format: 'y/MM/dd H:mm:ss'</p>
  <p>today | date: 'short' -> {{ today | date: 'short' }} --format: 'y/MM/dd'</p>
  <p>today | date: 'fullDate' ->
    {{ today | date: 'fullDate' }} --format: 'y年M月d日EEEE'</p>
  <p>today | date: 'longDate' ->
    {{ today | date: 'longDate' }} --format: 'y年M月d日'</p>
  <p>today | date: 'mediumDate' ->
    {{ today | date: 'mediumDate' }} --format: 'y/MM/dd'</p>
  <p>today | date: 'shortDate' -> {{ today | date: 'shortDate' }} --format: 'y/MM/dd'</p>
  <p>today | date: 'mediumTime' ->
    {{ today | date: 'mediumTime' }} --format: 'H:mm:ss'</p>
  <p>today | date: 'shortTime' -> {{ today | date: 'shortTime' }} --format: 'H:mm'</p>

  <script>
    angular.module('myApp', []).controller('myController', ['$scope', function($scope){
      $scope.today = new Date();
    }]);
  </script>
</body>
</html>
```

Chapter 03

Section 3-2 サービス

AngularJSでは、「サービス」と呼ばれる任意のタスクを実行する処理グループが用意されています。標準で用意されているビルトインサービスをはじめ、外部モジュールとして提供されているサービスや自前で作成したサービスを利用するには、コントローラを作成する際に読み込みます（リスト3.12）。下記の $interval の通り、引数の場所に関係なくサービス名を指定することで、コントローラ内でサービスの利用が可能になります。

リスト 3.12: サービス読み込み

```
var app = angular.module('app', []);
app.controller('ServiceCtrl', ['$interval', function($interval){
  var num = 0;
  $interval(function(){
    console.log(num++);
  },1000);
}]);
```

AngularJSでは、基本的なサービスがビルトインサービスとして標準で用意されています（表3.2）。また、外部モジュールとして用意されているサービスもあります（表3.2）。

表 3.2: ビルトインサービス

サービス名	説明
$anchorScroll	$location#hash をチェックして、マッチする要素にスクロールします。
$cacheFactory	キャッシュを作成し、それらにアクセスできます。
$compile	html や DOM をスコープへのリンクを追加して使用できるようになります。
$controller	コントローラをインスタンス化します。
$document	ラップした window#document 要素です。
$exceptionHandler	任意でキャッチされない例外をコンソールに記録します。
$filter	データのフォーマットを変換します。
$http	HTTP サーバと通信します。
$interpolate	デフォルトでは {{}} で囲まれた文字列をコンパイルします。
$interval	ラップした window#setInterval です。

フィルター・サービス・フォームバリデーション

083

サービス名	説明
$locale	en-us などのローカライズルールを提供します。
$location	window.location を基に利用しやすい形で URL を作成します。
$log	ログを出力します。
$q	プロミスを提供します。
$rootElement	ngApp か angular#bootstrap に渡された要素になります。
$rootScope	アプリケーション共通のスコープになります。
$sce	Strict Contextual Escaping を提供します。これにより、コンテキストを使用するのに安全であるかを明示的に紐付けることにより利用できます。
$templateCache	テンプレートを取得後キャッシュし、以降はキャッシュを利用するようになります。
$timeout	ラップされた window#setTimeout です。
$window	window オブジェクトを参照します。

表 3.3: 外部モジュール

モジュール名	提供されるサービス	モジュールファイル名
ngAnimate	$animate	angular-animate.js
ngCookies	$cookieStore	angular-cookies.js
	$cookies	
ngMock	$exceptionHandler	angular-mocks.js
	$httpBackend	
	$interval	
	$log	
	$timeout	
ngMockE2E	$httpBackend	
ngResource	$resource	angular-resource.js
ngRoute	$route	angular-route.js
	$routeParams	
ngSanitize	$sanitize	angular-sanitize.js
ngTouch	$swipe	angular-touch.js

本節では、一般的によく利用される下記のサービスを説明します。

・$rootScope

・$location

・$interval

・$timeout

・$log

・ngCookies

・ngTouch

3-2-1 $rootScope

　スコープはコントローラやディレクティブなどの単位で明確に区切られています。そのため、スコープ間でのデータのやり取りには、相互でイベントを送受信する仕組みもしくはサービスを経由する必要があります。しかし、$rootScopeはアプリケーションに必ず存在する特別なスコープで、各種コントローラのスコープは$rootScopeの子スコープです。

リスト 3.13: rootscope.html

```
<!DOCTYPE html>
<html ng-app="app">

<head>
  <meta charset="utf-8">
  <meta name="viewport" content="width=device-width">
  <script type="text/javascript" src="../../angular/angular.js"></script>
  <script type="text/javascript" src="rootscope.js"></script>
</head>

<body>
<div ng-controller="scope1">
  <p>{{test}}</p>

  <p>{{rootTest}}</p>
</div>
<div ng-controller="scope2">
  <p>{{test}}</p>

  <p>{{rootTest}}</p>
</div>
</body>

</html>
```

リスト 3.14: rootscope.js

```
var app = angular.module('app', []);
app.controller('scope1', ['$rootScope', '$scope',function($rootScope, $scope){
  $scope.test = 'test1';
  $rootScope.rootTest = "rootTest1";
}]);
```

```
app.controller('scope2', ['$rootScope', '$scope',function($rootScope, $scope){
  $scope.test = 'test2';
  $rootScope.rootTest = "rootTest2";
}]);
```

　scope1 コントローラの $scope.test には test1、scope2 コントローラの $scope.test には test2 が入り、html にはそれが表示されます。しかし、scope1 で $rootScope.rootTest に rootTest1 を指定し、scope2 で $rootScope.rootTest に rootTest2 を指定した場合、html には rootTest2 が表示されます。このようにコントローラ間で処理や値を共有することが可能となります。

　上記の通り、便利に使える $rootScope ですが、グローバル変数などと同様に、どのコントローラで利用しているか分かりづらくバグの誘因となるため、よく考えて利用しましょう。

3-2-2　$location

　AngularJS の特徴の1つに、URL を元に処理内容を変更することが挙げられます。そのため、URL の状態や情報が重要になるケースがあります。window.location は、ブラウザの URL からホストやパスなどを取得・変更できる関数です。$location は、この window.location を AngularJS でラップすることで、利用しやすいサービスです。

　URL の各種情報を取得できるメソッドは以下の通りです。

・absUrl()
　　- 完全な URL（http://example.jp/path?search=x#hash）を取得。
・protocol()
　　- プロトコル（http や https）を取得。
・port()
　　- 使用しているポート番号（80 や 443）を取得。
・host()
　　- URL のホスト名（example.jp）を取得。
・path()
　　- URL のパス（/path）を取得。
・search()
　　- URL の検索部分（?search=x）を取得。

- hash()
    - URL のハッシュ（#hash）を取得。
- url()
    - URL のホスト名以外の部分（/path?search=x#hash）を取得。

以下のメソッドは引数を与えることで `$location` を返します。

- path('/new')
    - URL のパスを /new に変更。
- search('new', 'y')
    - URL の検索部分を ?new=y に変更。
- hash("new")
    - URL のハッシュ部分を #new に変更。
- url("/url?search=y#hash2")
    - URL のホスト名以外の部分を /url?search=y#hash2 に変更

3-2-3 $timeout

`$timeout` は、window.setTimeout を AngularJS でラップしたサービスです。

非同期処理の setTimeout など、AngularJS の管理下にないネイティブ関数でスコープの値を変更しても、画面には反映されません。画面を更新する処理を実行するには、`window.setTimeout` をラップしている `$timeout` で記述する必要があります。

引数は window.setTimeout と同じく、呼び出す関数と呼び出しタイミング（どのくらいあとに呼び出すか）をミリ秒を指定します。

リスト 3.15: timeout.html

```
<!DOCTYPE html>
<html ng-app="app">

<head>
  <meta charset="utf-8">
  <meta name="viewport" content="width=device-width">
  <script type="text/javascript" src="../../angular/angular.js"></script>
  <script type="text/javascript" src="timeout.js"></script>
```

```
</head>

<body>
<div ng-controller="timeout">
  <p>{{count}}</p>
</div>
</body>

</html>
```

リスト 3.16: timeout.js

```
var app = angular.module('app', []);
app.controller('timeout', ['$scope', '$timeout', function($scope, $timeout){
  var count = 0;
  $scope.count = count;
  var tp = $timeout(function(){
    $scope.count = 100;
  }, 100);
  $timeout.cancel(tp);
}]);
```

3-2-4　$interval

　$intervalは、前述の$timeoutと同じくwindow.setIntervalをAngularJSでラップし、$applyを暗黙的に呼び出すことができます。なお、$intervalは追加引数で指定関数の呼び出し回数を設定可能です。

リスト 3.17: interval.html

```
<!DOCTYPE html>
<html ng-app="app">

<head>
  <meta charset="utf-8">
  <meta name="viewport" content="width=device-width">
  <script type="text/javascript" src="../../angular/angular.js"></script>
  <script type="text/javascript" src="interval.js"></script>
</head>
```

```
<body>
<div ng-controller="interval">
  <p>{{count}}</p>
</div>
</body>

</html>
```

リスト 3.18: interval.js

```
var app = angular.module('app', []);
app.controller('interval', ['$scope', '$interval', function($scope, $interval){
  var count = 0;
  $scope.count = count;
  $interval(function(){
    $scope.count = count++;
  }, 100, 100);
}]);
```

3-2-5　$log

$log は、下記のメソッドを呼び出した際にブラウザのコンソールにログを出力します。なお、デフォルトでは debug メソッドは出力しません。出力したい場合は次のコードを呼び出します（リスト 3.19）。

- debug()
- error()
- info()
- log()
- warn()

リスト 3.19: $log#debug メソッドの活性化

```
var app = angular.module('log', []);
app.config(['$logProvider', function($logProvider){
  $logProvider.debugEnable(true);
}]);
```

3-2-6 ngCookies

ngCookiesモジュールを読み込むと、クッキーを簡単に操作できるサービスを利用できます。利用には外部モジュールとして「angular-cookies.js」を別途読み込む必要があります。

利用可能なサービスは $cookies と $cookieStore で、メソッドを利用してクッキーの追加と参照、削除が可能です。なお、クッキーはサーバとのやり取りや、ブラウザに保存可能なストレージとして利用できます。

- $cookies
    - document.cookie をオブジェクトで取得できます。そのため、$cookies.prop などで取得、設定できます。
- $cookieStore
    - get()、put()、remove() のメソッドを持っているサービスです。

リスト 3.20: ngCookie

```
var app = angular.module('app', ['ngCookies']);
app.controller('cookie', ['$cookies', '$cookieStore', function($cookies, $cookieStore){
  $cookieStore.put("test", "change");
  $cookieStore.get("test");
  $cookieStore.remove("test");
}]);
```

3-2-7 ngTouch

最近ではモバイルファーストと言われるほど、スマートフォン対応の必要性が高まっています。したがって、AngularJSもスマホでも利用されるシーンが増大しているため、モバイル対応の便利なサービスとしてngTouchが追加されています。外部モジュール angular-touch.js を別途読み込むことで使用でき、スワイプ処理を提供する $swipe サービスが利用可能となります。

$swipe サービスは、タッチデバイスのスワイプイベント start、move、end、cancel をキャッチできます。しかし、ブラウザには特にスワイプ関連のイベントはありません。そのため、AngularJSでは擬似的にスワイプイベントを発火しています。ユーザーがタッチ画面を水平方向もしくは垂直方向になぞったことを検知し、設定されている閾値以上となった場合にスワイプと認識します。

$swipe サービス自体も、ngTouch に含まれている ngSwipeLeft や ngSwipeRight など各ディレクティブの実装で使用されています。したがって、$swipe サービスを利用することで、独自の swipe 処理を作成可能です。下記ではボディ全体でスワイプイベントを監視します（リスト 3.21）。

リスト 3.21: ngTouch

```
var app = angular.module('app', ['ngTouch']);
app.controller('swipe', ['$scope', '$swipe', function($scope, $swipe){
  var touchEventHandler = function(obj, event){
    console.log(event.type);
    console.log(obj);
  }
  $swipe.bind(angular.element(document.getElementsByTagName('body')), {
    'start': touchEventHandler,
    'move': touchEventHandler,
    'cancel': function(event){
      console.log(event);
    },
    'end': touchEventHandler
  })
}]);
```

　昨今の Web アプリケーション開発では、各種スマートフォンやタブレット端末などモバイル対応を無視できる状況ではなく、AngularJS でもモバイル端末を強く意識せざるを得ません。
　公式外部モジュールである ngTouch をはじめとして、モバイルに特化したサードパーティ製のモジュールもリリースされてきているので、有効に活用しましょう。

　スマートフォンのジェスチャーにはスワイプ以外にも、2 本指で画面の表示倍率を変更するピンチインやピンチアウト、スマートフォン自体を横や縦にするローテートなど、タッチパネルを触る操作に加え、手で筐体を保持して操作するため、パソコンとは違う動きが追加されています。
　本項で紹介した「ngTouch」は、「jQeury Mobile」（http://jquerymobile.com/）のイベントハンドリングを基本にしており、主にタップやスワイプなどのシングルタッチに特化したモジュールです。マルチタッチのイベントをはじめ、その他のイベントを利用したい場合は、「angular-gestures」と呼ばれる「hammer.js」（http://hammerjs.github.io/）を基にしたサードパーティ製モジュールが公開されているので、参考にしてください。

Chapter 03

Section 3-3 フォームバリデーション

　本節では、フォームのバリデーションを解説します。一般的にフォームの入力項目は、入力必須にしたり文字数に制限を課するなど、さまざまな条件を設定して利用します。HTML5 からはこうしたフォームのバリデーション機能が仕様として追加され、モダンブラウザに実装されていますが、残念ながらまだ不完全であるため、自前で実装したりサードパーティの JavaScript ライブラリを使用して対応せざるを得ない状況です。

　AngularJS には、HTML5 のバリデーション機能を含む、多彩でかつ強力なバリデーション機能が搭載されています。また、AngularJS の特徴である双方向データバインディングにより、入力と同時にバリデーションチェックを実行できるため、即時に入力エラーをユーザーに返すことが可能です。これは HTML5 仕様のバリデーション機能では実現できません。

3-3-1 バリデーションの定義

　ログイン ID とパスワードを入力するだけのシンプルなログインフォームを例に解説します（図3.7）。これを HTML でコーディングすると下記の通りです（リスト 3.22）。

リスト 3.22: ログイン HTML

```html
<!DOCTYPE html>
<html lang="ja">
<head>
  <meta charset="UTF-8">
  <title>user-login-html</title>
</head>
<body>
  <form action="login" name="loginForm">
    <p> ログイン ID</p>
    <input type="text" name="userLoginId"><br>
    <p> パスワード </p>
    <input type="password" name="userPassword"><br>
```

```
        <input type="submit" value="ログイン ">
    </form>
</body>
</html>
```

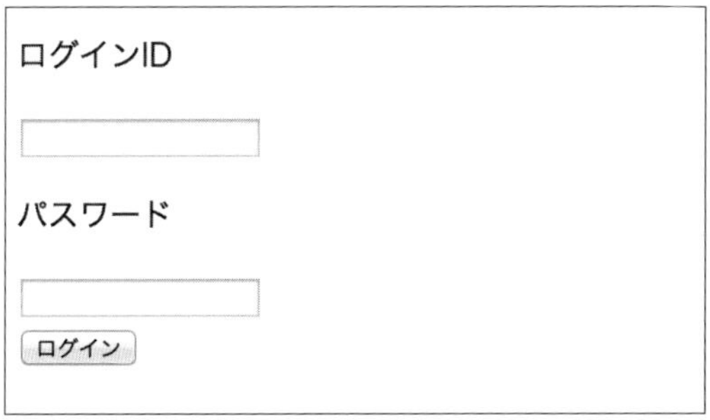

図 3.7: ログインフォーム

バリデーションの内容は、ログイン ID とパスワード共に以下の内容とします。

・入力必須
・4 文字以上
・8 文字以下
・半角英数字

リスト 3.22 に対して、バリデーションを定義したコードが以下です（リスト 3.23）。

リスト 3.23: バリデーションチェック

```
<!DOCTYPE html>
<html lang="ja">
<head>
    <meta charset="UTF-8">
    <title>user-login-angular</title>
    <script src="../../angular/angular.js"></script>
</head>
<body ng-app>
    <form action="login" name="loginForm" novalidate>
        <p> ログイン ID</p>
        <input type="text" name="userLoginId"
            ng-model="user.loginId"
```

```
      ng-minlength="4"
      ng-maxlength="8"
      ng-pattern="/^[a-zA-Z0-9]+$/"
      required>
    <span ng-show="loginForm.userLoginId.$error.minlength">4文字以上です</span>
    <span ng-show="loginForm.userLoginId.$error.maxlength">8文字以下です</span>
    <span ng-show="loginForm.userLoginId.$error.pattern"> 半角英数字です </span>
    <span ng-show="loginForm.userLoginId.$error.required"> 必須です </span>
    <br>

    <p> パスワード </p>
    <input type="password" name="userPassword"
      ng-model="user.password"
      ng-pattern="/^[a-zA-Z0-9]{4,8}$/"
      ng-required="true">
    <span ng-show="loginForm.userPassword.$error.pattern"> 半角英数字です </span>
    <span ng-show="loginForm.userPassword.$error.required"> 必須です </span>
    <br>

    <input type="submit" value=" ログイン " ng-disabled="loginForm.$invalid">
  </form>
 </body>
</html>
```

はじめにform要素にnovalidateを宣言します。フォームがサブミットされたときにHTML5のバリデーションチェックが動作することを回避するためです。novalidateを宣言することで、ブラウザに搭載されているHTML5仕様のバリデーションチェックを停止できます。また、バリデーションをおこなうには、各input要素にng-modelでモデルを定義する必要があります。

バリデーションチェックの定義をそれぞれ確認しましょう。

まずはログインIDに対する文字列長の定義です。ng-minlengthが最小文字列長、ng-minlengthが最大文字列長です。この2つの定義で4文字以上8文字以下の範囲を設定します(リスト3.24)。

リスト 3.24: 文字列長チェック

```
ng-minlength="4"
ng-maxlength="8"
```

文字種のチェックは ng-pattern を利用します。"/" と "/" の間に正規表現で半角英数字の定義を記述します。正規表現でチェック内容を定義できるため、高い自由度で設定できます。ログイン ID では文字種のみの定義ですが、パスワードの ng-pattern では文字種と文字列長の範囲を同時に指定します（リスト 3.25）。

リスト 3.25: パターンチェック

```
ng-pattern="/^[a-zA-Z0-9]+$/" // userLoginId
ng-pattern="/^[a-zA-Z0-9]{4,8}$/" // userPassword
```

必須チェックには、required か ng-required のいずれかを使用します。この 2 つの違いは、ng-required は値の評価により動的に必須チェックの付け外しが可能な点です。このサンプルでは ng-required="true" としているので差異はありません。

リスト 3.26: 必須チェック

```
required  // userLoginId
ng-required="true"  // userPassword
```

3-3-2　エラーハンドリング

バリデーションの定義に続いてバリデーションチェックに対するエラーハンドリングを解説します。サブミットボタンでは、ng-disabled="loginForm.$invalid" と記述します。フォーム内のバリデーションチェックにエラーがあれば、disabled 属性を true にすることを意味します。この記述によって、バリデーションチェックがすべて通過するまでサブミットボタンがクリックできない状態になります。フォーム要素の name 属性を通して、バリデーションチェックの結果を取得できます。

各 input 要素のチェック結果も同様です。ng-show ディレクティブを利用してエラーメッセージを状況に応じて出力します。以下はログイン ID に定義したバリデーションに対するエラーメッセージですが（リスト 3.27）、定義したバリデーション個々に対して、それぞれのチェック結果を取得できます。

リスト 3.27: エラーメッセージの定義

```
<span ng-show="loginForm.userLoginId.$error.minlength">4 文字以上です </span>
<span ng-show="loginForm.userLoginId.$error.maxlength">8 文字以下です </span>
```

```
<span ng-show="loginForm.userLoginId.$error.pattern"> 半角英数字です </span>
<span ng-show="loginForm.userLoginId.$error.required"> 必須です </span>
```

3-3-3　バリデーションチェックの結果

　バリデーションチェックの結果は、form[name].input[name].$error にセットされます。$error オブジェクトの中に、"ng-" を取り除いたバリデーションチェックの名称がキーとなって格納されます。

　前述のログイン ID では、文字列長のチェックを個別のバリデーションで定義していますが、パスワードでは定義していないため、ng-minlength と ng-maxlength に対するチェック結果を取得できせん。エラー内容に応じて細かくエラーメッセージを表示する場合は、個別にバリデーションを定義することをおすすめします。

　前述のサンプル（リスト 3.23）で使用していませんが、form[name].input[name].$valid と form[name].input[name].$invalid を利用することも可能です。前者は該当の input 要素に定義されたバリデーションチェックがすべて通ったら true となります。逆に $invalid は定義されたバリデーションチェックが 1 つでもエラーがあれば true となります。

　バリデーションチェックで受け取れるフラグは以下の通りです。

- form
    - form[name].$valid
    - form[name].$invalid
    - form[name].$pristine
    - form[name].$dirty
- 各 input
    - form[name].input[name].$valid
    - form[name].input[name].$invalid
    - form[name].input[name].$pristine
    - form[name].input[name].$dirty
    - form[name].input[name].$error

　前述の $valid、$invalid、$error 以外にも、$pristine と $dirty と呼ばれるフラグを取得できます。$pristine は入力による値の変更がない場合に true となり、要するに画面をロー

ドした状態です。`$dirty`は1度でも入力による値の変更があると`true`になります。`$valid`と`$invalid`の関係と同じく、`$pristine`と`$dirty`もお互いに反対となるフラグを保持します。

　また、これらのフラグが`true`の場合は、その要素に対して該当するクラス名が自動的に`class`属性に付け替えられます。`form[name].$valid`が`true`であれば、`form[class]`にはクラス名`ng-valid`が追加されます。入力状態やエラーの状態に応じて、クラスを付け替えられるため、クラス名に対応するCSSを用意すると、任意のスタイルを適用することが可能です。

　例えば、エラー時に`input`要素の枠線を赤くするには、`.ng-invalid`だけでもスタイルを適用することはできます。しかし、画面ロード時に`required`などのチェックがあると、`$invalid`が`true`となるため、空白の`input`要素の枠線は最初から赤く表示されてしまいます。ユーザー操作に対して明確にエラーであることを伝えるのであれば、`.ng-dirty`と併せて記述することで意図したスタイルの適用が実現できます。

リスト 3.28: エラー時のCSS例

```
input.ng-dirty.ng-invalid{
  border: solid 1px red;
}
```

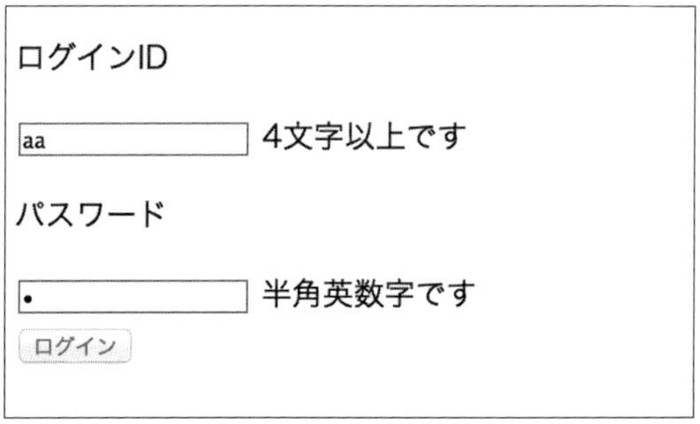

図 3.8: バリデーションチェックエラー

フィルタリング結果のエイリアス

ng-repeat でフィルタリングした結果を複数箇所で利用したいケースがあります。例えば、フィルターで絞り込んだ結果の一覧表示と、結果件数を表示する場合は次の記述になるかもしれません。

```
<div ng-init="cats = [
  'アメリカンボブテイル',
  'アメリカンショートヘア',
  'エキゾチックショートヘア',
  'ペルシャ',
  'マンチカン',
  'スコティッシュフォールド']"/>
<input type="text" ng-model="searchWord">
<ul>
  <li ng-repeat="cat in cats | filter:searchWord">
    {{cat}}
  </li>
</ul>
件数：{{(cats | filter:searchWord).length}}
```

しかし、上記ではフィルターが 2 回適用されて効率が悪く、同じ処理を複数回記述する必要があり煩雑です。そこで、フィルタリングした結果を変数 (filtered_cats) に格納するテクニックがよく使われます。

```
<ul>
  <li ng-repeat="cat in filtered_cats = (cats | filter:searchWord)">
    {{cat}}
  </li>
</ul>
件数：{{filtered_cats.length}}
```

AngularJS 1.3 では、上記のテクニックを利用せず、as キーワードでフィルタリング結果を変数に格納できます。

```
<ul>
  <li ng-repeat="cat in cats | filter:searchWord as filtered_cats">
    {{cat}}
  </li>
</ul>
件数：{{filtered_cats.length}}
```

Chapter 04

グローバル API

Chapter 01

[Section]

4-1 オブジェクト操作

　本章では、AngularJS で用意されているグローバル API を解説します。グローバル API は、グローバル変数として用意されている angular オブジェクトを経由して利用でき、AngularJS での開発に特化しない、一般的な JavaScript アプリケーションでも利用可能な汎用的な機能を数多く提供します。なお、グローバル API の中でも、angular.module、angular.injector、そして angular.bootstrap の 3 メソッドは特別な役割を持つため、次章で詳細に解説します。

　グローバル API を解説する前に、型の表現方法を説明します。本書では JSDoc で使われる記法を用いて型を表現します。代表的な型の例を以下に示します（表 4.1）。

表 4.1: 型の表現方法

名前	例	説明
プリミティブ型	string	文字列型
	number	数値型
	boolean	ブール型
すべての型	*	すべての型
配列型	Array.<string>	文字列の配列
	Object.<string, number>	キーが文字列型で、値が数値型の連想配列
複数の型	number|boolean	数値型またはブール型
null の許容	?number	数値または null
null の非許容	!number	数値、ただし null は入らない
関数	function()	引数のない関数
	function(string, number)	文字列と数値を引数に持つ関数
	Function	引数や戻り値が決まっていない関数
省略可能引数	string=	省略することが可能な引数
可変長引数	...args	引数の数が可変な引数
スタティックメソッド	angular.bind()	angular オブジェクトに属する bind メソッド
インスタンスメソッド	Module#controller()	Module クラスのインスタンスに属する controller メソッド

　まずは、グローバル API でオブジェクトを操作するメソッドを確認しましょう。オブジェクトを操作する API として、次表に示すものが用意されています（表 4.2）。

4-1 オブジェクト操作

表 4.2: オブジェクトを操作するグローバル API 一覧

関数名	説明
angular.bind	指定したオブジェクトに関数を結び付けます
angular.copy	オブジェクトの要素を別のオブジェクトにコピーします
angular.extend	複数のオブジェクトの要素をマージします
angular.forEach	配列やオブジェクトのすべての要素に対して、指定した関数を繰り返し実行します
angular.toJson	オブジェクトを JSON 形式の文字列に変換します
angular.fromJson	JSON 形式の文字列をオブジェクトに変換します
angular.equals	与えられた 2 つのオブジェクトが等しいかどうかをチェックします

本節では、上記各メソッドの利用方法を解説します。

4-1-1 angular.bind

angular.bind は関数に対して this を束縛したり、引数を束縛するメソッドです（表 4.3）。

表 4.3: angular.bind

モジュール	ng		
シグネチャ	angular.bind(self, fn, args);		
	名前	型	説明
引数	self	Object	this として束縛するオブジェクト
	fn	function()	束縛対象の関数
	args	...*	束縛する引数
戻り値		function()	束縛された関数

JavaScript では関数の呼び出し方法で this の値が変化します。例えば、下記のリスト 4.1 で、関数 getMessage を用意してそのまま関数を呼び出すと、this はグローバルオブジェクトを指します (1)。しかし、グローバルオブジェクトには message が定義されていないため undefined を返します。

これを angular.bind で getMessage の this オブジェクトとして context を束縛すると、getMessage 関数の中の this は context を指します (2)。これにより、fn 関数を呼び出すと 'Hello, World!' を返すようになります。

リスト 4.1: angular.bind の利用例

```
function getMessage() {
  return this.message;
}
```

```
// (1) そのまま getMessage を呼び出すと、this に message が定義されていません
var msg = getMessage();
console.log('not bound getMessage(): ' + msg);

var context = {
  message: 'Hello, World!'
};
// (2) getMessage に context を束縛して呼び出すと、'Hello, World!' が返ります
var fn = angular.bind(context, getMessage);
var msg = fn();
console.log('bound getMessage(): ' + msg);
```

実行結果は、それぞれ下記の通りです（リスト 4.2）。

リスト 4.2: リスト 4.1 の実行結果

```
"not bound getMessage(): undefined"
"bound getMessage(): Hello, World!"
```

また、Java などに代表されるオブジェクト指向言語に慣れていると、下記リスト 4.3 (1) の記述では、this には MyClass のインスタンスが入ると考えがちです。しかし、リスト 4.3 (2) のように、$timeout サービスにコールバック関数として this.getMessage を設定した場合、コールバック関数が呼び出されたときの this の値は、window オブジェクトになります。

そこで、リスト 4.3 (3) の通り、angular.bind を利用して this を束縛しておけば、期待通り getMessage が呼び出された時の this は MyClass のインスタンスになります。

リスト 4.3: コールバック関数における angular.bind の利用

```
function MyClass() {
  this.message = 'Hello, World!';
}

// (1) MyClass のインスタンス変数が表示される？
MyClass.prototype.getMessage = function () {
  console.log(this.message);
};

MyClass.prototype.setCallback = function () {
  // (2) コールバックとして呼び出されたときの this が MyClass のインスタンスではないため、
```

```
    // undefined が表示される
    $timeout(this.getMessage, 1000);

    // (3) bindするとthisの値が束縛されるので、'Hello, World!' が表示されます
    $timeout(angular.bind(this, this.getMessage), 2000);
  };

  var c = new MyClass();
  c.setCallback();
```

実行結果は、以下の通りです（リスト 4.4）。

リスト 4.4: リスト 4.3 の実行結果
```
undefined
"Hello, World!"
```

angular.bindでは、thisだけでなく関数に渡す引数を束縛することも可能です。
例えば、下記の通り、add メソッドに引数5を束縛すると、必ず引数aに5が渡る関数add5を作成できます（リスト4.5）。add5を利用する場合は、既に引数aの値が決定しているので、引数bのみを指定して呼び出します。

リスト 4.5: angular.bind による引数の束縛
```
function add(a, b) {
  return a + b;
}

// add 関数に引数5を束縛する。this は束縛不要なので null を指定
var add5 = angular.bind(null, add, 5);

console.log('add5(8): ' + add5(8));
```

実行結果は、以下の通りです（リスト 4.6）。

リスト 4.6: リスト 4.5 の実行結果
```
add5(8): 13
```

このように関数の引数の一部に実際の値を束縛する操作を、「部分適用」と呼びます。

4-1-2 angular.copy

angular.copyはオブジェクトをディープコピーするメソッドです（表4.4）。

表 4.4: angular.copy

モジュール	ng		
シグネチャ	angular.copy(source, [destination]);		
引数	名前	型	説明
	source	*	コピー元のオブジェクト
	destination	(Object|Array)=	コピー先のオブジェクト
戻り値		*	destinationが指定されなかった場合はコピーされたオブジェクト、destinationが指定された場合は更新されたdestinationが返る

angular.copyは、第2引数のdestinationを指定した場合と指定しなかった場合で挙動が異なります。下記にangular.copyの利用例を示します（リスト4.7）。

第2引数のdestinationを指定しなかった場合は、sourceをコピーした新しいオブジェクトが戻り値として返ります（1）。第2引数を指定した場合は、destinationのプロパティや要素はすべて削除され、sourceの持っているプロパティや要素がコピーされます（2）。

リスト 4.7: angular.copyの利用例

```
var srcObj = {
  id: '123',
  description: '宿題をする',
  dueDate: new Date('2014/08/31'),
  items: [
    {name: '国語'},
    {name: '数学'},
    {name: '英語'}
  ]
};

// (1) srcObjをdestObj1にコピー
var destObj1 = angular.copy(srcObj);

// (2) srcObjをdestObj2にコピー (categoryはなくなります)
var destObj2 = {
  category: '宿題'
};
```

```
angular.copy(srcObj, destObj2);

// ディープコピーされているので、srcObj を変更しても destObj は変化しない
srcObj.items.push({name: ' 物理 '});

console.log('destObj1: ');
console.log(destObj1);
console.log('destObj2: ');
console.log(destObj2);
```

リスト 4.8: リスト 4.7 の実行結果

```
"destObj1: "
{"id":"123","description":" 宿題をする ","dueDate":"2014-08-30T15:00:00.000Z","items":
                        [{"name":" 国語 "},{"name":" 数学 "},{"name":" 英語 "}]}
"destObj2: "
{"id":"123","description":" 宿題をする ","dueDate":"2014-08-30T15:00:00.000Z","items":
                        [{"name":" 国語 "},{"name":" 数学 "},{"name":" 英語 "}]}
```

　実行結果からは、Date 型のプロパティや配列内の要素もすべてコピーされていることが確認できます（リスト 4.8）。

　また、angular.copy では参照のコピーではなくディープコピーをおこなうため、コピー元のオブジェクトを変更しても、コピー先のオブジェクトが変化することはありません。

　なお、$scope オブジェクトのコピーはできないので注意しましょう。

4-1-3　angular.extend

　angular.extend は、あるオブジェクトに別のオブジェクトの要素を追加するメソッドです（表 4.5）。

表 4.5: angular.extend

モジュール	ng		
シグネチャ	angular.extend(dst, src);		
	名前	型	説明
引数	dst	Object	拡張されるオブジェクト
	src	...Object	コピー元のオブジェクト。複数指定することも可能。
戻り値		Object	dst への参照を返します

angular.extend の利用例を下記に示します（リスト 4.9）。
destObj に srcObj1 と srcObj2 のプロパティを追加します。

リスト 4.9: angular.extend の利用例

```
var destObj = {
  id: '456',
  name: '宿題'
};

var srcObj1 = {
  id: '123',
  description: '夏休みの宿題をする',
  dueDate: new Date('2014/08/31'),
  items: [
    {name: '国語'},
    {name: '数学'},
    {name: '英語'}
  ]
};
var srcObj2 = {
  items: [
    {name: '歴史'},
    {name: '物理'}
  ]
};

// destObj に srcObj1 と srcObj2 のプロパティを追加
angular.extend(destObj, srcObj1, srcObj2);
console.log(destObj);
```

実行結果は、以下の通りです（リスト 4.10）。

リスト 4.10: リスト 4.9 の実行結果

```
{"id":"123","name":"宿題","description":"夏休みの宿題をする",
"dueDate":"2014-08-30T15:00:00.000Z","items":[{"name":"歴史"},{"name":"物理"}]}
```

なお、dst オブジェクトと src オブジェクトに同じ名前のプロパティが存在した場合は、src オブジェクトのプロパティで上書きされます。

4-1-4 angular.forEach

angular.forEachは、配列やオブジェクト、String、argumentsなど列挙が可能なものに対して、全要素に指定した関数を繰り返し実行するメソッドです（表4.6）。

表4.6: angular.forEach

モジュール	ng		
シグネチャ	angular.forEach(obj, iterator, [context]);		
引数	名前	型	説明
	obj	Object|Array	繰り返し処理をおこなう対象のオブジェクト
	iterator	Function	繰り返し処理をおこなう関数
	context	Object=	iterator実行時のコンテキストを指定する
戻り値		Object|Array	繰り返し処理をおこなった後のobjへの参照

angular.forEachの利用例を下記に示します（リスト4.11）。

オブジェクトに対してforEachを適用した場合、iteratorの引数に値とキーが渡り(1)、配列に対してforEachを適用した場合は、iteratorの引数に値とインデックスが渡ります(2)。さらに、第3引数に指定したオブジェクトはiterator関数の中でthisとして利用可能です(3)。

リスト4.11: foreach.js

```javascript
// (1) オブジェクトの全要素を処理します
var user = { name: 'taro', age: 17, weight: 80 };
angular.forEach(user, function (value, key) {
  console.log(key + ': ' + value);
});

// (2) 配列の全要素を処理します
var values = ['apple', 'orange', 'banana'];
angular.forEach(values, function (value, i) {
  console.log('values[' + i + ']: ' + value);
});

// (3) iterator関数のthisを指定することができます
var ret = [];
angular.forEach(values, function (value, key) {
  this.push(key + ': ' + value);
}, ret);
console.log(ret);
```

実行結果は下記の通りです（リスト 4.12）。

リスト 4.12: リスト 4.11 の実行結果

```
"name: taro"
"age: 17"
"weight: 80"
"values[0]: apple"
"values[1]: orange"
"values[2]: banana"
["0: apple","1: orange","2: banana"]
```

なお、配列とオブジェクトの両方の特性を持っているオブジェクトに対して forEach を適用した場合は、配列の要素のみが iterator に渡され、オブジェクトのプロパティは渡されないので注意しましょう。

4-1-5 angular.toJson

angular.toJson は、JavaScript のオブジェクトを JSON 形式の文字列に変換するメソッドです（表 4.7）。

表 4.7: angular.toJson

モジュール	ng		
シグネチャ	angular.toJson(obj, [pretty]);		
	名前	型	説明
引数	obj	Object|Array|Date|string|number	JSON に変換するオブジェクト
	pretty	boolean=	true を指定すると、スペースや改行を含んだ読みやすい形式で JSON を出力
戻り値		string|undefined	オブジェクトを JSON 形式に変換した文字列

angular.toJson の利用例を次に示します（リスト 4.13）。

リスト 4.13: angular.toJson の利用例

```
var o1 = {
  id: '123',
  description: '夏休みの宿題をする',
  dueDate: new Date('2014/08/31'),
```

```
  items: [
    {name: ' 国語 '},
    {name: ' 数学 '},
    {name: ' 英語 '}
  ]
};
var json = angular.toJson(o1, false);
console.log(json);
var prettyJson = angular.toJson(o1, true);
console.log(prettyJson);
```

実行結果は、以下の通りです（リスト 4.14）。第 2 引数の pretty を true にした場合、出力結果にスペースと改行が含まれて読みやすい形で出力されていることが分かります。

リスト 4.14: リスト 4.13 の実行結果

```
{"id":"123","description":" 夏休みの宿題をする ","dueDate":"2014-08-30T15:00:00.000Z",
                 "items":[{"name":" 国語 "},{"name":" 数学 "},{"name":" 英語 "}]}
{
  "id": "123",
  "description": " 夏休みの宿題をする ",
  "dueDate": "2014-08-30T15:00:00.000Z",
  "items": [
    {
      "name": " 国語 "
    },
    {
      "name": " 数学 "
    },
    {
      "name": " 英語 "
    }
  ]
}
```

なお、オブジェクトに関数が含まれていた場合は、JSON には含まれません。

4-1-6　angular.fromJson

angular.formJsonは、JSON形式の文字列をJavaScriptのオブジェクトに変換します（表4.8）。JSON.parseとほぼ同じ機能ですが、文字列以外を与えた場合は引数をそのまま返します。

表 4.8: angular.fromJson

モジュール	ng		
シグネチャ	angular.fromJson(json);		
	名前	型	説明
引数	json	string	JSON形式の文字列
戻り値		Object|Array|string|number	JSON文字列をデシリアライズした結果

下記にangular.fromJsonの利用例（リスト4.15）と実行結果（リスト4.16）を示します。

リスト 4.15: angular.fromJson の利用例

```
var json = '{ "id": "123", "description": "夏休みの宿題をする",
              "dueDate": "2014-08-30T15:00:00.000Z",
              "items": [ { "name": "国語" }, { "name": "数学" }, { "name": "英語" } ] }';
var obj = angular.fromJson(json);
console.log(obj);
```

リスト 4.16: リスト 4.15 の実行結果

```
{"id":"123","description":"夏休みの宿題をする","dueDate":"2014-08-30T15:00:00.000Z",
         "items":[{"name":"国語"},{"name":"数学"},{"name":"英語"}]}
```

4-1-7　angular.equals

angular.equalsは2つのオブジェクトを比較するメソッドです（表4.9）。

表 4.9: angular.equals

モジュール	ng		
シグネチャ	angular.equals(o1, o2);		
	名前	型	説明
引数	o1	*	比較するオブジェクトまたは値
	o2	*	比較するオブジェクトまたは値
戻り値		boolean	o1とo2が一致したらtrueを返す

angular.equalsは、単純な値の場合はそのまま比較しますが、連想配列（Object）の場合は、すべてのプロパティの値を比較します。ネストの深いオブジェクトの場合もすべての子要素の値を比較します。また、配列の場合はすべての要素を比較します。

ただし、`$`から始まる名前のプロパティは比較対象になりません。また、`$scope`オブジェクトについては比較ができません。

angular.equalsの利用例を以下に示します（リスト4.17）。

リスト4.17: angular.equalsの利用例

```
var o1 = {
  id: '123',
  description: '夏休みの宿題をする',
  dueDate: new Date('2014/08/31'),
  items: [
    {name: '国語'},
    {name: '数学'},
    {name: '英語'}
  ]
};
var o2 = {
  dueDate: new Date('2014/08/31'),
  items: [
    {name: '国語'},
    {name: '数学'},
    {name: '英語'}
  ],
  description: '夏休みの宿題をする',
  id: '123'
};
var o3 = {
  id: '123',
  description: '夏休みの宿題をする',
  dueDate: new Date('2014/08/31'),
  items: [
    {name: '英語'},
    {name: '数学'},
    {name: '国語'}
  ]
};
```

```
// (1) 連想配列の場合は要素の順番が異なっても同じとオブジェクトであると判断される
console.log(angular.equals(o1, o2));
// (2) 配列の要素の順番が異なる場合は、異なるオブジェクトであると判断される
console.log(angular.equals(o1, o3));
```

　上記（1）の実行結果は true と表示され、連想配列の場合は要素の順番が異なっても同じオブジェクトであると判断されますが、（2）の実行結果は false と表示され、通常の配列の場合は要素の順番が違うと異なるオブジェクトであると判断されていることが分かります。

AngularJS 2.0: 対応ブラウザとECMAScript 6

　AngularJS 2.0 では、対応ブラウザがモダンブラウザのみに限定されます。モダンブラウザとは、「Google Chrome」、「Firefox」、「Safari」、「Opera」最新版、Internet Explorer（11以降）、そしてスマートフォン向けの最新ブラウザを意味します。そのため、IE 9 や IE 10 などのレガシーなブラウザに対応するアプリケーションを開発するには、AngularJS 1.3 を利用し続ける必要があります。

　また、AngularJS 2.0 は ECMAScript 6 に準拠する JavaScript で実装される予定です。ECMAScript 6 は現在仕様策定中であり、最新ブラウザでもまだ一部機能のみへの対応となっています。2015年6月まで仕様策定がおこなわれる予定であるため、ブラウザへの実装が出揃うのはその後となります。

　ECMAScript 6 は、下記の機能をはじめとして、数多くの言語機能が追加される予定です。もちろん、AngularJS 2.0 でも ECMAScript 6 で新たに追加される機能をフルに活用して実装される模様です。

- Module
- Class
- Proxy
- Generator
- Promise

　なお、AngularJS 2.0 のプロトタイプ実装も ECMAScript 6 で実装されていますが、現状では ECMAScript 6 が動作するブラウザは存在しません。そこで、AngularJS 2.0 では Google が開発しているツール「Traceur」を利用しています。ECMAScript 6 で記述されたコードを、現在のブラウザで動作するように ECMAScript 5 形式に変換するツールです。ECMAScript 6 に準拠する JavaScript 実行エンジンが実装されるまでは、この形式で開発が進められるでしょう。

Section 4-2 汎用メソッド

本節ではオブジェクトの型を判別するメソッドなど、汎用的な API を紹介します。

4-2-1 型の判別メソッド

JavaScript では、オブジェクトの型を判別する際に下記のようなイディオムがよく利用されます（リスト 4.18）。

リスト 4.18: オブジェクトの型の判別方法

```
if (typeof value === 'function') {
  // value が関数だった場合の処理
}
if (Object.prototype.toString.call(value) === '[object Array]') {
  // value が配列だった場合の処理
}
```

上記の判別処理は記述が冗長で、繰り返し記述するのは面倒です。そこで、AngularJS には一般的な型の判別関数が用意されています（表 4.10）。

表 4.10: 判別関連の機能一覧

関数名	説明	制限
angular.isArray	与えられたオブジェクトが配列ならば true を返す	
angular.isDate	与えられたオブジェクトが日付型ならば true を返す	
angular.isDefined	与えられたオブジェクトが undefined でないならば true を返す	
angular.isElement	与えられたオブジェクトが Element 型ならば true を返す	
angular.isFunction	与えられたオブジェクトが関数ならば true を返す	
angular.isNumber	与えられたオブジェクトが数値ならば true を返す	
angular.isObject	与えられたオブジェクトが Object 型ならば true を返す	
angular.isString	与えられたオブジェクトが文字列ならば true を返す	
angular.isUndefined	与えられたオブジェクトが undefined ならば true を返す	

● グローバル API

判別関数の代表的な利用例を下記に示します（リスト 4.19）。なお、下記の実行結果はすべて true になります。

リスト 4.19: 判別関数の利用例

```
console.log('isFunction: ' + angular.isFunction(function () {
}));
console.log('isArray: ' + angular.isArray([1, 2, 3, 4]));
console.log('isObject: ' + angular.isObject(new Date()));
console.log('isDate: ' + angular.isDate(new Date()));
console.log('isDefined: ' + angular.isDefined(null));
```

4-2-2 その他の汎用メソッド

最後にその他のメソッドを紹介します（表 4.11）。

表 4.11: その他のグローバル API 一覧

関数名	説明
angular.lowercase	文字列を小文字に変換します。
angular.uppercase	文字列を大文字に変換します。
angular.identity	渡された引数をそのまま返します。
angular.noop	何もしません。

lowercase と uppercase は、JavaScript 標準の String.toLowerCase/toUpperCase とほぼ同じ動きですが、与えられた引数が文字列型でない場合は、引数をそのまま返します。angular.identity は受け取った引数をそのまま返すだけの関数です。angular.noop は何もしない空の関数です。デフォルトの関数を指定したいケースなどで利用します。

リスト 4.20: angular.identify、angular.noop の利用例

```
// 引数で変換関数が渡されなかった場合、デフォルトの関数として angular.identity を利用する
function transform (val, fn) {
  return (fn || angular.identity)(val);
};
// 引数でコールバック関数が渡されなかった場合、デフォルトの関数として angular.noop を利用する
function handleEvent (callback) {
  (callback || angular.noop)('raise event');
}
```

Chapter 04

[Section]
4-3 DOM 操作

ここまで説明した通り、AngularJS を利用してアプリケーションを開発すると、DOM(Document Object Modle) を操作する機会が少なくなります。しかし、ディレクティブを作成したり、既存のライブラリと AngularJS を連携させる際には、DOM の操作が必要となることがあります。

AngularJS では、DOM を操作する API として jQuery 互換の jqLite と呼ばれる API が用意されています。本節は、jqLite のオブジェクトを生成する API である angular.element と、jqLite が提供する API を紹介します。

4-3-1　angular.element

angular.element は、DOM の操作をおこなうために必要な jqLite オブジェクトを取得する API です（表 4.12）。

表 4.12: angular.element

モジュール	ng		
シグネチャ	angular.element(element);		
	名前	型	説明
引数	element	string|DOMElement	jqLite の API で利用したい要素
戻り値		Object	jqLite のオブジェクト

angular.element の下記に利用例を示します（リスト 4.21）。HTML 中の特定の DOM 要素を指定するか (1)、文字列で新しい DOM を生成することが可能です (2)。

リスト 4.21: angular.element の利用例

```
// (1) HTML の要素を指定
var appEl = angular.element(document.getElementById('app'));
// (2) 文字列から新しい DOM 要素を作成
var newEl = angular.element('<div></div>');
```

グローバル API

angular.elementの戻り値はjqLiteのオブジェクトになっており、DOMを操作するさまざまなメソッドが用意されています。以降、jqLiteで用意されているメソッドを紹介します。

4-3-2 jqLite

前述の通り、angular.elementの戻り値はjqLiteのオブジェクトです。jqLiteオブジェクトには、jQueryオブジェクト互換のメソッドが用意されています。ただし、すべてのAPIが用意されているわけではなく、一部のメソッドしか利用できません。また、メソッドに制限事項がある場合があります。

要素の属性を操作するAPI（表4.13）と要素を操作するAPI（表4.14）を示します。

表 4.13: 属性を操作する API 一覧

関数名	説明	制限
addClass	要素にクラスを追加する	
attr	要素の属性を取得/設定する	
css	要素が持つスタイルを取得/設定する	
data	要素からデータを取得/格納する	
hasClass	要素が指定したクラスを持っていればtrueを返す	
prop	指定したプロパティの値を取得/設定する	
removeAttr	要素から属性を削除する	
removeClass	要素からクラスを削除する	
removeData	要素から指定した名前のデータを削除する	
toggleClass	要素に指定したクラスがあれば削除、なければ追加する	
val	value属性の値を取得/設定する	

例えば、cssメソッドを利用すると、指定した要素をstyle="color: red"の属性を付与することができます（リスト4.22）。

リスト 4.22: 属性操作の例

```
var appEl = angular.element(document.getElementById('app'));
appEl.css('color', 'red');
```

表 4.14: 要素を操作する API 一覧

関数名	説明	制限
after	要素のうしろ（タグの外側）に、コンテンツを追加する	
append	要素のうしろ（タグの内側）にコンテンツを追加する	

4-3 DOM 操作

関数名	説明	制限
clone	要素のクローンを作成する	
empty	要素の全子要素を削除する	
html	最初の要素を HTML として取得 / 追加する	
prepend	要素の前（タグの内側）にコンテンツを追加する	
remove	DOM から条件に一致した要素をすべて削除する	
replaceWith	要素を指定した要素で置き換える	
text	要素からテキストノードを取得 / 設定する	
wrap	要素を指定した要素で囲む	

例えば、clone メソッドで要素をコピーし、append で要素追加できます（リスト 4.23）。

リスト 4.23: 要素操作の例

```
var appEl = angular.element(document.getElementById('app'));
var msgEl = angular.element(document.getElementById('message'));
var newMsg = msgEl.clone();
appEl.append(newMsg);
```

続いて、子要素や親要素を取得する API を示します（表 4.15）。

表 4.15: 要素を取得する API 一覧

関数名	説明	制限
children	要素のすべての子要素を取得する	子要素を絞り込む条件を指定できない
contents	text ノードも含めたすべての子要素を取得する	
eq	指定したインデックスの要素を取得する	
find	全子要素の中から条件に一致するものだけを取得する	タグ名による検索のみが利用可能
next	隣にある要素を取得する	兄弟要素を絞り込む条件を指定できない
parent	要素の親要素を取得する	親要素を絞り込む条件を指定できない

例えば、children メソッドで子要素をすべて取得し、angular.forEach ですべての子要素を処理することが可能です（リスト 4.24）。

ただし、children で取得できる要素は jqLite のオブジェクトではなく DOMElement であるため、DOM の操作を行うには再度 angular.element メソッドで変換する必要があります。

リスト 4.24: 要素取得の例

```
var appEl = angular.element(document.getElementById('app'));
var childEls = appEl.children();
angular.forEach(childEls, function (el, i) {
```

```
    angular.element(el).text('{{message}}');
});
```

最後に、イベントを扱う API を示します（表 4.16）。

表 4.16: イベントを扱う API 一覧

関数名	説明	制限
bind	イベントにコールバック関数を結び付ける	イベント名に名前空間を利用できない また、eventData の指定もできない。
off	on で結び付けた関数を削除する	イベント名に名前空間を利用できない
on	イベントにコールバック関数を結び付ける	イベント名に名前空間を利用できない また、eventData の指定もできない
one	イベントに一度だけ呼び出されるコールバック関数を結び付ける	イベント名に名前空間を利用できない
ready	DOM が完全にロードされたときに実行される関数を設定する	
triggerHandler	イベントに結び付けられたコールバック関数を実行	コールバック関数にはダミーのイベントデータが渡される
unbind	bind で結び付けた関数を削除する	イベント名に名前空間を利用できない

例えば、on メソッドでボタン要素に click イベントを追加できます（リスト 4.25）。

リスト 4.25: イベント操作の例
```
var appEl = angular.element(document.getElementById('app'));
var btnEl = angular.element(document.getElementById('button'));
btnEl.on('click', function (e) {
  appEl.empty();
});
```

4-3-3　AngularJS 拡張

jqLite には、AngularJS 特有の DOM を操作する API が用意されています（表 4.17）。

表 4.17: AngularJS 特有の DOM 操作の API 一覧

関数名	説明
$destroy	スコープオブジェクトが破棄されるときに発生するイベント
controller	要素に結び付いているコントローラを取得する
injector	要素に結び付いている $injector を取得する

関数名	説明
scope	要素に結び付いている $scope を取得する
isolateScope	要素に結び付いている分離 Scope を取得する
inheritedData	jqLite の data() と同じ役割だが、値が見つかるまで親要素をたどる

例えば、$scope オブジェクトを取得してそのプロパティを変更できます（リスト 4.26）。

リスト 4.26: AngularJS 特有の DOM 操作の例

```
var appEl = angular.element(document.getElementById('app'));
var btnEl = angular.element(document.getElementById('change-message'));
btnEl.on('click', function () {
  var scope = appEl.scope();
  scope.message = 'Goodbye, Everyone!';
  scope.$apply();
});
```

4-3-4　jQuery の利用

jqLite は、jQuery に比較すると機能が大きく制限されています。しかし、jQuery で用意されている便利なメソッドを利用したいケースもあります。そのため、AngularJS では、jqLite を jQuery に置き換えることが可能になっています。

下記の通り、AngularJS を読み込む前に jQuery を読み込むと、angular.element で取得できるオブジェクトが jqLite のものから jQuery のものに変更されます（リスト 4.27）。ただし、jQuery 2.x 以上には対応していないため、jQuery 1.x 系を利用する必要があります。

リスト 4.27: jQuery の読み込み

```
<head>
  <script src="jquery-1.11.0.min.js"></script>
  <script src="angular.js"></script>
</head>
```

angular.element で生成したオブジェクトの持つメソッドが、jqLite と jQuery でどのように異なるか比較してみましょう（リスト 4.28）。

リスト 4.28: jQuery のメソッド一覧の表示

```
angular.module('app', [])
```

```javascript
.controller('jQueryController', ['$scope', function ($scope) {
  $scope.jqueryFunctions = [];
  for (var prop in angular.element) {
    if (angular.isFunction(angular.element[prop])) {
      $scope.jqueryFunctions.push(prop);
    }
  }

  $scope.jqueryObjectFunctions = [];
  var obj = angular.element(document);
  for (var prop in obj) {
    if (angular.isFunction(obj[prop])) {
      $scope.jqueryObjectFunctions.push(prop);
    }
  }
}]);
```

下図左側が jqLite のメソッド一覧、右側が jQuery を読み込んだ場合のメソッド一覧です（図4.1）。この通り、jQuery を読み込むことで jqLite よりも多くのメソッドが利用できます。

また、jqLite を jQuery に置き換えたとしても、scope、controller、injector など AngularJS 特有の DOM 操作の API は利用可能です。

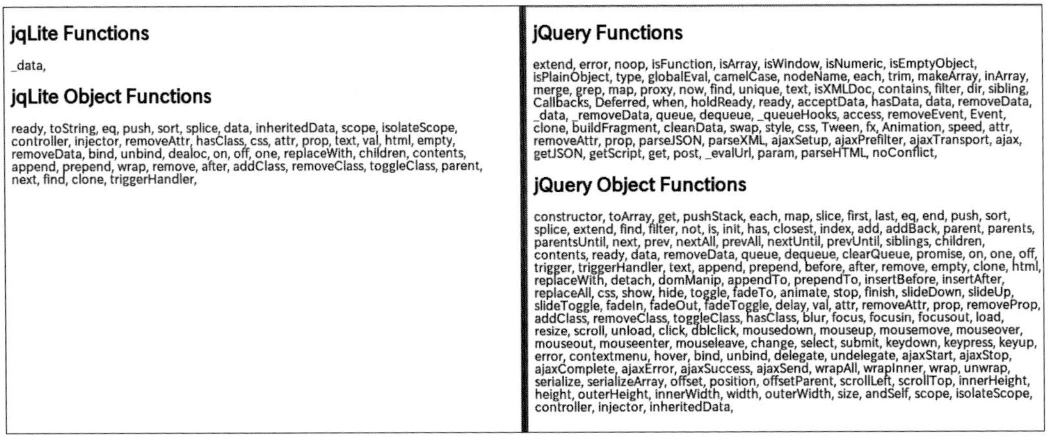

jqLite Functions

_data,

jqLite Object Functions

ready, toString, eq, push, sort, splice, data, inheritedData, scope, isolateScope, controller, injector, removeAttr, hasClass, css, attr, prop, text, val, html, empty, removeData, bind, unbind, dealoc, on, off, one, replaceWith, children, contents, append, prepend, wrap, remove, after, addClass, removeClass, toggleClass, parent, next, find, clone, triggerHandler,

jQuery Functions

extend, error, noop, isFunction, isArray, isWindow, isNumeric, isEmptyObject, isPlainObject, type, globalEval, camelCase, nodeName, each, trim, makeArray, inArray, merge, grep, map, proxy, now, find, unique, text, isXMLDoc, contains, filter, dir, sibling, Callbacks, Deferred, when, holdReady, ready, acceptData, hasData, data, removeData, _data, _removeData, queue, dequeue, _queueHooks, access, removeEvent, Event, clone, buildFragment, cleanData, swap, style, css, Tween, fx, Animation, speed, attr, removeAttr, prop, parseJSON, parseXML, ajaxSetup, ajaxPrefilter, ajaxTransport, ajax, getJSON, getScript, get, post, _evalUrl, param, parseHTML, noConflict,

jQuery Object Functions

constructor, toArray, get, pushStack, each, map, slice, first, last, eq, end, push, sort, splice, extend, find, filter, not, is, init, has, closest, index, add, addBack, parent, parents, parentsUntil, next, prev, nextAll, prevAll, nextUntil, prevUntil, siblings, children, contents, ready, data, removeData, queue, dequeue, clearQueue, promise, on, one, off, trigger, triggerHandler, text, append, prepend, before, after, remove, empty, clone, html, replaceWith, detach, domManip, appendTo, prependTo, insertBefore, insertAfter, replaceAll, css, show, hide, toggle, fadeTo, animate, stop, finish, slideDown, slideUp, slideToggle, fadeIn, fadeOut, fadeToggle, delay, val, attr, removeAttr, prop, removeProp, addClass, removeClass, toggleClass, hasClass, blur, focus, focusin, focusout, load, resize, scroll, unload, click, dblclick, mousedown, mouseup, mousemove, mouseover, mouseout, mouseenter, mouseleave, change, select, submit, keydown, keypress, keyup, error, contextmenu, hover, bind, unbind, delegate, undelegate, ajaxStart, ajaxStop, ajaxComplete, ajaxError, ajaxSuccess, ajaxSend, wrapAll, wrapInner, wrap, unwrap, serialize, serializeArray, offset, position, offsetParent, scrollLeft, scrollTop, innerHeight, height, outerHeight, innerWidth, width, outerWidth, size, andSelf, scope, isolateScope, controller, injector, inheritedData,

図 4.1: jqLite と jQuery の関数の比較

Chapter 05

モジュールと DI

Chapter 05

[Section]
5-1 モジュール

　本章では、AngularJSのベースを支える、モジュール管理機能とDependency Injection（DI）コンテナ、そして起動機能を解説します。

　AngularJSなどクライアントMVCフレームワークを利用すると、従来はサーバサイドが担当していた画面作成をクライアントサイドで処理することになるため、JavaScriptのソースコードの規模が大きくなる傾向があります。
　大規模アプリケーションを破綻しないように管理するには、ソースコードをグループ化して整理するモジュール管理機能が必要です。しかし、現在のクライアントサイドJavaScriptには、言語機能としてモジュールを管理する機能が存在しません。そこでオブジェクトを名前空間として使ってオブジェクトのプロパティとして関数や変数を定義したり、関数スコープをプライベートな名前空間として利用して、外部に公開したくない関数や変数を定義する方法が利用されます。
　例えば、jQueryでは、「$」と「jQuery」2つのグローバルオブジェクト内にさまざまな関数を定義して利用者に公開しています。また、AngularJSでもangularオブジェクトをグローバルスコープに定義し、汎用的な関数を提供しています。
　しかし、オブジェクトや関数スコープを名前空間として利用する方法は、記述方法が独特で使い勝手のよいものではありません。そこでAngularJSには、関数やオブジェクトをグループ化して管理するモジュールと呼ばれる仕組みが用意されています。

　ここまでの章で、ディレクティブをはじめに、サービスやフィルター、コントローラなどたくさんの部品を紹介しましたが、すべてモジュール機能によって管理されています。モジュール機能を利用することで、名前の衝突が発生しにくくなり、部品の再利用性も向上します。
　また、テスト実行時には無関係なモジュールを読み込まず、初期化時間を短縮できるメリットもあります。さらには、AngularJS向けのサードパーティ製ライブラリもモジュールで管理されているため、ライブラリを利用する際は、依存関係にモジュールを追加するだけです。
　本節では、モジュール作成と取得から、モジュールのサービスへの登録、依存関係の定義など、モジュール管理機能を説明します。

5-1-1 モジュールの作成と取得

モジュールの作成や取得には、angular.module メソッドを利用します。まずは、angular.module の API 仕様を下表に示します（表 5.1）。

表 5.1: angular.module

モジュール	ng		
シグネチャ	angular.module(name, [requires], [configFn]);		
引数	名前	型	説明
	name	!string	モジュールの名前
	requires	!Array.<string>=	作成するモジュールが依存するモジュール
	configFn	Function=	プロバイダの設定をおこなう関数
戻り値		Module	作成または取得したモジュールのインスタンス

angular.module は第 1 引数でモジュールの名前を指定します。第 2 引数の requires は、指定した場合と指定しなかった場合で挙動が異なります。requires を指定した場合は新しいモジュールを作成し、指定しなかった場合は作成済みのモジュールを取得する挙動になります。

まず requires を指定した場合の挙動を確認しましょう。第 1 引数にモジュールの名前を指定し、第 2 引数に依存モジュールを指定すると、新しいモジュールが作成できます（リスト 5.1）。

なお、依存するモジュールがない場合でも、モジュール作成には requires を必ず指定する必要があります。下記のように空の配列を渡します。

リスト 5.1: モジュールの作成

```
// 新しいモジュールを作成
var app = angular.module('myapp', []);
```

続いて、requires を指定しない場合を確認します。requires を指定せずに angular.module を呼び出すと、先ほど作成したモジュールを取得できます（リスト 5.2）。

リスト 5.2: モジュールの取得

```
// 作成済みのモジュールを取得
var app = angular.module('myapp');
```

また、requires を指定せずに、まだ作成していないモジュールを取得すると例外が発生します（リスト 5.3）。

リスト 5.3: 未作成のモジュールの取得
```
// 存在しないモジュール名を指定して、第2引数を指定しなかった場合は例外が発生。
var app = angular.module('notExistsApp');
```

なお、同じ名前で2回モジュールを作成すると、最初に作ったモジュールは上書きされてしまうので注意しましょう（リスト5.4）。

リスト 5.4: モジュールの上書き
```
// app1は上書きされてしまう
var app1 = angular.module('myapp', []);
var app2 = angular.module('myapp', []);
```

5-1-2 モジュールへのサービスの登録

前述の各種ビルトインディレクティブやフィルター、次章以降で詳細に解説するコントローラやサービスはどれも、必ずいずれかのモジュールに所属しています。モジュールに新しい部品を登録するメソッドは、下記に挙げるものが用意されています（各メソッドの詳細な使用方法は次章以降で解説します）。

- Module#value
- Module#constant
- Module#factory
- Module#service
- Module#provider
- Module#controller
- Module#filter
- Module#directive
- Module#animation

本項では、もっとも単純な Module#value メソッドを例に、モジュールに新しいサービスを登録する方法を解説します。Module#value は、モジュールに関数やオブジェクトを登録するメソッドです。モジュールに登録した関数やオブジェクトは、他のコードからの参照が可能になります。

例えば、足し算をするサービスを定義してモジュールに登録するには、次の通りに記述します（リスト5.5）。

リスト 5.5: モジュールにサービスを登録
```
angular.module('app1', [])
  .value('AdditionService', function (a, b) {
    return a + b;
  });
```

Module#value を利用してモジュールにサービスを登録するには、いろいろな記述方法があります。例えば、angular.module の戻り値を一旦変数に格納してから登録することも可能です（リスト 5.6）。

リスト 5.6: モジュールの変数への格納
```
var app2 = angular.module('app2', []);
app2.value('AdditionService', function (a, b) {
  return a + b;
});
```

アプリケーションの規模が大きくなってくると、モジュール作成とサービス登録の記述箇所を別ファイルにするケースもあります。そのような場合は、モジュール作成処理（1）とサービスの登録処理（2）を別々の箇所に記述することも可能です（リスト 5.7）。

リスト 5.7: モジュール作成と関数登録の分離
```
// (1) モジュールを作成します
angular.module('app3', []);

// (2) モジュールを取得してサービスを登録します
angular.module('app3')
  .value('AdditionService', function (a, b) {
    return a + b;
  });
```

また、angular.value メソッドの戻り値は Module のインスタンスであるため、次のようにメソッドチェーンで記述することも可能です（リスト 5.8）。

リスト 5.8: メソッドチェーンによる関数の登録
```
angular.module('app4', [])
  .value('AdditionService', function (a, b) {
    return a + b;
```

```
  })
  .value('SubtractionService', function (a, b) {
    return a - b;
  });
```

5-1-3 依存関係の定義

前述の「5-1-1 モジュールの作成と取得」（P.123 参照）で、angular.module の第 2 引数 requires には、依存モジュールを指定すると説明しましたが、あるモジュールから別のモジュールのコードを利用するには、この依存関係を指定する必要があります。

例えば、下記の記述では、myLib モジュールに登録したサービスが、myApp モジュールに登録したサービスから利用可能になります（リスト 5.9）。

リスト 5.9: モジュール間の依存関係の記述
```
angular.module('myLib', []);
angular.module('myApp', ['myLib']);
```

モジュールの依存関係を記述する例を下記に示します（リスト 5.10）。それぞれのモジュール間の依存関係を図で示します（図 5.1）。

myApp は myLib と ngResource に依存します。これにより、MyController や MyServce から、$resource サービスや MyFilter などを利用することができます。

リスト 5.10: モジュールの依存関係の記述例
```
angular.module('myLib', [])
  .filter('MyFilter', function () {
    // フィルターの実装
  })
  .directive('MyDirective', function () {
    // ディレクティブの実装
  });

angular.module('myApp', ['ngResource', 'myLib'])
  .service('MyService', function () {
    // サービスの実装
  })
  .controller('MyController', function () {
```

```
    // コントローラの実装
});
```

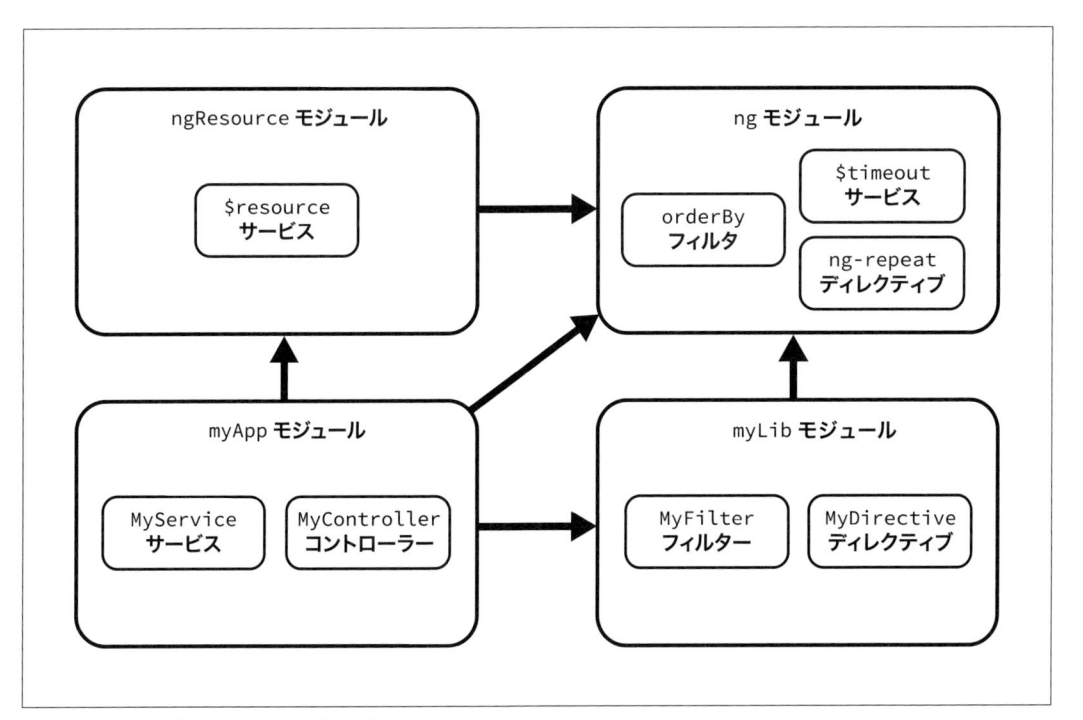

図 5.1: リスト 5.10 のモジュールの依存関係

5-1-4　ng モジュールの依存関係

　AngularJS が標準で用意している機能ももちろん、それぞれモジュールに登録されています。AngularJS では、次表の通りモジュールごとにファイルが分割されています（表 5.2）。

　これらのモジュールを利用する場合は、対象のファイルを読み込んだ上で、依存モジュールにモジュール名を記述する必要があります。

　ただし、ng モジュールだけに関しては、依存関係を明示しなくてもどのモジュールからでも利用することが可能です。

表 5.2: AngularJS の標準モジュール

ファイル名	モジュール名	説明
angular.js	ng	AngularJS のコア機能のモジュール
angular-animate.js	ngAnimcate	アニメーション機能
angular-cookies.js	ngCookies	クッキーの操作
angular-messages.js	ngMessages	メッセージ管理機能
angular-mocks.js	ngMock、ngMockE2E	ユニットテスト/E2E テスト用のモック
angular-resource.js	ngResource	REST 用 Ajax 機能
angular-route.js	ngRoute	ルーティング機能
angular-sanitize.js	ngSanitize	サニタイズ機能
angular-scenario.js	ngScenario	シナリオテスト用機能
angular-touch.js	ngTouch	タッチ機能

AngularJS 2.0: モジュール（Module）

現在の JavaScript でのアプリケーション開発では、規模が大きくなるとモジュール機能を利用する必要性が発生します。ファイルの分割や依存性の解決、遅延ロードなど、さまざまな目的があります。これらを達成するため、サーバサイドの JavaScript 向けには「RequireJS」、「CommonJS」や「AMD」などが、クライアントサイドでも「Browserify」や「Component」などが利用されています。

実は、次期 ECMAScript 6 では、こうした問題を解決するために「モジュール」（Module）と呼ばれる機能が検討されています。例えば、新たに定義したクラス「MyController」を外部から利用したい場合には、クラス定義に以下のように export キーワードを付与します。

```
export class MyController {
  constructor () {
  }
  action () {
  }
}
```

そして、MyController クラスを利用したいコードでは import を記述します。例えば、上記のコードが my_controller.js ファイルに記述されているのであれば、以下の記述で、MyController クラスが利用できます。

```
import {MyController} from './my_controller';
```

AngularJS 2.0 におけるモジュール機能は、この ECMAScript のモジュール機能に置き換えられる予定です。

Chapter 05
Section 5-2 DI（Dependency Injection）

　前節では、モジュールにサービスを登録する方法やモジュール間の依存関係を指定する方法を説明しましたが、登録されたサービスは、「DI」（Dependency Injection）と呼ばれる仕組みで、他のモジュール内から利用することが可能です。

5-2-1　DIとは

　DI（Dependency Injection）とは、あるコンポーネントから別のコンポーネントを利用する際に、直接コンポーネントを呼び出すコードを記述するのではなく、設定ファイルやアノテーション（注釈）機能を使ってコンポーネント間の依存関係を記述し、実行時に依存関係を解決するというデザインパターンです。また、DIパターンを適用したソフトウェアの機能をDIコンテナと呼びます。コンポーネント間の依存関係を弱めることで、メンテナンス性の向上はもちろん、テスト実行時に依存オブジェクトをモックに切り替えることなどが可能になります。

　DIコンテナはJavaやC#などの静的型付言語でよく利用される機能です。JavaScriptをはじめとする動的型付言語であれば、DIコンテナを使わなくても動的にオブジェクトを切り替えることは可能です。しかし、DIコンテナを利用することでコードの可読性が高くなり、メンテナンスも容易になるメリットがあります。

5-2-2　サービスのインジェクション

　前述の通り、一般的なDIコンテナで依存関係を記述するには、設定ファイルに記述する方法や、アノテーションを利用する方法があります。AngularJSのDIコンテナでは、変数名またはアノテーションにより依存するサービスを記述する方法が採択されています。

　前節で例示したModule#valueメソッドはDIコンテナを利用することができません（リスト5.5）。本項ではModule#valueメソッドの代わりに、Module#factoryメソッドを例にDIコンテナの機能を解説します。

factoryメソッドの利用例を示します（リスト5.11）。valueメソッドでは共有するオブジェクトや関数をそのまま登録しましたが、factoryメソッドでは共有するオブジェクトや関数を返す関数を登録します。

リスト 5.11: factory メソッドの基本的な使い方

```javascript
angular.module('app1', [])
  .factory('AdditionService', function createAdditionService() {
    // サービスの実装
    return function add(a, b) {
      return a + b;
    };
  });
```

factoryメソッドでは、足し算をするadd関数を直接サービスとして登録するのではなく、「add関数を返す」関数を登録します。このとき、createAdditionService関数の引数を利用すると、サービスをインジェクトできます。

$timeoutサービスを例に説明します。$timeoutサービスを利用した新しいサービスを作成するには、下記の通り、module#factoryに渡す関数の引数に$timeoutと記述します（リスト5.12）。

リスト 5.12: $timeout サービスのインジェクション

```javascript
angular.module('app', [])
  .factory('MyService', function createMyService($timeout) {
    // DI により $timeout サービスがインジェクトされる
    return function MyService(callback) {
      // $timeout を使ったサービスの実装
      return $timeout(callback, 1000);
    }
  });
```

上記の通り、関数の引数にインジェクトしたいサービス名を指定するだけで、サービスを利用できます。Module#factoryに登録した関数の引数名を解釈して自動的にサービスのインスタンスを渡してくれるので、明示的に関数を呼び出す必要はありません。利用したいサービスの名前を引数として羅列するだけです。

また、インジェクトできるサービスは単独ではなく複数を指定することも可能です。もちろん、

標準提供のサービスだけではなく、自分で定義したサービスもインジェクトできます。

例えば、下記ではサービス SomethingService を定義し、それを MyService から利用します（リスト 5.13）。

リスト 5.13: 自作したサービスのインジェクション
```
var app = angular.module('app', []);

app.service('SomethingService', function () {
  // サービスの実装
});
app.service('MyService', function (SomethingService) {
  // SomethingService を使った処理
});
```

なお、AngularJS が標準で用意しているサービス名の先頭は「$」です。これは名前の衝突を避けるために付与されているものです。自作サービスの定義では、先頭の「$」を避けましょう。

5-2-3 アンダースコアラッピング

サービス名を引数の名前で指定する場合、引数名の前後にアンダースコアを付与することが可能です。例えば、$timeout の代わりにサービス名「_$timeout_」を指定できます（リスト 5.14）。

リスト 5.14: アンダースコアラッピング
```
angular.module('app', [])
  .factory('MyService', function (_$timeout_) {
    var $timeout = _$timeout_;
    // DI により $timeout サービスがインジェクトされる
    return function (callback) {
      // $timeout を使ったサービスの実装
      return $timeout(callback, 1000);
    }
  });
```

サービス名と同じ名前の変数にインジェクトするサービスを代入したい場合などで使うと、名前の衝突を防ぐことができます。

5-2-4 アノテーション

　JavaScript のアプリケーション開発では、リリースの際にファイルサイズを小さくするために変数名や関数名を圧縮する処理（minify）を実施したり、難読化のために変数名や関数名を変更する場合があります。

　「5-2-2 サービスのインジェクション」（P.129 参照）で説明した通り、AngularJS では変数名を解析してインジェクトするサービスを解決しています。そのため、引数の名前が変更されてしまうとインジェクションに失敗します。この問題を回避するため、変数名が変更されても失敗しないようにサービス名をアノテーションで指定する方法も用意されています。

　下記ではインジェクトするサービス名の文字列と関数を、配列にして渡します（リスト 5.15）。ただし、文字列で渡すサービス名の順番と、factory に登録した関数で受け取る引数の順番は一致させる必要があります。

リスト 5.15: アノテーション
```
angular.module('app', [])
  .factory('MyService', ['$http', '$timeout', function ($http, $timeout) {
    // サービスの実装
  }]);
```

　上記の通り、アノテーションでサービス名を指定した場合は、関数の仮引数の名前を変更することが可能です（リスト 5.16）。

リスト 5.16: アノテーション
```
angular.module('app', [])
  .factory('MyService', ['$http', '$timeout', function (httpService, timeoutService) {
    // サービスの実装
  }]);
```

　また、アノテーション以外にも、サービスを作成する関数に $inject プロパティを追加して、インジェクトするサービスを指定する方法もあります（リスト 5.17）。

リスト 5.17: アノテーション
```
var MyService = function ($http, $timeout) {
  // サービスの実装
};
```

```
// $inject でアノテーションを指定
MyService.$inject = ['$http', '$timeout'];

angular.module('app', [])
  .factory('MyService', MyService);
```

なお、インジェクトが失敗したときは、下記のエラーメッセージがコンソールに出力されます。

```
Error: [$injector:unpr] Unknown Provider: xxxxProvider <- xxxx
```

サービスが登録されているモジュールは依存関係に含まれているか、サービスのアノテーション名は間違っていないか、minify処理で変数名が変更されていないかなどを確認しましょう。

もしくは、自動的にアノテーションを追記するツール、「ng-annotate」(https://github.com/olov/ng-annotate) を利用するといいでしょう。

5-2-5　厳格な DI (※)

アプリケーションのリリース時は、変数名や関数名の`minify`処理を実施すると前述しましたが、`minify`処理後は関数名や変数名を判別することが難しくデバッグが困難になるため、開発継続中は`minify`を実施しないスタイルを採用するケースがあります。

こうした開発スタイルでは、アノテーションを付け忘れていると、デバッグ環境では正常にサービスがインジェクトされているにも関わらず、リリース時には動作しないといった問題が発生する可能性があります。そこで、AngularJS 1.3以降では厳格なDIモードが導入されています。厳格なDIモードを有効にすると、変数名によるインジェクションがおこなえなくなり、アノテーションの付与が必須になります。厳格なDIモードを有効にするには、ng-appと同じ要素にng-strict-diを付与します（リスト5.18）。

リスト 5.18: ng-strict-di の利用

```
<body ng-app="app" ng-strict-di>
  <div>
    ...
```

※ AngularJS 1.3 から利用できる機能です。

```
    </div>
</body>
```

厳格な DI モードが有効にも関わらず、アノテーションを付与していないサービスやコントローラが見つかった場合、アプリケーションの実行時に次のエラーが出力されます。

```
Error: [$injector:strictdi] SampleController is not using explicit annotation and cannot be invoked in strict mode
```

厳格な DI モードを利用すれば、アノテーションの付与し忘れによる不具合を早期発見できます。リリース時に minify 処理を実施するアプリケーションでは、有効にすることをおすすめします。

5-2-6 インジェクト可能なメソッド

前述の Module#factory と同様にサービスのインジェクトが利用できるメソッドは、下記の通りです（Module#value と Module#constant はサービスをインジェクトできません）。

・Module#factory
・Module#service
・Module#directive
・Module#provider
・Module#filter
・Module#controller
・Module#config
・Module#run

5-2-7 モジュールのコンフィギュレーション

モジュールにはサービス登録のメソッド以外に、Module#config と Module#run メソッドがあり、サービスのインジェクションが可能です。

まずは Module#config を確認します（表 5.2）。

表 5.2: angular.Module#config

モジュール	ng		
シグネチャ	angular.Module#config(configFn);		
	名前	型	説明
引数	configFn	Function	コンフィギュレーションをおこなう関数
戻り値		Module	モジュールのインスタンス

Module#config は、サービスのインスタンスが生成される前に呼び出されるメソッドです。

Module#config メソッドには、Module#provider で登録したサービスのプロバイダと、Module#constant で登録したサービスのみをインジェクトすることができます。

例えば、下記では $locationProvider をインジェクトして、プロバイダにパラメータを設定します（リスト 5.19）。

リスト 5.19: Module#config の利用例

```
angular.module('app', [])
  .config(function ($locationProvider) {
    $locationProvider.html5Mode(true);
  });
```

次に module#run を確認しましょう（表 5.3）。Module#run は、すべてのモジュールの読み込みが完了した後に実行される関数を指定できます。下記では、$rootScope のメンバに WebAPI の URL を追加し、すべての $scope から利用できるように設定します（リスト 5.20）。

表 5.3: angular.Module#run

モジュール	ng		
シグネチャ	angular.Module#run(initializationFn);		
	名前	型	説明
引数	initializationFn	Function	初期化処理をおこなう関数
戻り値		Module	モジュールのインスタンス

リスト 5.20: Module#run

```
angular.module('app', [])
  .run(function ($rootScope) {
    $rootScope.apiUrl = 'http://hostname/api';
  });
```

Web アプリケーションでは、DOM 解析が完了して操作可能になった時点で何らかの初期化処理

を実行したいケースがあります。jQueryでは、readyイベントを利用することでこのような初期化処理を実装していました。AngularJSでは、Module#runメソッドが初期化処理をおこなう役割を担います。

5-2-8　$injectorサービスの利用

サービスをインジェクトできるメソッドは限定されていると前述しましたが、AngularJSの管理外からモジュールに登録されているサービスを利用したいケースもあります。その場合は、angular.injectorメソッドを利用します（表5.4）。

表5.4: angular.injector

モジュール	ng		
シグネチャ	angular.injector(modules);		
	名前	型	説明
引数	modules	Array.<string|Function>	インジェクトするサービスの所属するモジュール一覧
戻り値		function()	$injector関数

angular.injectorの使用例を示します（リスト5.21）。angular.injectorの引数にはインジェクトしたいサービスが存在するモジュールを指定します。

この例ではngモジュールとappモジュールを指定します。モジュールの依存関係を指定する場合と異なり、ngモジュールも明示的に指定する必要があるので注意しましょう。

angular.injectorの戻り値として$injectorサービスのインスタンスを取得することができます。$injectorサービスを利用すると、指定したモジュールに存在するサービスのインスタンスを取得できます。この例では、$httpサービスのインスタンスを取得します。

リスト5.21: angular.injectorによるサービスの取得

```
var injector = angular.injector(['ng', 'app']);

var $http = injector.get('$http');
```

$injectorサービスの各メソッド

$injectorサービスには、5個のメソッドが用意されています。
$injector#get、$injector#has、$injector#invoke、$injector#instantiate、$injector#annotateに関して、個別に説明します。

$injector#get

$injector#get メソッドは、引数で指定した名前のサービスを取得できます（表5.5）。

表 5.5: $injector#get

モジュール	ng		
シグネチャ	$injector#get(name);		
	名前	型	説明
引数	name	string	取得するサービスの名前
戻り値		*	取得したサービス

$injector#has

$injector#has メソッドは、引数で指定した名前のサービスが存在するかどうかをチェックできます（表5.6）。

表 5.6: $injector#has

モジュール	ng		
シグネチャ	$injector#has(name);		
	名前	型	説明
引数	name	string	サービスの名前
戻り値		boolean	指定したサービスの有無

$injector#invoke

$injector#get は、取得サービスを戻り値として受け取りますが、$injector#invoke メソッドではサービスを受け取る関数を指定します（表5.7）。

表 5.7: $injector#invoke

モジュール	ng		
シグネチャ	$injector#invoke(fn, [self], [locals]);		
	名前	型	説明
引数	fn	!Function	サービスを受け取る関数
	self	Object=	メソッドの中で使える this の指定
	locals	Object=	fn 関数内でだけインジェクトできるサービスを定義する
戻り値		*	fn 関数の戻り値

次に $injector#invoke メソッドの使用例を示します（リスト5.22）。

リスト 5.22: $injector.invoke

```
var app = angular.module('app', []);
app.value('myValue', 1234);

var injector = angular.injector(['ng', 'app']);

injector.invoke(function (myValue) {
  console.log(myValue);
});

injector.invoke(function (myValue) {
  console.log(myValue);
});

injector.invoke(function (myValue) {
  console.log(myValue);
}, injector, {myValue: 5678});
```

$injector#instantiate

$injector#instantiate は、コンストラクタ関数を指定することで、サービスをインジェクトして新しいインスタンスを作成できます。

表 5.8: $injector#instantiate

モジュール	ng		
シグネチャ	$injector#instantiate(type, [locals]);		
	名前	型	説明
引数	type	Function	生成するサービスのコンストラクタ関数
	locals	Object=	コンストラクタ関数にだけインジェクトできるサービスを定義する
戻り値		Object	生成したサービスのインスタンス

$injector#instantiate の使用例を示します（リスト 5.23）。

リスト 5.23: $injector.instantiate

```
function MyService(firstName, familyName) {
  this.firstName = firstName;
  this.familyName = familyName;
}
MyService.prototype.fullName = function () {
```

```
    return this.firstName + " " + this.familyName;
};

var app = angular.module('app', []);
app.value('firstName', '');
app.value('familyName', '');

var injector = angular.injector(['app']);

var service = injector.instantiate('MyService');
console.log(service.fullName());
```

$injector#annotate

$injector#annotate は、コンストラクタ関数を指定することで、付与されているアノテーションを取得できます。

表 5.9: $injector#annotate

モジュール	ng		
シグネチャ	$injector#annotate(fn);		
	名前	型	説明
引数	fn	`Function|Array<string|Function>`	コンストラクタ関数、またはサービス名の一覧
戻り値		`Array.<string>`	依存するサービス名の一覧

$injector#annotate の使用例を示します（リスト 5.24）。

リスト 5.24: $injector.annotate

```
function MyService(firstName, familyName) {
  this.firstName = firstName;
  this.familyName = familyName;
}
MyService.prototype.fullName = function () {
  return this.firstName + " " + this.familyName;
};

var app = angular.module('app', []);

app.factory('MyService', MyService);
```

```
var injector = angular.injector(['app']);

var annotate = injector.annotate(MyService);
console.log(annotate);
```

$injector サービスのインジェクト

　$injector サービスもサービスの 1 つなので、通常のサービスと同様にインジェクトが可能です。$injector サービスをインジェクトし、それ以外のサービスを $injector サービスから取得できます（リスト 5.25）。

リスト 5.25: $injector を利用したサービスのインジェクト

```
angular.module('app')
  .factory('MyService', function ($injector) {
    var $http = $injector.get('$http');
    var $timeout = $injector.get('$timeout');
    var MyService = $injector.get('MyService');
  });
```

AngularJS 2.0: モジュール分割

　AngularJS は、データバインディング、ルーティング、サーバとの通信など、Web アプリケーションを開発するために必要な機能をひと通り備えたフルスタックなフレームワークです。しかし、フルスタックなフレームワークを検討する際、標準で用意されている機能に不足を感じたり仕様が気に入らない場合は、そのフレームワーク自体の採用を見送らなければならないケースもあります。

　AngularJS も以前は、多くの機能が統合されて提供されていました。しかし、バージョン 1.0 以降では機能ごとにモジュール分割が進められています。例えば、ngRoute モジュールはバージョン 1.0 では ng モジュール（angular.js）に含まれていましたが、バージョン 1.2 では ngRoute モジュール (angular-route.js) に分離されています。

　このようにモジュールを分割することで、標準で提供されている機能に不足を感じるのであれば、サードパーティ製のモジュールと差し替えることが可能です。次期バージョンの AngularJS 2.0 では、このモジュール分割がさらに推し進められる方針となっています。

Chapter 05

Section 5-3 AngularJS の起動

AngularJS は angular.js ファイルを読み込むと、HTML の中から ng-app 属性の付与された要素を見つけ、その要素に対して自動的に初期化処理を開始します。また、ng-app を利用せず、AngularJS として管理する HTML 要素を指定して手動で初期化を開始する手段もあります。

手動の初期化には、下記に示す angular.bootstrap メソッドを利用します（表 5.10）。

表 5.10: angular.bootstrap

モジュール	ng		
シグネチャ	angular.bootstrap(element, [modules], [config]);		
引数	名前	型	説明
	element	DOMElement	AngularJS アプリケーションとして扱うルート要素
	modules	Array<string|Function|Array>=	このアプリケーションが依存するモジュール
	config(※)	Object=	'strictDi' を指定すると、引数の名前で自動的に依存性を解決するのを無効にします
戻り値		$injector	新しく生成されたこのアプリケーション用の $injector

手動初期化の実装例を次に示します（リスト 5.26、リスト 5.27）。id が "myapp" の要素を AngularJS アプリケーションとして初期化をします。

なお、angular.bootstrap は、テンプレートとして利用する HTML が読み込まれた後に実行する必要があります。そのため、上記では body タグの最後に script タグを配置します。

リスト 5.26: angular.bootstrap の利用例（HTML）

```
<html>
<body>
<div id="myapp">
  <div>
    <p>{{hello}}</p>
    <input ng-model="hello">
  </div>
```

※ AngularJS 1.3 から利用できる引数です。

モジュールと DI

```
</div>
<script src="../../angular/angular.js"></script>
<script src="app.js"></script>
</body>
</html>
```

リスト 5.27: angular.bootstrap の利用例（JavaScript）

```
angular.module('MyApplication', []);
angular.bootstrap(document.getElementById('myapp'), ['MyApplication'], 'strictDi');
```

AngularJS 2.0: 型アノテーションを利用した DI コンテナ

AngularJS 2.0 では、「型アノテーション」と呼ばれるクラスや関数に追加情報を与える構文を利用できます。型アノテーションを利用すると、プログラムの実行時にクラスや関数に付与された追加情報をもとにさまざまな処理が可能になります。しかし、型アノテーション機能は ECMAScript 6 の文法ではなく、「Traceur Compiler」によって独自拡張されたもので、AngularJS チームはこの言語仕様を ECMAScript 6 +A と呼んでいます。

AngularJS 2.0 では、Dependency Injection を実現するために型アノテーションが利用されるようになります。
例えば、AngularJS 1.3 では、$http サービスをインジェクトするには、以下のように文字列でサービス名を指定する必要があります。

```
angular.module('app')
  .service('factory', ['$http', function (http) {
    // ...
  }]);
```

型アノテーションを利用すると、次のようにインジェクトするサービスを指定できるようになります。文字列で指定する方法と比べると、可読性の高い記述になっています。

```
@Inject('$http')
var MyService = function(http) {
  // ...
};
```

Chapter 06

スコープとコントローラ

Chapter 06

[Section]
6-1 スコープとコントローラの基本

前述のビルトインディレクティブやフィルター、バリデーション機能を利用すると、テンプレート（HTML）を記述するだけでも、ある程度のアプリケーションを実現できます。しかし、ユーザー操作に応じた動的な動きやサーバとの通信などより複雑な処理には、JavaScriptコードを記述する必要があります。AngularJSでは、テンプレートファイルとJavaScriptコードを結び付けるために、スコープとコントローラを利用します。

本章ではコントローラの定義方法とスコープの適用範囲を解説し、スコープの便利な機能も紹介します。まずは、基本的なスコープとコントローラの利用方法と、それぞれの役割を解説します。

6-1-1 スコープとコントローラの利用方法

テンプレートファイルでコントローラを指定するには、`ng-controller`ディレクティブを利用します（リスト6.1）。

リスト6.1: コントローラの指定
```
<div ng-controller="NormalController">
</div>
```

`ng-controller`で指定可能なコントローラを定義するには、`Module#controller`メソッドを利用します（表6.1）。

表6.1: angular.Module#controller

モジュール	ng		
シグネチャ	angular.Module#controller(name, constructor);		
	名前	型	説明
引数	name	string|Object	コントローラの名前
コンストラクタ	Function	コントローラのコンストラクタ関数	
戻り値		Module	モジュールのインスタンス

Module#controller メソッドを利用してコントローラを実装してみましょう（リスト 6.2）。

リスト 6.2: 一般的なコントローラの定義方法

```
angular.module('app', [])
  .controller('NormalController', ['$scope', function ($scope) {
    $scope.message = "Hello, World!";
    $scope.goodbye = function () {
      $scope.message = 'Goodbye, Everyone!';
    }
  }]);
```

コントローラ関数の引数として $scope オブジェクトを指定し、テンプレートから参照したい変数や関数を、$scope オブジェクトのプロパティやメソッドとして登録します。なお、$scope も DI コンテナによりインジェクトされるので、アノテーションを記述します。

上記では、$scope オブジェクトの message プロパティに文字列 'Hello, World.' を設定し、goodbye() メソッドを実行すると message を変化させるように実装します。ここで定義した message や goodbye() は、テンプレートファイルから利用できます（リスト 6.3）。

リスト 6.3: スコープのメンバの利用

```
<div ng-controller="NormalController">
  <p>{{message}}</p>
  <button ng-click="goodbye()">push</button>
</div>
```

このサンプルコードを動作させると、はじめは 'Hello, World!' と表示されるテキストが、ボタンをクリックすると 'Goodbye, Everyone!' に変化することが確認できます。

なお、コントローラ関数の引数には、DI によってインジェクトされるサービスを指定できます。$scope は他のサービスとは異なりますが、サービスと同じようにインジェクトできます。

6-1-2 スコープの役割

スコープは、テンプレートに対して公開するデータや振る舞いを定義するオブジェクトです。
なぜ AngularJS にはこのようなオブジェクトが用意されているのでしょうか。それを理解するためには、AngularJS などのフレームワークが登場する以前に、jQuery などを利用して Web

アプリケーションを開発していたときのことを思い出してみましょう。前述のAngularJSのコードをjQueryで書き換えると下記になります（リスト6.4）。

リスト6.4: AngularJS以前の実装

```
<html>
<head>
  <script src="http://code.jquery.com/jquery-1.11.0.min.js"></script>
</head>
<body>
<div>
  <p id="message"></p>
  <button id="goodbye">push</button>
</div>
<script>
  $(function () {
    $('#message').text('Hello, World!');
    $('#goodbye').click(function () {
      $('#message').text('Goodbye, Everyone!');
    })
  })
</script>
</body>
</html>
```

AngularJS登場以前は、JavaScriptのコードから直接DOMを操作して、値の書き換えやマウスイベントのハンドルが必要でした（図6.1）。

jQueryによるDOM操作の記述は手続き的で、HTML構造が複雑になると可読性が低くなり、HTML構造の変更に伴ってDOM操作の修正が必要なためメンテナンス性も低下します。また、操

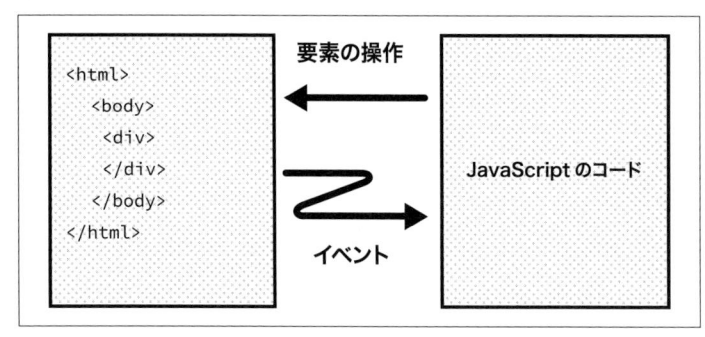

図6.1: AngularJS以前の実装

作する要素を指定するために、描画には必要のない id や class を付与しなければならないなど、面倒な作業を伴いました。

一方、AngularJS には、DOM と JavaScript の間にスコープと呼ばれるオブジェクトが用意されています（図 6.2）。

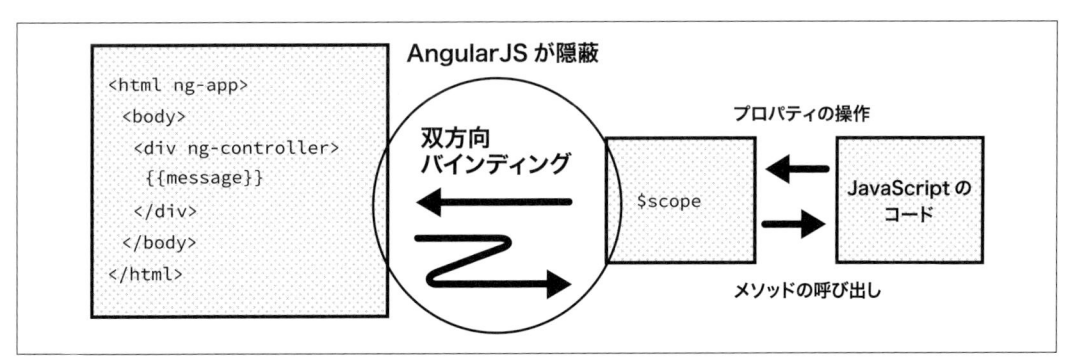

図 6.2: AngularJS における実装

スコープのプロパティは内容の変更が監視されており、スコープの値が変化すると、その変更内容が DOM に反映されます。逆に、ユーザー入力などで DOM の内容が変更されると、対応するスコープの値に変更が反映されます。また、マウスイベントなど DOM イベントが発生した場合は、対応するスコープのメソッドが呼び出されます。

このように複雑な DOM 操作は AngularJS が隠蔽してくれるため、開発者はスコープオブジェクトを操作するだけで画面の描画内容を変更でき、メンテナンス性の高いコードを記述できます。

6-1-3　コントローラの役割

コントローラはスコープをセットアップする関数です。DI によりインジェクトされたサービスを利用して、$scope オブジェクトを組み立てます。サーバサイドアプリケーションの MVC パターンでのコントローラとは役割が異なるため、名称に惑わされないようにしましょう。

コントローラで $scope のメソッドを定義する際に、複雑なロジックが記述されているケースがあります。複雑なロジックをコントローラに記述するコードは、多くの場合コントローラの肥大化を招き、テスタビリティやメンテナンス性が損なわれてしまいます。プレゼンテーションロジックはフィルターやディレクティブに、ビジネスロジックはサービスに分離して記述し、コントローラはあくまでもスコープのセットアップ処理だけに徹するのが理想的です。

Chapter 06

[Section] 6-2 スコープの適用範囲とインスタンス

スコープは、コントローラを指定した箇所やその階層構造によって、生成されるインスタンスとその適用範囲が異なります。本節では、コントローラの適用によってどのようにスコープのインスタンスが生成されるか詳細に解説します。

6-2-1　コントローラとスコープの関係

ng-controller ディレクティブを使ってコントローラを指定した場合、その要素より下の階層の要素でのみ、そのコントローラでセットアップしたスコープオブジェクトを利用できます。

すなわち、コントローラを適用した要素の外部に、プロパティへのアクセスから変数にアクセスすることはできません（リスト 6.5）。この例の場合、SampleController で $scope.message に値を設定しても、<p>{{message}}</p> 部分には何も表示されません。スコープの適用範囲は図の通りです（図 6.3）。

リスト 6.5: スコープの適用範囲外

```
<div>
  <div ng-controller="SampleController">
```

```
<div>
  <div ng-controller= "SampleController" >
    <input type= "text" ng-model= "message" >
  </div>
  <p> {{message}}</p>
</div>
```

```
angular.module( 'app' , )
  .controller( 'SampleController' .
    function($scope){
      $scope.message= 'Hello,World!' ;
    });
```

　　　　　　　$scope の適用範囲外　　　$scope の適用範囲

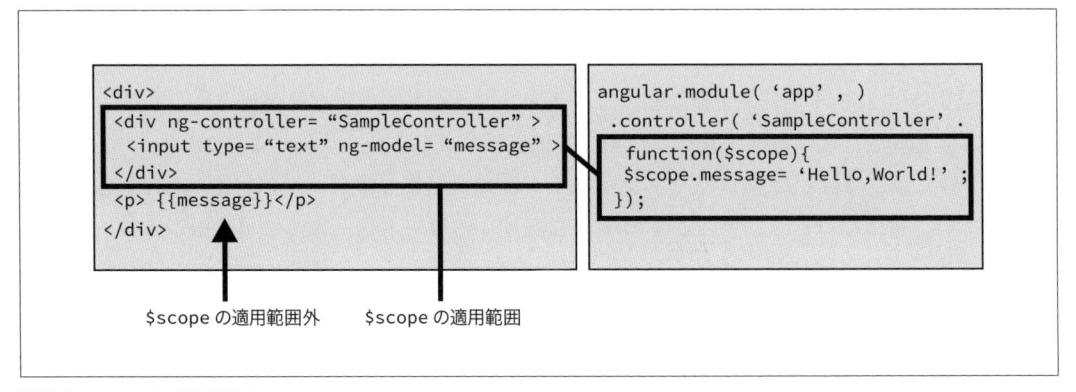

図 6.3: スコープの適用範囲

```
    <input type="text" ng-model="message">
  </div>
  <p>{{message}}</p>
</div>
```

また、コントローラは適用するごとに新しいスコープのインスタンスが生成されます。同一のコントローラを複数箇所に適用した場合、それぞれのスコープは異なるインスタンスになります。

例えば、2つの div 要素にそれぞれ SampleController を指定した場合、1つ目の div 要素内の message と2つ目の div 要素内の message は、異なるインスタンスのスコープに属します（リスト 6.6）。そのため、input タグに値を入力して1つ目のスコープの message を変更しても、2つ目のスコープの message の値は変化しません。

リスト 6.6: コントローラの再利用

```
<div ng-controller="SampleController">
  <input type="text" ng-model="message">
</div>
<div ng-controller="SampleController">
  <p>{{message}}</p>
</div>
```

上記コードのスコープ関係を図示します（図 6.4）。

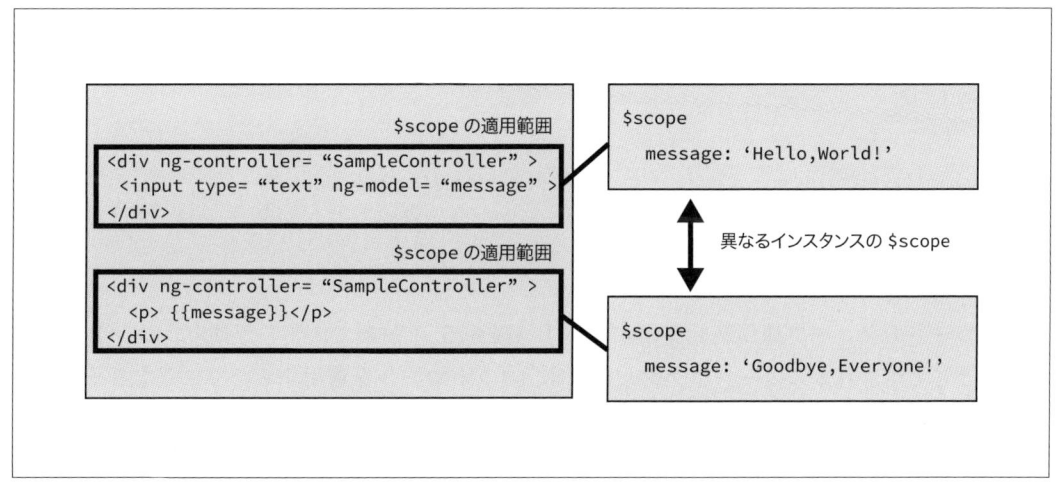

図 6.4: 複数のコントローラ定義時のスコープの適用範囲

6-2-2 コントローラの階層化

コントローラでは階層的な構造も可能です（リスト 6.7、リスト 6.8）。

リスト 6.7: コントローラの階層
```
<div ng-controller="ParentController">
  <h3>parent</h3>
  <ul>
    <li>value: {{value}}</li>
    <li>upperValue: {{getUpperValue()}}</li>
    <li>newValue: {{newValue}}</li>
  </ul>
  <div ng-controller="ChildController">
    <h3>child</h3>
    <ul>
      <li>value: {{value}}</li>
      <li>upperValue: {{getUpperValue()}}</li>
      <li>newValue: {{newValue}}</li>
    </ul>
  </div>
</div>
```

リスト 6.8: コントローラの定義
```
angular.module('app', [])
  .controller('ParentController', ['$scope', function ($scope) {
    $scope.value = 'parent value';
    $scope.getUpperValue = function () {
      return angular.uppercase($scope.value);
    }
  }])
  .controller('ChildController', ['$scope', function ($scope) {
    $scope.newValue = 'child value';
  }]);
```

上記コードのスコープ適用範囲を図示します（図 6.5）。前項で説明した通り、コントローラの引数として渡されるスコープオブジェクトは、コントローラを適用するたびに異なるインスタンスとなります。コントローラを階層構造にした場合は、子コントローラに渡されるスコープは、親コントローラのスコープオブジェクトから派生したインスタンスです。したがって、親のスコー

```
                                 親 $scope
                                 parentMessage: 'Hello,World!'
         親 $scope の適用範囲
  <div ng-controller= "ParentController" >
    <p>{{parentMessage}}</p>              prototype    $parent
    <div ng-controller= "ChildController" >
      <p> {{childMessage}}</p>
    </div>                                 子 $scope
  </div>                                   childMessage: 'Goodbye,Everyone!'
                             子 $scope の適用範囲
```

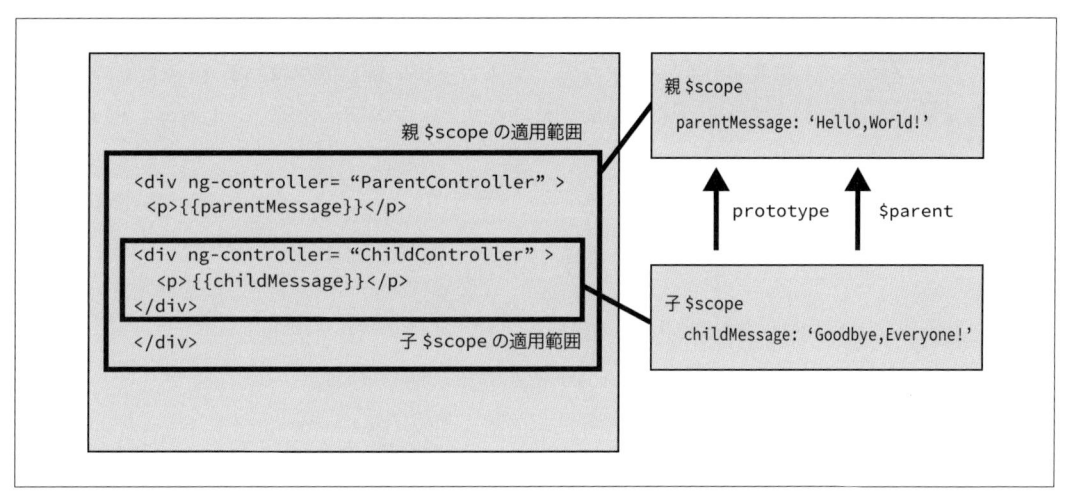

図 6.5: 階層化したコントローラのスコープ適用範囲

プで定義したプロパティやメソッドを子のスコープで利用可能になります。

ただし、スコープオブジェクトの派生では、JavaScript のプロトタイプ継承が使われているため、値の書き換えでは注意が必要です。詳細は次項で解説します。

なお、トップ階層にあるコントローラに渡されるスコープオブジェクトは、`$rootScope` から派生したものになります。

6-2-3 プロトタイプ継承

前項で、コントローラが階層構造になる場合、スコープオブジェクトは親コントローラのスコープオブジェクトから派生したものになると説明しました。まったく異なるインスタンスを新しく生成しているのでもなく、インスタンスを共有しているわけでもなく、派生したものである点に注意が必要です。

ここでの派生は JavaScript のプロトタイプ継承により実現されています。プロトタイプ継承の挙動を把握していないと、その動作を想定できないかもしれません。

例えば、親スコープと子スコープで同じプロパティを表示させます（リスト 6.9、リスト 6.10）。起動直後は、どちらの値も 128 と表示されます。子スコープからプロトタイプを遡り、親スコープの `value` を参照しているためです。

ここで親スコープ側のボタン（increment value）をクリックして value を変更すると、子スコープの value も変化します。しかし、子コントローラ側のボタン（decrement value）を

クリックして子スコープの value を変更しても、親スコープの value は変化しません。これは、親スコープのプロパティを変更したのではなく、子スコープに新しいプロパティ value を追加して値を設定したためです。プロトタイプ継承におけるスコープの関係を図で示します（図 6.6）。

リスト 6.9: プロトタイプ継承の例（HTML）

```html
<div ng-controller="ParentController1">
  <h3>parent</h3>

  <p>value: {{value}}</p>
  <button ng-click="incrementValue()">increment value</button>
  <div ng-controller="ChildController1">
    <h3>child</h3>

    <p>value1: {{value}}</p>
    <button ng-click="decrementValue()">decrement value</button>
  </div>
</div>
```

リスト 6.10: プロトタイプ継承の例（JavaScript）

```javascript
angular.module('app', [])
  .controller('ParentController1', ['$scope', function ($scope) {
    $scope.value = 128;
    $scope.incrementValue = function () {
      this.value++;
    };
  }])
  .controller('ChildController1', ['$scope', function ($scope) {
    $scope.decrementValue = function () {
      this.value--;
    };
  }]);
```

なお、上記の挙動ではなく、子スコープから親スコープのプロパティを書き換えたい場合は、プリミティブ型ではなく Object 型のプロパティを利用するか、$scope.$parent を利用します。
例えば、ChildController で、$scope.data.value や $scope.$parent.value に値を代入すると、ParentController 側の $scope オブジェクトのプロパティが変化します（リスト 6.11、リスト 6.12）。

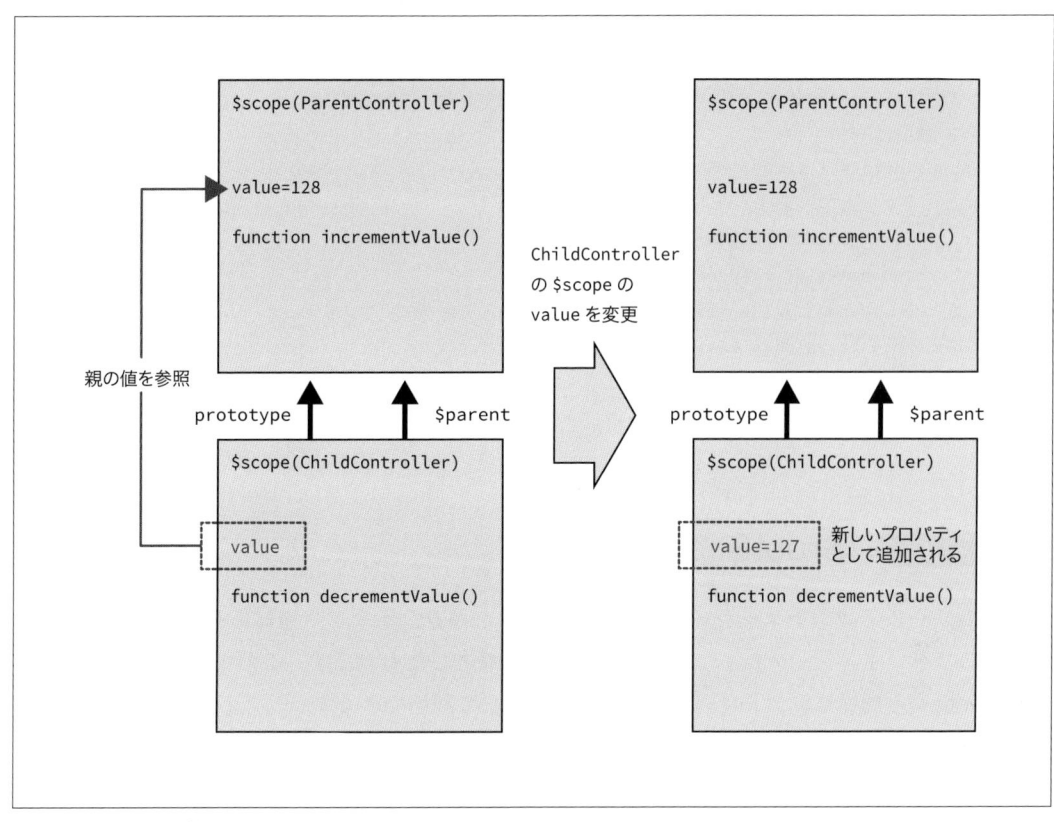

6-2 スコープの適用範囲とインスタンス

図 6.6: プロトタイプ継承

リスト 6.11: 親スコープのプロパティの変更例（HTML）

```html
<div ng-controller="ParentController2">
  <h3>parent</h3>
  <ul>
    <li>value: {{value}}</li>
    <li>data.value: {{data.value}}</li>
  </ul>
  <div ng-controller="ChildController2">
    <h3>child</h3>
    <ul>
      <li>$parent.value: {{$parent.value}}</li>
      <li>data.value: {{data.value}}</li>
    </ul>
    <button ng-click="changeValue()">change value</button>
  </div>
</div>
```

リスト 6.12: 親スコープのプロパティの変更例（JavaScript）
```
angular.module('app', [])
  .controller('ParentController2', ['$scope', function ($scope) {
    $scope.value = 123;
    $scope.data = { value: 456 };
  }])
  .controller('ChildController2', ['$scope', function ($scope) {
    $scope.changeValue = function () {
      $scope.$parent.value = 321;
      $scope.data.value = 654;
    };
  }]);
```

6-2-4　$rootScope

前述の「6-2-2 コントローラの階層化」で説明した通り、トップ階層にあるコントローラに渡されるスコープオブジェクトは、$rootScope から派生したものです。この $rootScope は、通常の $scope と同様にコントローラにインジェクトして利用できます（リスト 6.13）。

リスト 6.13: $rootScope の利用（JavaScript）
```
angular.module('app', [])
  .controller('RootScopeController', ['$rootScope', function ($rootScope) {
    $rootScope.setMessage = function (message) {
      $rootScope.message = message;
    };
    $rootScope.getMessage = function () {
      return $rootScope.message;
    };
  }]);
```

$rootScope のインスタンスは、アプリケーション内で必ず1つです。そのため、複数のコントローラ間で同一インスタンスを参照可能です（リスト 6.14）。この例では、1つ目のコントローラにセットした message を、2つ目のコントローラで取得できます。

リスト 6.14: $rootScope の利用（HTML）
```
<div ng-controller="RootScopeController">
  <input type="text" ng-model="message">
```

```html
  <button ng-click="setMessage(message)">set</button>
</div>
<div ng-controller="RootScopeController">
  <p>{{getMessage()}}</p>
</div>
```

ただし、`$rootScope`にプロパティやメソッドの追加は、グローバル変数の利用に等しいこととも言えます。メンテナンス性の高いアプリケーションを開発するためにも、`$rootScope`の使い過ぎには注意しましょう。

6-2-5 スコープとしてのコントローラ

スコープはテンプレートに公開する変数や関数を定義するオブジェクトで、コントローラはそのスコープオブジェクトをセットアップする関数であると前述しましたが、スコープオブジェクトを利用せず、コントローラ関数をスコープオブジェクトとして利用する方法もあります。

コントローラをスコープとして利用するには、`ng-controller`で「コントローラ名 as 別名」と指定します（リスト6.15）。プロパティやメソッドにアクセスする際には「別名.value」と記述します。

リスト6.15: スコープとしてのコントローラの利用例（HTML）

```html
<div ng-controller="AsSyntaxController as ctrl">
  <p>value: {{ctrl.value}}</p>

  <p>upperValue: {{ctrl.getUpperValue()}}</p>
</div>
```

コントローラの定義としては、引数に`$scope`を受け取らず、テンプレートに公開するプロパティやメソッドをコントローラ自身（`this`）に登録します。

リスト6.16: スコープとしてのコントローラの利用例（JavaScript）

```javascript
angular.module('app', [])
  .controller('AsSyntaxController', function () {
    this.value = 'Hello, World!';
    this.getUpperValue = function () {
      return angular.uppercase(this.value);
```

```
    }
  });
```

ただし、この記法を利用した場合は、コントローラを階層化してもスコープが自動的に継承されるわけではありません。もしスコープの派生と同様の機能を実現したいのであれば、コントローラを明示的にプロトタイプ継承するように実装しましょう。

6-2-6 スコープ間連携

1つのコントローラに処理を詰め込み過ぎると、可読性やテスタビリティが低下し、メンテナンス性の悪化を招きます。大規模アプリケーションを開発する際は、再利用しやすい単位ごとにコントローラを作成したり、画面領域ごとにコントローラを分割するのが一般的です。

例えば、サイドバー領域とメイン領域でコントローラを分割するケースがあります。しかし、コントローラを分割すると、コントローラ間でのデータのやり取りや、相互に通知する手段が必要となります。

$scope オブジェクトには、コントローラ間でイベントを通知する仕組みが用意されています。イベント通知には、3個のAPI、Scope#$emit、Scope#$broadcast、Scope#$on が用意されています（表6.2～表6.4）。

表6.2: $rootScope.Scope#$emit

モジュール	ng		
シグネチャ	$rootScope.Scope#$emit(name, ...args);		
	名前	型	説明
引数	name	string	イベントの名前
	args	...*	イベントで送信するデータ
戻り値		Object	Eventオブジェクト

Scope#$emit は、派生元のスコープに対してイベントを送信するメソッドです。

表6.3: $rootScope.Scope#$broadcast

モジュール	ng
シグネチャ	$rootScope.Scope#$broadcast(name, ...args);

	名前	型	説明
引数	name	string	イベントの名前
	args	...*	イベントで送信するデータ
戻り値		Object	Event オブジェクト

Scope#$broadcast は、派生先のスコープに対してイベントを送信するメソッドです。

表 6.4: $rootScope.Scope#$on

モジュール	ng
シグネチャ	$rootScope.Scope#$on(name, listener);

	名前	型	説明
引数	name	string	イベントの名前
	listener	function(event, ...args)	イベントを受け取ったときに実行する関数
戻り値		function()	リスナーを解除する関数

Scope#$on は、Scope#$emit や Scope#$broadcast で送信したイベントを受け取るメソッドです。イベントの利用例を次に示します（リスト 6.17、リスト 6.18）。

リスト 6.17: イベントの利用例（HTML）

```html
<div ng-controller="UpperSubscriberController">
  UpperMessage: {{upperMessage}}
  <div ng-controller="PublisherController">
    <input type="text" ng-model="inputText">
    <button ng-click="emitMessage()">emit</button>
    <button ng-click="broadcastMessage()">broadcast</button>
    <div ng-controller="LowerSubscriberController1">
      LowerMessage1: {{lowerMessage1}}
    </div>
    <div ng-controller="LowerSubscriberController2">
      LowerMessage2: {{lowerMessage2}}
    </div>
  </div>
</div>
```

リスト 6.18: イベントの利用例（JavaScript）

```javascript
angular.module('app', [])
  .controller('PublisherController', ['$scope', function ($scope) {
    $scope.emitMessage = function () {
```

```
      $scope.$emit('MyEvent', $scope.inputText + ' by emit');
    };
    $scope.broadcastMessage = function () {
      $scope.$broadcast('MyEvent', $scope.inputText + ' by broadcast');
    };
  }])
  .controller('UpperSubscriberController', ['$scope', function ($scope) {
    $scope.$on('MyEvent', function (event, data) {
      $scope.upperMessage = data;
    });
  }])
  .controller('LowerSubscriberController1', ['$scope', function ($scope) {
    $scope.$on('MyEvent', function (event, data) {
      $scope.lowerMessage1 = data;
    });
  }])
  .controller('LowerSubscriberController2', ['$scope', function ($scope) {
    $scope.$on('MyEvent', function (event, data) {
      event.preventDefault();
      $scope.lowerMessage2 = data;
    });
  }]);
```

　emitボタンをクリックすると、メッセージは派生元のスコープへと送信され、UpperMessageが更新されます。broadcastボタンをクリックすると、メッセージは派生先のスコープへと送信され、LowerMessageが更新されます。また、派生先のスコープが複数あった場合は、すべてのスコープにメッセージが送信されます。

　$onメソッドのコールバック関数に渡される第1引数（リスト6.18では引数event）には、以下のプロパティとメソッドがあります。

- name
- targetScope
- currentScope
- stopPropagation()
- preventDefault()
- defaultPrevented

name はイベントの名前です。上記の例では MyEvent になります。targetScope はイベントを送信した $scope オブジェクト、currentScope はイベントを受信した $scope オブジェクトになります。

また、stopPropagation() は emit のみ利用できるメソッドで、上位階層にイベントを伝搬することを停止します。

preventDefault() を呼び出すと、defaultPrevented が true になります。次の階層のスコープにイベントが通知された際に、この defaultPrevented の値をチェックして動作を変更させるために利用します。

AngularJS 2.0: コントローラの定義

JavaScript では、function や prototype キーワードを活用してクラスの定義をおこないます。この記述方法は、現在の JavaScript では当然のように利用されている記法ですが、JavaScript に馴染みのない開発者にとっては何をおこなっているのか理解しにくいコードであると言えるでしょう。また可読性が低いだけではなく、this オブジェクトのスコープの仕組みが複雑であるなどの問題点もあります。

ECMAScript 6 ではこのような問題を解決するために、class 構文が利用できるようになります。

AngularJS 2.0 では、class 構文を利用して、コントローラを以下のように定義できるようになります。

```
@ControllerProvider
export class MyController {
  @inject('$scope')
  constructor(scope) {
    // ...
  }
};
```

また、Module#controller メソッドを利用しなくても、export キーワードと、@ControllerProvider アノテーションを利用することでコントローラを定義することが可能になります。

Chapter 06

Section 6-3 スコープの監視と反映

　スコープのプロパティを監視したり、DOM を書き換えて画面の描画内容を変更する処理は、AngularJS のフレームワーク内に隠蔽されているため、これらの処理を利用しなくてもアプリケーションの開発は可能です。しかし、スコープのプロパティ変化に応じて処理を実行したり、AngularJS の管理外からイベントが発生した場合に DOM を更新するなどのケースもあります。

　そのため、スコープオブジェクトにはプロパティの値変更を監視する機能や、プロパティの変更内容を DOM に反映させる機能が用意されています。

6-3-1　変更監視機能

　スコープオブジェクトには、データの変化を監視するために 3 種類のメソッド、$watch、$watchGroup、$watchCollection が用意されています。

　まずは、Scope#$watch メソッドを確認してみましょう（表 6.5）。

表 6.5: $rootScope.Scope#$watch

モジュール	ng		
シグネチャ	$rootScope.Scope#$watch(watchExpression, [listener], [objectEquality]);		
引数	名前	型	説明
	watchExpression	function(scope)|string	監視する処理
	listener	(function(newValue, oldValue, scope)|string)=	値が変換したときに呼び出される関数
	objectEquality	boolean=	オブジェクトを比較するときに angular.equals を利用するかどうか
戻り値		function()	リスナーを解除する関数

　第 1 引数には、監視対象のプロパティ名を文字列で指定する方法と、監視対象の値を返す関数を登録する方法があります。

　第 2 引数には、値が変化したときに呼び出されるリスナー関数を登録します。

第3引数に true を指定すると、オブジェクト変化を比較する際に angular.equals を利用します。false を指定すると == での比較をおこないます。デフォルト値は false です。

$watch の戻り値はリスナー関数を解除する関数です。この関数を呼び出すと、値が変化してもリスナーは呼び出されなくなります。$scope.$watch の使用例を示します（リスト 6.19）。

リスト 6.19: watch の利用

```
angular.module('app')
  .controller('WatchController', ['$scope', function ($scope) {
    $scope.message = 'Hello, World!';
    $scope.result = '';
    $scope.$watch('message', function (newValue, oldValue, scope) {
      if (angular.equals(newValue, 'success')) {
        scope.result = 'ok';
      }
    });
  }]);
```

複数データの値の変化をまとめてチェックしたい場合は、$watchGroup メソッド[※] を利用します（表 6.6）。

表 6.6: $rootScope.Scope#$watchGroup

モジュール	ng		
シグネチャ	$rootScope.Scope#$watchGroup(watchExpressions, listener);		
	名前	型	説明
引数	watchExpressions	Array.<string|function(scope)>	監視する処理
	listener	function(newValue, oldValue, scope)	値が変換したときに呼び出される関数
戻り値		function()	リスナーを解除する関数

$scope.$watchGroup の使用例を示します（リスト 6.20）。

リスト 6.20: watchGroup の利用

```
angular.module('app')
  .controller('WatchGroupController', ['$scope', function ($scope) {
    $scope.greeting = 'Hello, World!';
    $scope.message2 = 'Hello, World!';
    $scope.message3 = 'Hello, World!';
```

※ AngularJS 1.3 から利用できる機能です。

```
    $scope.result = '';
    $scope.$watchGroup([
      function () {
        return $scope.greeting;
      },
      function () {
        return $scope.message2;
      },
      function () {
        return $scope.message3;
      }
    ], function (newValue, oldValue, scope) {
      scope.result = angular.toJson(newValue);
    });
  }]);
```

配列の変化を監視する `$watchCollection` メソッドも用意されています。

表 6.7: $rootScope.Scope#$watchCollection

モジュール	ng		
シグネチャ	$rootScope.Scope#$watchCollection(obj, listener);		
	名前	型	説明
引数	watchExpression	string|function(scope)	監視する処理
	listener	function(newCollection, oldCollection, scope)	値が変換したときに呼び出される関数
戻り値		function()	リスナーを解除する関数

前述の `$watch` メソッドでも第3引数の `objectEquality` に `true` を指定すれば、配列の変化を監視することは可能です。この場合は、配列要素の追加や削除はもちろん、配列内の要素のプロパティが変化した場合も変更が通知されます。

一方、`$watchCollection` では、配列要素の追加や削除は変更が通知されますが、配列内の要素のプロパティが変化した場合は通知されません。

`$scope.$watchCollection` の使用例を示します（リスト 6.21）。

リスト 6.21: watchCollection の利用

```
angular.module('app')
  .controller('WatchCollectionController', ['$scope', function ($scope) {
    $scope.items = [];
```

162

```
    $scope.result = '';
    $scope.$watchCollection('items', function (newCollection, oldCollection, scope) {
      if (newCollection.length == 3) {
        scope.result = 'ok';
      }
    });
  }]);
```

　$watchメソッドでは、前回の実行時と結果が変化したかどうかを確認するため、前回の値を保持します。つまり、$watchメソッドでobjectEqualityをtrueにした場合は、オブジェクトの内容すべてをコピーして保持することを意味します。

　そのため、要素内のプロパティ監視が不要であれば、$watchCollectionの利用か、$watchでobjectEqualityをfalseにすることで、処理時間やメモリの使用量を抑えられます。

　また、$watch関数によるデータの監視処理は頻繁に呼び出される可能性があるため、多用し過ぎるとパフォーマンスに悪影響を及ぼします。そのため、$watchによる監視対象はアプリケーションの1画面内で2000個以内にするのがよいとされています[※]。

　なお、標準で用意されているディレクティブの多くも、内部では$watchを利用しているということを考慮しておきましょう。

6-3-2　更新処理

　AngularJSでは、テキストボックスへの文字入力やマウス操作など何らかのイベントが発生したときに、スコープオブジェクトのプロパティ変化をチェックし、変化があればDOMの内容を書き換える振る舞いとなります。しかし、AngularJSの管理外のイベントが発生したときは上記の処理がおこなわれないため、スコープオブジェクトの内容が書き換わっているにも関わらず、画面に描画されている内容は古いままとなります。

　AngularJS管理外のイベントとは、jQueryを利用したDOMのイベント監視や、WebSocketによるサーバサイドからの通知イベントなどです。例えば、WebSocketでサーバから通知を受けたときに$scopeの変数を書き換えるコードは下記の通りです（リスト6.22）。

リスト6.22: WebSocketを利用した例
```
angular.module('app', [])
```

※ AngularJSの開発者であるmiskoが$watchの利用指針を示しています。
http://stackoverflow.com/questions/9682092/databinding-in-angularjs/9693933#9693933

```
  .controller('WebSocketController', function ($scope) {
    $scope.message = '';
    var socket = new WebSocket('ws://127.0.0.1:10080');
    socket.onmessage = function (event) {
      $scope.message = event.data;
    }
  });
```

上記では、WebSocketからイベントを受け取ったときに更新処理が実行されないため、$scopeの変数を書き換えても画面は更新されません。

そこで明示的に更新処理を実行するため、スコープオブジェクトには$applyメソッドが用意されています（表6.8）。

表 6.8: $rootScope.Scope#$apply

モジュール	ng		
シグネチャ	$rootScope.Scope#$apply([exp]);		
	名前	型	説明
引数	exp	string|function()=	イベントの名前
戻り値		*	式の実行結果

$applyメソッドの引数には、スコープオブジェクトのプロパティを変更する処理を登録できます。前述のWebSocketの例を、$applyメソッドを利用する形式に書き換えます（リスト6.23）。

リスト 6.23: $scope.$applyを利用した例

```
angular.module('app', [])
  .controller('WebSocketController', function ($scope) {
    $scope.message = '';
    var socket = new WebSocket('ws://127.0.0.1:10080');
    socket.onmessage = function (event) {
      $scope.$apply(function () {
        $scope.message = event.data;
      });
    }
  });
```

上記の通り、AngularJS管理外のイベントハンドラの中で$applyメソッドを実行すると、強制的に更新処理を実行できます。

なお、上記を実行すると、下記の例外が発生するケースがあります。

```
Error: [$rootScope:inprog] $digest already in progress
```

この例外は、別イベントにより更新処理が実行されている最中に $apply メソッドを呼び出してしまい、更新処理が二重に実行された場合に発生します。

そこで、更新処理が多重に実行されてしまう可能性があるようなケースでは $timeout サービスを利用するとよいでしょう（リスト 6.24）。

$timeout サービスには、更新処理が多重に実行された場合でも衝突を回避して $scope.$apply を実行する機能が備わっています。タイムアウト時間を 0 ミリ秒に設定すれば、処理を遅延させることなく安全に $scope.$apply を実行できます。

リスト 6.24: 安全な $apply の実行

```
angular.module('app', [])
  .controller('WebSocketController', ['$scope', '$timeout', function ($scope) {
    $scope.message = '';
    var socket = new WebSocket('ws://127.0.0.1:10080');
    socket.onmessage = function (event) {
      $timeout(function () {
        $scope.message = event.data;
      });
    }
  }]);
```

One-time binding

バージョン 1.3 から One-time binding 機能が追加されています。データバインディングを 1 度だけ実行する機能です。One-time binding の定義は「::」を用いて記述します。通常のデータバインディング {{model}} に対して、One-time binding では {{::model}} と記述します。また、ng-repeat で利用する場合は、ng-repeat="item in ::items" と記述します。初期表示用のデータなど、それ以降は値を変更する必要がないモデルに対して利用します。

```
<div>
  <p>onetime: {{::message}}</p>
  <p>always: {{message}}</p>
</div>
```

Chapter 06

[Section]
6-4

AngularJS アプリケーションの
アーキテクチャ

　AngularJSの主たる登場人物であるディレクティブ、フィルター、サービス、コントローラ、そしてスコープに関して、それぞれ単独での利用方法を解説しましたが、Webアプリケーションとして、どのように組み合わせて開発すればいいのか非常に悩ましいところです。残念ながら、Webアプリケーションのアーキテクチャ設計に唯一の解は存在しません。AngularJSを利用したアプリケーションを開発する際によく用いられるパターンはいくつか存在します。

　本節では、「SPA」(Single Page Application) と呼ばれるWebアプリケーション構成、そして「MVW」(Model View Whatever) パターンと呼ばれる、クライアントサイドアプリケーションを実装するためのデザインパターンを紹介します。

6-4-1　SPA (Single Page Application)

　AngularJSは、SPA (Single Page Application) を開発するためのフレームワークと説明されることがあります。SPAとはどのようなアプリケーションでしょうか？　まずは、SPAを説明する前に、従来の一般的なWebアプリケーションの構成を確認しましょう（図6.7）。

　これまでの一般的なWebアプリケーションでは、サーバサイドMVCフレームワークがよく用いられます。「Ruby on Rails」や「Play Framework」、「ASP.NET MVC」などはいずれもサーバサイドMVCフレームワークです。

　このようなアプリケーションでは、ユーザーがブラウザを通じてリクエストを出すと、ルーターがURLに応じたコントローラを呼び出します。そしてコントローラはモデルを利用してデータベースから情報を取得し、ビューを利用してHTMLを生成します。最終的にブラウザがこのHTMLを描画して、ユーザーにコンテンツを提供します。異なるコンテンツを表示するには、再度サーバにリクエストを投げてHTMLを取得して画面を更新します。

　このような構成のWebアプリケーションでのJavaScriptの役割は、AJAXを利用してサーバからデータを取得し、動的にページの一部分を書き換えるものです。

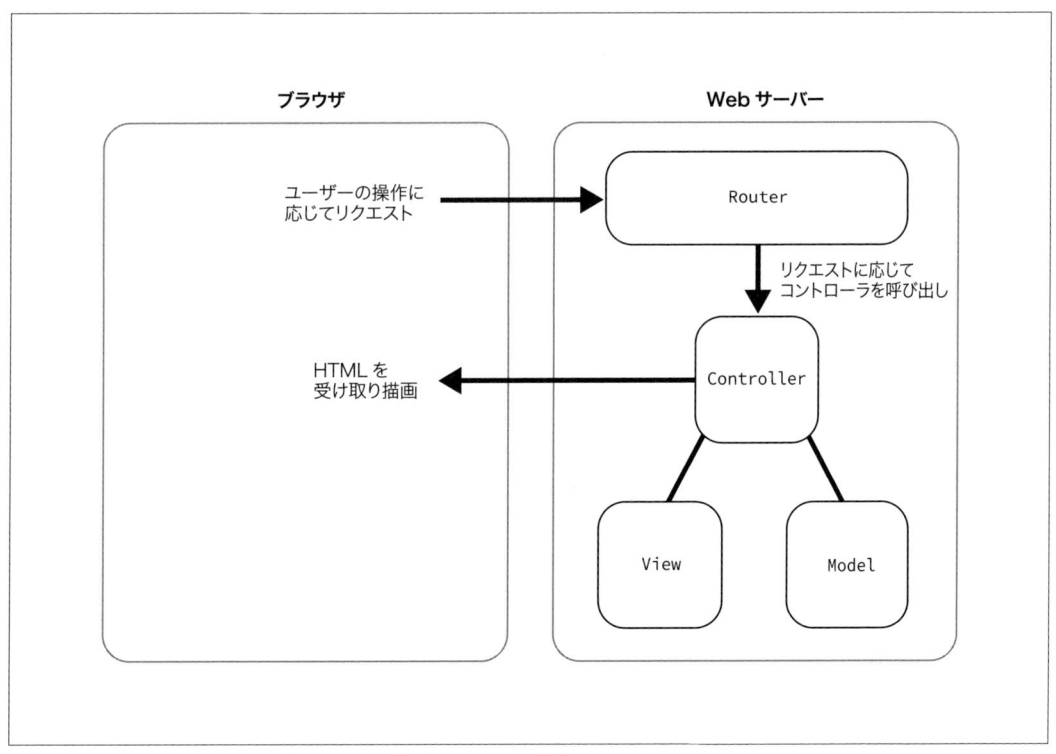

図 6.7: サーバサイド MVC における Web アプリケーションの構成

続いて、SPA（Single Page Application）の構成を確認しましょう（図 6.8）。

SPA でも最初のページは従来の Web アプリケーションと同様にサーバから HTML を取得します。ただし、以降はサーバにリクエストを投げてページ遷移するのではなく、単一ページだけでさまざまなコンテンツを提供します。

コンテンツを書き換える際は、ユーザーからのリクエストをクライアントサイドでルーティングし、AJAX を利用してデータやテンプレートを取得しつつ HTML を書き換えます。AngularJS をはじめとするクライアント MVC フレームワークは、SPA 構築に適していると言われています。

SPA のメリットは、よりネイティブアプリケーションに近い UI を提供できることです。異なるコンテンツを表示する際、毎回サーバに問い合わせて HTML を生成するよりも、クライアントサイドで処理するほうが高速なケースも多く、より細かなインタラクションを実現できます。

一方、SPA のデメリットは、初期化処理に時間を要するため最初のページ表示を待たせてしまうことです。また、サーバサイドだけで HTML を生成できないため、SEO 対策が苦手という問題もあります。そのため、ブログなど静的コンテンツが多く動きの少ないアプリケーションの場合は、SPA の採用はおすすめできません。

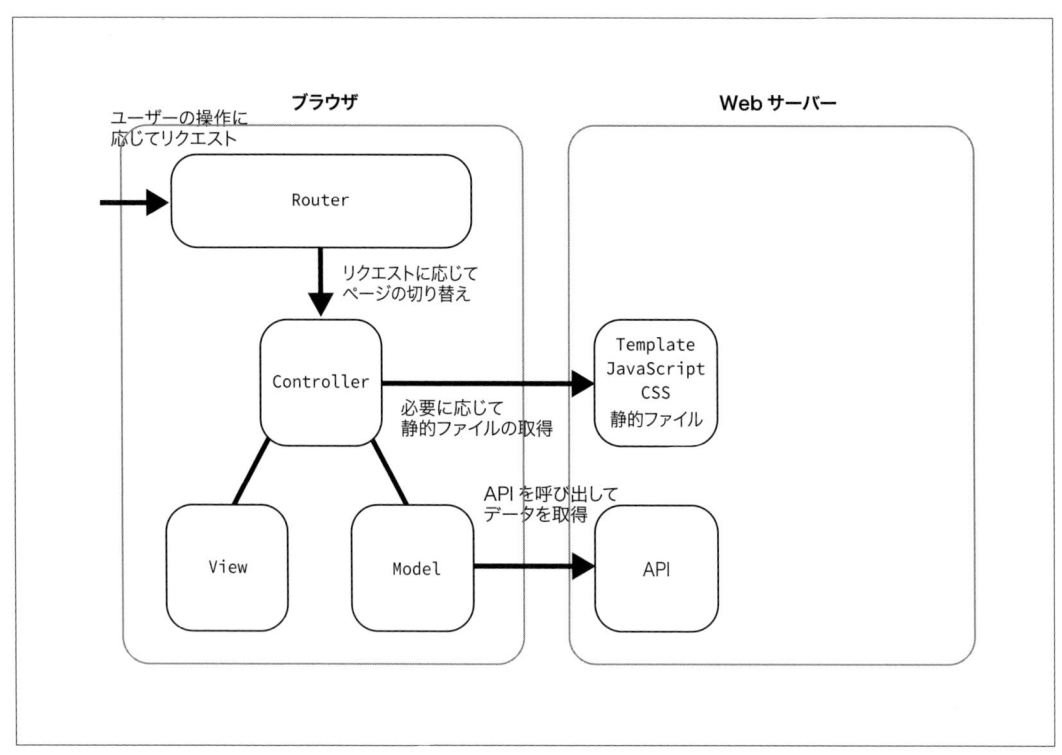

図 6.8: SPA における Web アプリケーションの構成

　それぞれの特徴を説明したところで、従来の一般的なアプリケーション（図 6.7）と SPA（図 6.8）の構成を比較してみましょう。SPA では、従来サーバサイドでのルーティングや、HTML 生成などがクライアントサイドに移動していることが分かります。

　このように、SPA ではこれまでサーバサイドでおこなっていた処理をクライアントサイドで実行しなければならないため、クライアント側の構成が複雑になります。
　その一方、サーバサイドは静的なファイルの提供と、データを取得する API を適用するだけとなります。そのため、サーバサイド MVC フレームワークの大半の機能は不要となり、非常にシンプルに構築できるでしょう。

　本項では従来の Web アプリケーションと SPA を比較して説明しましたが、必ずいずれかを採用しなければならないわけではなく、相互を組み合わせてアプリケーションを構築することも可能です。盲目的に SPA を採用するのではなく、アプリケーションの特性に応じて適切なアーキテクチャ設計をおこなうことが重要です。

6-4-2 MVW（Model View Whatever）パターン

AngularJSは、「MVC」（Model View Controller）パターンを適用したフレームワークであると紹介されることが多々ある一方、「MVVM」（Model View ViewModel）パターンに類似していると説明されることもあります。そして、公式ページでは、「MVW」（Model View Whatever）パターンであると名乗っています。

いったいどのパターンが適用されているのか混乱してしまいますが、実際のところは、MVVMパターンを適用したフレームワークであると言ってよいでしょう。それではなぜ、公式ページではMVWパターンであると名乗っているのでしょうか？

まず、MVCをはじめとするMV*パターンは、誤解して議論されることが多いデザインパターンです。対象とするアプリケーションのプラットフォームやフレームワークに応じてパターンが変化するにも関わらず、それを考慮せずに議論が進められるためでしょう。

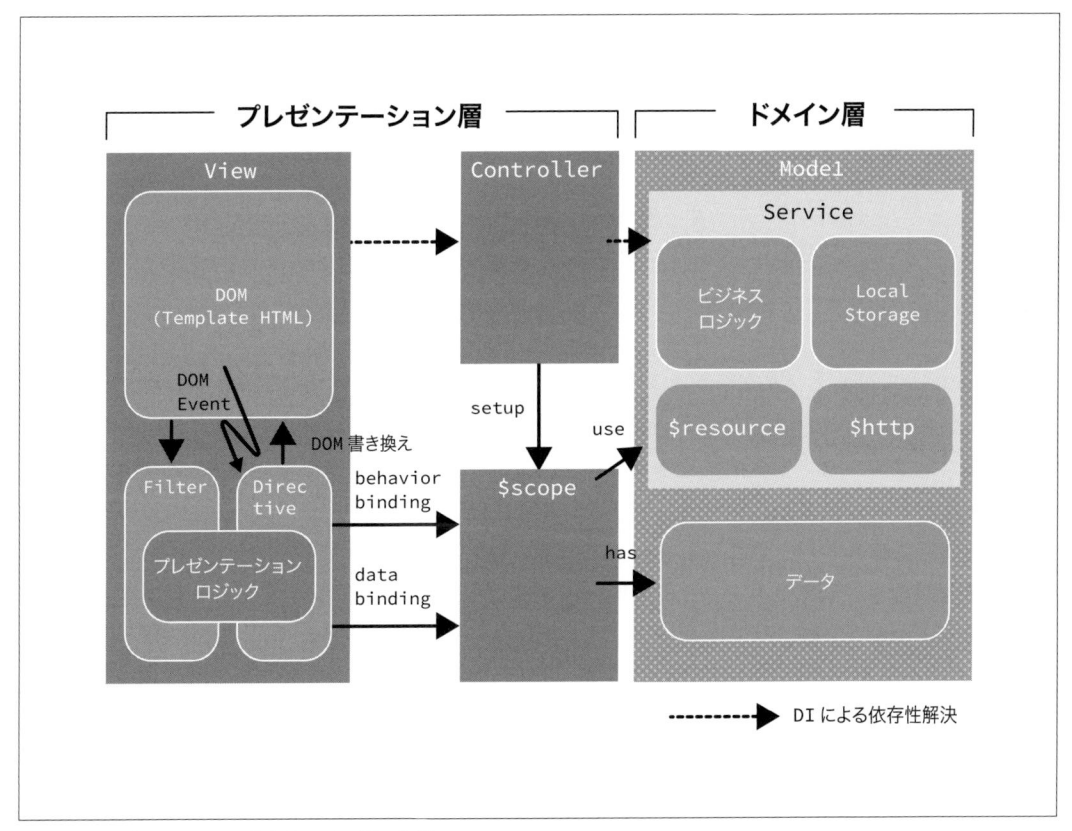

図6.9: プレゼンテーション層とドメイン層の分離

例えば、ステートレスなWebサーバアプリケーションの実装とステートフルなリッチクライアントアプリケーションでは、コントローラの役割は大きく異なります。また、データバインディングやイベント通知機能があるフレームワークとそうでないフレームワークでは、モデルとビューの依存関係が変化することがあります。

そこでAngularJSの開発者は、無駄な議論を避けるためにModelとView以外の役割を「Whatever」（なんでも）と投げやりとも言える命名をしています。しかし、これはMV*パターンによる設計をおざなりにしていることを意味するわけではありません。無駄な議論をしなくても、AngularJSのフレームワークを理解してアプリケーションを開発すれば、自然とMV*パターンの目的を果たせると考えているのです。

それでは、MV*パターンの目的とは何でしょうか？ MV*パターンの最大の目的は、アプリケーションが解決したい問題領域（ドメイン）に関わる処理と、見た目（プレゼンテーション）に関わる処理を分離することです。ドメイン層とプレゼンテーション層を分離することにより、理想的には次のメリットが得られると言われています。

・ドメイン層のコードを変更することなく、プレゼンテーション層だけを変更して、まったく異なる見た目のアプリケーションを構築できる
・ドメイン層とプレゼンテーション層の開発分業がおこないやすい
・ユニットテストが実施しにくいプレゼンテーション層を切り離すことで、ドメイン層のユニットテストが簡単におこなえる

AngularJSでは、アプリケーションを構成する要素を役割ごとに分割する仕組みが用意されています。役割としては、プレゼンテーションロジックを実装するためのディレクティブやフィルター、ビジネスロジックや共通処理を実装するためのサービス、そしてこれらを繋ぎ合わせるコントローラとスコープがあります（図6.9）。さらには、DIコンテナやモジュール管理機能など、これらの部品を組み合わせて構築するための仕組みも用意されています。
　これらの役割を正しく理解してAngularJSの作法に則った実装をすれば、プレゼンテーション層とドメイン層を分離したアプリケーションの構築ができることでしょう。

Chapter 07

ルーティングと通信

Chapter 07

[Section]
7-1 プロミス

　Webサイトでは、URL指定（リクエスト）に対してサーバが処理して送信したHTMLなどをWebブラウザで表示します。従来の方法では、変更が一部でもHTML全体をサーバが生成し直して送信します。つまり、ブログなど記事のみ変更されればいいコンテンツでも、クライアント側はメニューやナビゲーション、ヘッダなどの共通部分もページ全体として取得します。

　Ajaxの普及により、変更部分のみを受け取り該当部分のみの更新も可能になりましたが、すべてをJavaScriptで開発すると相応のコード量になります。また、Ajaxで記事のみを更新するとURLが変更されないため、ブラウザの［戻る］ボタンをクリックすると、記事だけではなくページ全体が戻ってしまい、ユーザー体験を阻害することになります。

　AngularJSでは、従来のHTML全取得ではなくテンプレートを取得し、ページの部分更新やデータ取得、動的な表示変更などを最小のコード量で簡単に実現できます。ここで利用されるのが、ルーティングと呼ばれる表現方法です。

リスト 7.1: ルーティング URL
```
http://ng.example.jp/users/1/
```

　例えば、上記URLは「users」がコントローラ、「1」がidを示します。AngularJSでは、URLをサーバに問い合わせるのではなく、usersで指定したコントローラを呼び出します。コントローラの中でサーバと通信するかクライアント側のみの処理するかを設定できます。

　本章ではルーティングとサーバとの通信を解説しますが、その前に本節では、$httpなど通信処理を利用する際に知っていると便利なプロミスを説明します。

　JavaScriptの特徴の1つにノンブロッキング処理があります。通信やタイマーなどは実行タイミングで関数としてリターンを返して処理を抜けますが、これらを適切に処理するためにコールバックとプロミスがあります。コールバックとはノンブロッキング内処理の終了時に設定した関数を呼び出す方法です。JavaScriptではこのコールバックを主として実装されています。

172

7-1-1 プロミスとは

前述のコールバックに対して、プロミスは関数の結果を返すのではなく、プロミスオブジェクトを返すことで、同期的関数と同じように値を返すことが可能です。ノンブロッキング処理内で成功と失敗に対するメソッドを呼び出せて、`then` メソッドにより次処理を呼び出せます。また、`then` メソッド自体がプロミスメソッドを返すことで、メソッドチェーンを利用できます。

例えば、下記で欲しい結果は `setTimeout` 内の処理ですが、元の関数では返り値が 0 になります。

リスト 7.2: ノンブロッキング

```
function nonblock(){
  var time = 0;
  setTimeout(function(){
    time = 1000;
  }, 1000);
  return time;
}
nonblock();
```

そして、コールバックとは、関数の引数に関数を設定することで、最初の関数の処理内で渡した関数を実行することです（リスト 7.3）。

リスト 7.3: コールバック

```
function callbackFunc(msg){
  console.log(msg);
}
function async(msg, callback){
  callback(msg);
}
async('Hello', callbackFunc);
```

しかし、ノンブロッキング処理内でコールバックが続くことが多くなり、「コールバック地獄」とも呼ばれる状態に陥り、1 つの関数が肥大化していくことが多々あります（リスト 7.4）。これを解決するために用意されているのがプロミスです。

リスト 7.4: コールバック地獄

```
function hell(){
  var time = 0;
```

```
  setTimeout(function(){
    time += 1000;
    console.log(time);
    setTimeout(function(){
      time += 1000;
      console.log(time);
      setTimeout(function(){
        time += 1000;
        console.log(time);
      });
    });
  }, 1000);
}
hell();
```

　ちなみに、プロミスは「Google Chrome 32」および「Firefox 29」の組み込み関数として実装されています。しかし、AngularJSでは、未実装のブラウザでも利用できるように、「Kris Kowal's Q」にインスパイアされた「$q」と呼ばれるサービスが用意されています。

7-1-2　プロミスの利用

　プロミスでは、deferredと呼ばれるインスタンスとpromiseオブジェクトを一緒に利用できます。利用例を下記に示します（リスト7.5）。

リスト7.5: q.js
```
function check(name){
 return name.length < 10;
}
var app = angular.module('app', []);
app.controller('PromiseCtrl', ['$scope', '$q', '$timeout', function($scope, $q, $timeout){
  function async(name){
    var deferred = $q.defer();
    $timeout(function(){
      deferred.notify('AsyncNoti');
      if(check(name)){
        deferred.resolve('Hello, '+name);
      } else {
```

```
        deferred.reject('NG, '+name);
      }
    }, 1000);
    return deferred.promise;
  }

  var promise = async('Taro');
  promise.then(function(msg){
    console.log('Success: '+msg);
  }, function(msg){
    console.log('Error: '+msg);
  }, function(msg){
    console.log('Notification: '+msg);
  });
}]);
```

プロミスを利用するには、$q.defer メソッドで deferred インスタンスを生成します。

deferred インスタンスには結果を待つ promise オブジェクトと結果を伝えるメソッドが用意されています。結果用メソッドを下記に示します（表 7.1）。

表 7.1: deferred 結果メソッド

メソッド名	処理結果
resolve	結果が成功の場合に呼び出す
reject	結果が失敗の場合に呼び出す
notify	resolve か reject が呼ばれるまで何度も呼び出すことが可能

返された promise オブジェクトには、結果を待つメソッドが用意されています。下表のメソッドで処理を判別します（表 7.2）。then の返りは新しい promise を返すため、メソッドチェーンが可能です。return で返すことで次の then に伝えることができます（リスト 7.6）。

表 7.2: promise 結果待ち

メソッド名	引数	結果
then	successCallback,errorCallback, notifyCallback	成功失敗関係なく deferred で呼ばれるメソッドの callback を指定
catch	errorCallback	失敗（reject）を呼び出された場合のコールバックを指定 then(null, errorCallback) の略
finally	callback	成功失敗関係なく最後に呼ばれるコールバックを指定 クリーンアップの実行が必要な際に呼び出し可能

リスト 7.6: メソッドチェーン

```
var app = angular.module('app', []);
app.controller('PromiseMethodCtrl', ['$scope', '$q', function($scope, $q){
  function async(num){
    var deferred = $q.defer();
    setTimeout(function(){
      $scope.$apply(function(){
        deferred.resolve(num+1);
      });
    }, 1000);
    return deferred.promise;
  }

  var promise = async(10);
  promise.then(function(result){
    return result+100;
  }).then(function(result){
    console.log(result);
  });
}]);
```

　また、プロミスは、AngularJS の標準サービスでも利用されています。例えば、$http、$timeout、$interval などの返りはプロミスです。プロミスを利用することにより、秩序ある非同期処理が可能となります。

　なお、後述の「7-3-1 XMLHttpRequest でのやり取り」リスト 7.16（P.182）は、then を利用すると下記のコードに書き換えることが可能です（リスト 7.7）。

リスト 7.7: $http

```
$http({method: 'GET', url: '/api/xhr'})
  .then(function success(result) {
    var statusCode = result.status;
    var data = result.data;
  });
```

Chapter 07

[Section]
7-2 ルーティング

「6-4-1 SPA」（P.166参照）で前述した、SPA（Single Page Application）と呼ばれる1ページで完結しているWebアプリケーションの場合、処理や状態がURLに依存しないため、単一URLで完結することが可能です。しかし、ブラウザの［戻る］ボタンでページが切り替わり、状態が初期に戻ってしまったり、ページのブックマークができなくなるなどのマイナス要素があります。

ルーティングでは、URLを変更しながら処理を設定するため、前述のマイナス要素をなくすことが可能となります。また、処理のタイミングをURL変更時に設定できるため、サーバとの親和性や状態や処理のタイミングを掴みやすいなど、開発でのメリットもあります。

本項では、上記ルーティングの設定を解説します。

7-2-1 ルーティングの構成技術

例えば、AngularJS公式サイトのAPIリファレンスページでは、API確認のためにAPIを選択すると、説明部分のみが切り替わり、ページ全体が読み込み直されることはありません。しかし、URLは違うものに更新され、ブラウザの［戻る］ボタンや［お気に入り］への登録なども従来通り利用できます。このような処理の実現には、HTML5で追加されたHistory APIのhistory#pushState関数とpopStateイベントが利用されています。

history.pushState()は、URLの表示をページの読み込みなしに変更できます。

リスト7.8: pushStateの呼び出し

```
history.pushState('', '', url);
```

history.pushStateの引数は、popstateイベントのstateプロパティに設定する文字列、タイトル、そしてurlです（リスト7.8）。しかし、これだけではURLが変更されるだけで、何も処理されません。そこでpushStateが呼ばれた際にpopstateイベントが発火されるので、これを取得して処理を追加します（リスト7.9）。

リスト 7.9: popstate
```
window.addEventListener('popstate', function(event){
  console.log(event.state)
});
```

上記の処理を各 URL に設定するのは煩雑ですが、AngularJS では ng-route モジュールで簡単に使用できます。

7-2-2 ng-route の利用

AngularJS では、ルーティングを設定する ng-route モジュールが、公式で公開されています。従来は AngularJS のソース自体に含まれていましたが、1.2 から別モジュールです。しかし、読み込むだけで利用できるので、別モジュールとして切り出されたからといって、処理が増えたわけではありません。

リスト 7.10: index.html
```
<!DOCTYPE html>
<html ng-app="app">

<head>
  <meta charset="utf-8">
  <meta name="viewport" content="width=device-width">
  <script type="text/javascript" src="../../angular/angular.js"></script>
  <script type="text/javascript" src="../../angular/angular-route.js"></script>
  <script type="text/javascript" src="app.js"></script>
</head>

<body>
</body>

</html>
```

上記の通り、「angular.js」とは別に「angular-route.js」を読み込みます。これで、ルーティングが利用することが可能になります。

7-2-3 Hash モードと html5 モード

ルーティングには Hash モードと html5 モードがあります。デフォルトは Hash モードのため、「http://example.jp/#/angular/」などの URL が呼び出されます。そのため、pushState による操作を実行するには、$locationProvider.html5Mode(true) を呼び出し、html5 モードに変更する必要があります。

ちなみにハッシュ（Hash）とは、エレメントの id アトリビュートに指定した値までスクロールを進ませる技術です。そのため、Hash モードを利用するとサーバに通信せずとも、URL の変更が可能になります。これはレガシーなブラウザでも機能するため、History API が使えない時のフォールバックとして利用されます。

なお、Internet Explorer はバージョン 9 以下では pushState は実装されていません。そのため、互換性を保持するため、自動で Hash モードにフォールバックします。

7-2-4 ルーティングの設定

ルーティングの設定は angular.Module#config 内で、$routeProvider.when 関数を利用していきます。下記をサンプルにルーティング設定を説明します（リスト 7.11）。

リスト 7.11: app.js

```
var app = angular.module('app', ['ngRoute'])
  .config(['$routeProvider', function($routeProvider){
    $routeProvider
      .when('/angular', {
        controller: 'AngularController',
        templateUrl: 'partials/angular.html'
      })
      .when('/angular/:apiType', {
        controller: 'AngularController',
        templateUrl: 'partials/angular-api.html'
      })
      .when('/angular/:apiType/method/:method*', {
        controller: 'AngularController',
        templateUrl: 'partials/angular-api-method.html'
      })
      .otherWise({
        redirectTo: '/angular'
```

```
        });
    }]);
```

1. when 関数

when の第 1 引数は設定するパスを文字列で指定します。

: で始めると、/ で区切られたパスに対応する文字列を、コントローラの $scope のプロパティとして設定します。例えば、/angular/:appType と設定した場合に /angular/ngRoute とリクエストしたら、「$socpe.appType に ngRoute」が設定されます。

また、単一文字列だけでなく * を利用することにより / を跨いだ文字列も取得できます。

例えば、/angular/:appType/method/:method* と設定した場合、/angular/ngRoute/method/$routeProvider/when とリクエストしたら、「$scope.appType に ngRoute」、「$scope.method に $routeProvider/when」が設定されます。

なお、第 2 引数はオブジェクトで指定します（表 7.3）。

表 7.3: when 関数の第 2 引数

キー	型	説明
controller	文字列 or 関数	文字列を指定すると、登録されているコントローラを使用、関数を設定すると、その関数を新しくスコープが設定されたコントローラとして実行する
controllerAs	文字列	コントローラのエイリアスを指定することが可能
template	文字列 or 関数	文字列を指定するとテンプレートとして設定。関数の場合はテンプレートを返すものを指定。これらは、ng-view ディレクティブに対して展開される。もし、templateUrl と指定した場合はこちらが優先される
templateUrl	文字列 or 関数	文字列を指定すると指定したパスからテンプレートを取得。関数の場合はテンプレートのパスを返すものを指定。ng-view ディレクティブに対して展開される
reloadOnSearch	真偽値	$location#search または $location#hash での変更時に再読み込みされる route を指定。false を設定すると、URL が変更されたら $rootScope にて $routeUpdate イベントが発火されます。デフォルトは true
caseInsensitiveMatch	真偽値	大文字と小文字が区別されずに評価されます。デフォルトは false

2. otherwise 関数

otherwise 関数では、ルーティングで設定されていないパスにリクエストがあった際に、第 1 引数に設定したオブジェクトを実行します。設定するオブジェクトは when 関数の第 2 引数と同じです（表 7.3）。

3. イベントに関して

URL が変更される場合、開始や成功、失敗が $rootScope のイベントとして発火されます。

表 7.4: ルート変更イベント

キー	説明
$routeChangeStart	URL が変更されるタイミングで最初に発火される
$routeChangeSuccess	URL の変更が成功したタイミングで発火される
$routeChangeError	URL の変更が失敗した場合に発火される
$routeUpdate	$reloadOnSearch が false に設定されていた場合、URL が変更されると発火される

7-2-5 ng-view

前項で説明した通り、when の第 2 引数オブジェクト内で templateUrl を指定します。取得したテンプレートは、ng-view ディレクティブを指定したところで展開されます。

リスト 7.12: template index.html

```
<!DOCTYPE html>
<html ng-app="app">
<head>
  <meta charset="utf-8">
  <meta name="viewport" content="width=device-width">
  <script type="text/javascript" src="../../angular/angular.js"></script>
  <script type="text/javascript" src="../../angular/angular-route.js"></script>
  <script type="text/javascript" src="app.js"></script>
</head>
<body>
<div ng-view></div>
</body>
</html>
```

リスト 7.13: template partials/angular.html

```
<a href="/angular/ngRoute">ngRoute</a>
```

リスト 7.14: template partials/angular-api.html

```
<h1>{{ apiType }}</h1>
```

リスト 7.15: template partials/angular-api-method.html

```
<h1>{{ apiType }}</h1>
<h2>{{ method }}</h2>
```

Chapter 07

Section 7-3 サーバとの通信

クライアント側でコンテンツを動的に生成するには、データを取得するサーバとの通信はXMLHttpRequestを利用した非同期処理を利用する必要があります。AngularJSには、テンプレートやデータの取得に利用したり、RESTful実装のモジュールが用意されています。

本節ではさまざまなサーバとの通信を解説します。

7-3-1 XMLHttpRequestでのやり取り

WebサイトやWebアプリケーションになくてはならない機能の1つが、XMLHttpRequestです。XMLHttpRequestは、Microsoftが1999年にInternet Explorer 5に「ActiveX」として実装したものが最初です。その後、MozillaやApple、Operaが相次いで実装し、主要ブラウザにはデファクトスタンダードとして実装されています。

AngularJSでXMLHttpRequestを利用するには、$http関数を利用します。

リスト 7.16: $http

```
$http({method: 'GET', url: '/api/xhr'})
  .success(function success(data, status, headers, config) {
    // 成功時に呼び出されるコールバック
  })
  .error(function error(data, status, headers, config) {
    // 失敗時に呼び出されるコールバック
  });
```
$httpはメソッドとURLを設定して指定したURLに対してアクセスします。

レスポンスのステータスコードが200台である場合、successメソッドが呼ばれます。それ以外のステータスコードまたはエラーが発生した場合はerrorメソッドが呼ばれます。

表 7.5: $http コールバックの引数

変数	説明
data	レスポンスの body。JSON 形式の文字列の場合は JSON オブジェクトに変換される
status	レスポンスのステータスコード
headers	レスポンスのヘッダを返す関数。headers() を実行すれば確認できる
config	$http で設定した情報

$http には、メソッドが限定されたショートカットメソッドが用意されています。

- $http.get()
- $http.head()
- $http.post()
- $http.put()
- $http.delete()
- $http.jsonp()

post と put メソッドには、サーバに送信する data が必要となります。data には、文字列（リスト 7.17）もしくはオブジェクト形式（リスト 7.18）で設定できます。

リスト 7.17: 文字列
```
key=123&value=test
```

リスト 7.18: オブジェクト
```
var data = {
  key: 123,
  value: "test"
};
```

リスト 7.19: $http のショートカットメソッド
```
$http.get('/api/get').success(successCallback);
$http.post('/api/post', data).success(successCallback);
```

7-3-2 リクエストとレスポンス

AngularJSでは、$httpのリクエストとレスポンスは自動で変換されます。

リクエストでは、設定したdataにオブジェクトが指定されていると、JSON形式にシリアライズされます。

レスポンスでは、XSRFプレフィックスが見付かった場合は除去し、JSON形式の場合はJSONパーサーを利用してデシリアライズされます。

また、上記の処理に自前の処理を追加もしくは上書きしたい場合は、以下を修正します。

・$httpProvider.defaults.transformRequest
・$httpProvider.defaults.transformResponse

これらは処理が配列で設定されているので、pushメソッドで追加、unshiftメソッドで削除することが可能です。

リスト 7.20: 共通通信リクエスト　レスポンスの変更

```
// リクエスト
$httpProvider.defaults.transformRequest.push(function(data){
  data = JSON.parse(data);
  data.hello = "world";
  return JSON.stringify(data);
});
// レスポンス
$httpProvider.defaults.transformResponse.push(function(data){
  data.hello = "world";
  return data;
});
```

また、限定したい場合は、$http.defaults.transformRequest、$http.defaults.transformResponseで設定します。

リスト 7.21: 特定通信ヘッダの設定

```
$http.defaults.transformResponse.push(function(data){
  data.hello = "world";
  return data;
});
```

7-3-3 REST

「7-3-1 XMLHttpRequestでのやり取り」で説明したショートカットメソッドは、RESTで利用できます。RESTはURLをリソースとしてメソッドをどう操作するかを決定する形式です。

表7.6: RESTの例

REST例	説明
GET /api/users	ユーザー一覧を取得
GET /api/users/:id	指定したIDのユーザーを取得
POST /api/users	ユーザーを追加
PUT /api/users/:id	指定したIDのユーザーを更新
DELETE /api/users/:id	指定したIDのユーザーを削除

上記の表で分かる通り、GETやPOSTなどのhttpメソッドと$httpのショートカットメソッドは対応しています。

リスト7.22: REST対応

```
var app = angular.module('app', []);
app.controller('RESTCtrl', ['$scope', '$http', function($scope, $http){
  $scope.getList = function(){
    $http.get('/api/users').success(function(users){
      $scope.users = users;
    });
  };
  $scope.getUser = function(userId){
    $http.get('/api/users/'+userId).success(function(user){
      $scope.user = user;
    });
  };
  $scope.addUser = function(user){
    $http.post('/api/users/', user).success(function(user){
      $scope.user = user;
    });
  };
  $scope.saveUser = function(user){
    $http.put('/api/users/'+user.id, user).success(function(user){
      $scope.user = user;
    });
  };
```

```
    $scope.removeUser = function(userId){
      $http.delete('/api/users/'+userId).success(function(user){
        $scope.users = $scope.users.filter(function(user){
          return user.id != userId;
        });
      });
    };
}]);
```

7-3-4 $resource の利用

前述の REST を利用するため、$resource サービスが用意されています。$resource サービスを利用すると、$http を隠蔽でき、データの追加や更新を見通しよく記述可能です。また、通信部分とデータ部が用意されているため、取得や更新などの通信処理を気にせずに、直感的に操作することが可能です。

$resource の利用には、別途 angular-resource.js を読み込みます。
下記の例は、ユーザーの一覧を取得・表示し、対応するユーザー情報を更新します（リスト 7.23）。

リスト 7.23: index.html

```html
<!DOCTYPE html>
<html ng-app="app">

<head>
  <meta charset="utf-8">
  <meta name="viewport" content="width=device-width">
  <script type="text/javascript" src="../../angular/angular.js"></script>
  <script type="text/javascript" src="../../angular/angular-resource.js"></script>
  <script type="text/javascript" src="app.js"></script>
</head>

<body ng-controller="UserCtrl">
<ul>
  <li ng-repeat="user in users">
    <span ng-bind="user.id"></span>
    <input type="text" ng-model="user.name">
    <input type="text" ng-model="user.year">
```

```
      <button ng-click="save(user)"> 保存 </button>
      <button ng-click="birthday(user)"> 誕生日 </button>
    </li>
  </ul>
</body>

</html>
```

まずは、ngResource を module 生成時に指定します。これで $resource サービスを利用できます。$resource サービスでは下表に示すメソッドを利用します（表 7.7）。

表 7.7: angular.Module#resource

モジュール	ng		
シグネチャ	angular.Module#resource(url, paramDefaults, actions, options);		
引数	名前	型	説明
	url	string	API URL
	paramDefaults	Object	API に送るデフォルトのキー、バリュー
	actions	Object	アクションメソッドに対しての処理
	options	Object	stripTrailingSlashes を Boolean で設定
戻り値		Module	モジュールのインスタンス

url では、: でキー名を設定することでインスタンスのプロパティを URL に展開できます。キーを指定しなかった場合に URL の末尾に / を付与するかどうかは、stripTrailingSlashes で決定します。stripTrailingSlashes はデフォルトでは true です。

リスト 7.24: app.js

```
var app = angular.module('app', ['ngResource']);
app.config(['$resourceProvider', function ($resourceProvider) {
      $resourceProvider.defaults.stripTrailingSlashes = true;
   }]);
app.controller('UserCtrl', ['$resource', '$scope',
  function($resource, $scope){
    var User = $resource('/api/users/:userId', {userId: '@id'},{
      birthday: {method: 'POST', params: {year: true}}
    });
    $scope.users = User.query();
    $scope.birthday = function(user){
      user.$birthday();
```

```
    };
    $scope.save = function(user){
      user.$birthday();
    };
  }
]);
```

標準で用意されているアクションを下表に示します（表 7.8）。リスト 7.24 で使用している query は、取得データが配列の際に利用するアクションです。

表 7.8: デフォルトアクション

アクション名	http メソッド
get	GET
save	POST
query	GET
delete	DELETE
remove	DELETE

また、actions を設定することで、独自のアクションを追加可能です。上記で追加しているアクションは、データを POST で送りパラメータに year=true を付与します（リスト 7.24）。データ更新に関する処理は PUT メソッドを利用したいかもしれませんが、$resource では表 7.8 に示したメソッドを利用することが前提となっており、PUT メソッドは利用していません。

なお、$resource は簡単に処理やメソッドを追加できます。下記では、update メソッドを追加します（リスト 7.25）。ngResource を使用することにより、簡単に REST に対応したアプリケーションを作成できます。

リスト 7.25: update メソッド追加

```
var app = angular.module('app', ['ngResource']);
app.controller('UserCtrl', ['$resource', '$scope',
  function($resource, $scope){
    var User = $resource('/api/users/:userId', {userId: '@id'}, {
      update: {method: 'PUT'}
    });
  }
]);
```

7-3-5 WebSocket の利用

WebSocket とは、サーバとクライアントとの双方向通信を実現する通信方法です。

Web アプリケーションを作成する上では、リアルタイムでサーバのデータを取得し、取得後にクライアントのデータを同期するなど、さまざまな要望が増えています。

前述の XMLHttpRequest は、非同期に通信するとは言っても、あくまでクライアントからリクエストを出してサーバからレスポンスを受け取る処理です。

サーバ側のデータ状態を知るためには、クライアントから短時間で XMLHttpRequest 通信を行ったり、ロングポーリングでレスポンスを待機する必要があります。毎回リクエストするたびに TCP のハンドシェイクを行わなければならないため、サーバリソースやコネクションの貼り直しなど、時間とマシンパワーを消費してしまいます。

WebSocket は上記を解決するために開発されています。専用のプロトコルを利用し、1つのコネクションで通信をやり取りできます。しかし、AngularJS には WebSocket に関するモジュールは用意されていないため、自分で作成する必要があります。

下記が controller 内で WebSocket を利用する例です（リスト 7.26）。
WebSocket は双方向通信のため、クライアントではいつデータが届けられるかタイミングを把握できません。そのため、AngularJS で用意されている関数でなく WebSocket のデータを取得する onmessage メソッド内で処理します。

リスト 7.26: app.js

```
var app = angular('app',[]);
app.controller('WebsocketCtrl', ['$scope', '$rootScope', function($scope, $rootScope){
  var ws = WebSocket('ws://example.jp/websocket');
  ws.onmessage = function(event){
    $scope.data = event.data;
    if(!$rootScope.$$phase) $scope.$apply();
  };
  $scope.send = function(msg){
    ws.send(JSON.stringify({
      message: msg
    }));
  };
}]);
```

上記で重要なのは $apply です。AngularJS の特徴である双方向バインディングは、$scope

のメソッドやサービスなどでは暗黙的に実行されます。したがって、onmessasge メソッド内で $apply を明示的に呼び出すことで、呼ばれたスコープ内のデータを更新できます。

また、画面更新など重い処理を実行している際、$apply 処理が終わる前に次の message が来てしまうとエラーとなります。それを防ぐため、$$phase をチェックして現在実行されている処理を取得し、$$phase が null の場合に $apply を実行するようにしましょう。

なお、後述のカスタムサービスで隠蔽することで使いやすくできるので、ぜひ WebSocket を利用してください。

AngularJS 2.0: ルーティングの改善

AngularJS が標準で提供するルーティング機能（ngRoute）はシンプルな機能しか提供されておらず、複雑なルーティング処理を実装できません。例えば、ng-view ディレクティブをネストすることはできない、1 つのビューの中に複数の ng-view を配置できないなどの問題点があります。

そのため、ngRoute モジュールを利用せず、Angular-UI プロジェクトで開発されている ui-router を利用している開発者も多いでしょう。

AngularJS 2.0 では、この ui-router や他のフレームワークのルーティング機能を参考に、ngRoute の機能が大幅に改善される予定です。

- ng-view のネストや複数配置が可能になる。
- URL ベースではなく状態ベースのルーティングになる。例えば、ログイン状態かそうでないかで遷移先を切り替えることが可能になる。
- 認証と承認機能が統合される。
- 必要に応じてビューの一部を保存しておくことで、ページの再読み込みを高速化する。

Chapter 08

カスタムフィルター

Chapter 08

[Section]
8-1 フィルターの作成

　フィルターには、単一の値に対して使用できるものと、配列に対して使用できるものがあります。例えば、「3-1 フィルター」（P.070 参照）で説明したビルトインフィルターでは、currency や date が単一の値、limitTo や orderBy が配列を操作するものです。標準で用意されているフィルターだけではなく、独自に新しいフィルターを作成することも可能です。

　本章では単一値・配列それぞれのフィルター作成に加えて、パラメータの指定方法や既存フィルターを組み合わせて新しいフィルターを作成する方法を解説します。さらに、パフォーマンスなどフィルターを実装する上での注意点も解説します。

　本節では、フィルター作成で利用する API の使い方を、例を挙げて詳細に解説します。

8-1-1 フィルターを作成する API

　フィルターを作成するには、Module#filter メソッドを利用します（表 8.1）。

表 8.1: angular.Module#filter

モジュール	ng		
シグネチャ	angular.Module#filter(name, fn);		
	名前	型	説明
引数	name	string	フィルターの名前
	fn	Function	フィルターを生成する関数
戻り値		Module	モジュールのインスタンス

　第 1 引数には、フィルターの名前を指定します。テンプレートからフィルターを利用する際にこの名前を指定します。

　第 2 引数には、フィルター関数を生成する関数を指定します。フィルター関数そのものではなく、フィルターを返す関数を指定することに注意しましょう。

8-1-2 単一値のフィルター

単一の値に対するフィルターを作成します（リスト8.1）。

入力した値が3の倍数であればFizz、5の倍数であればBuzz、15の倍数であればFizz Buzzという文字列を出力し、それ以外の値はそのまま出力するフィルターです。

リスト8.1: FizzBuzzフィルター

```javascript
angular.module('app', [])
  .filter('fizzbuzz', function createFizzBuzzFilter() {
    return function fizzBuzzFilter(value) {
      if (!angular.isNumber(value)) {
        return value;
      }
      if (value % 15 == 0) {
        return 'Fizz Buzz';
      }
      if (value % 3 == 0) {
        return 'Fizz';
      }
      if (value % 5 == 0) {
        return 'Buzz';
      }
      return value;
    };
  });
```

createFizzBuzzFilter はフィルター関数を返す関数で、fizzBuzzFilter 関数を返すだけです。fizzBuzzFilter はフィルター関数です。引数で受け取り、その値に応じてフィルタリングをおこなった結果を返します。

フィルターで受け取ったデータ型が期待するものと一致しなかった場合は、受け取った値をそのまま返すことが作法です。上記のフィルターでは数値以外のデータはそのまま返します。また、フィルターには undefined が渡ってくることもあるため、undefined も問題なく処理できる必要があります。なお、上記では処理内容を分かりやすくため、それぞれの関数に名前を付けていますが、匿名関数を使っても問題ありません。

作成したフィルターは、Module#filter の第1引数に指定された名前を指定して利用できます（リスト8.2）。

リスト 8.2: FizzBuzz フィルターの利用

```
<div ng-repeat="n in [1,2,3,4,5,6,7,8,9,10,11,12,13,14,15]">
  {{n | fizzbuzz}}
</div>
```

実行結果は、下記の通りです。

```
1
2
Fizz
4
Buzz
Fizz
7
8
Fizz
Buzz
11
Fizz
13
14
Fizz Buzz
```

8-1-3 配列のフィルター

単一値に続いて配列向けのフィルターを作成します（リスト 8.3）。

配列向けのフィルターも単一値と同様に、Module#filter メソッドを利用します。異なるのは、フィルターが引数で受け取る値が単一値ではなく配列であることです。

このフィルターでは、引数で受け取った配列要素のうち、数値型の要素のみを出力します。引数で受け取った配列を angular.forEach でループし、数値の要素だけ newValues に入れて返します。

リスト 8.3: 数値だけを取り出すフィルター

```
app.filter('pickupNumber', function () {
  return function (values) {
    if (!angular.isArray(values)) {
```

```
      return value;
    }
    var newValues = [];
    angular.forEach(values, function (v) {
      if (angular.isNumber(v)) {
        newValues.push(v);
      }
    });

    return newValues;
  };
});
```

配列用フィルターを利用するには、ng-repeatディレクティブで指定します（リスト8.4）

リスト8.4: 数値だけを取り出すフィルターの利用例

```
<div ng-init="items = [1, 2, 'Fizz', 4, 'Buzz', 'Fizz', 7, 8, 'Fizz', 'Buzz',
                       11, 'Fizz', 13, 14, 'Fizz Buzz']">
  <div ng-repeat="item in items | pickupNumber">
    {{item}}<br/>
  </div>
</div>
```

8-1-4 オプションパラメータ

フィルターの動きをパラメータで制御したいときは、オプションパラメータを用意します。オプションパラメータの追加には、フィルター関数の第2引数以降を利用します。

前項で作成したpickupNumberフィルターにパラメータを追加します（リスト8.5）。

リスト8.5: フィルターでのオプションパラメータの利用

```
angular.module('app', [])
  .filter('pickupNumber', function () {
    return function (values, denyOdd, denyEven, prefix, suffix) {
      if (!angular.isArray(values)) {
        return value;
      }
      prefix = prefix || '';
```

```
      suffix = suffix || '';
      var newValues = [];
      angular.forEach(values, function (v) {
        if (angular.isNumber(v) && !(denyOdd && v % 2 == 1) && !(denyEven && v % 2 == 0)) {
          newValues.push(prefix + v + suffix);
        }
      });

      return newValues;
    };
  });
```

　フィルターの関数に、4個の引数denyOdd、denyEven、prefix、suffixを追加します。
　denyOddをtrueを指定すると奇数を非表示、denyEvenをtrueにすると偶数を非表示になります。prefixとsuffixはそれぞれ、出力結果の前後に付与する文字列です。
　作成したフィルターを利用します。オプションパラメータの指定は、下記の通り、フィルター名の後ろに「:」（コロン）で区切って値を渡します（リスト8.6）。

リスト8.6: フィルターのオプションパラメータ指定
```
<div ng-init="items = [1, 2, 'Fizz', 4, 'Buzz', 'Fizz', 7, 8, 'Fizz', 'Buzz',
                       11, 'Fizz', 13, 14, 'Fizz Buzz']">
  奇数 : <input type="checkbox" ng-model="allowOdd"><br/>
  偶数 : <input type="checkbox" ng-model="allowEven"><br/>

  <div ng-repeat="item in items | pickupNumber:!allowOdd:!allowEven:'<':'>'">
    {{item}}<br/>
  </div>
</div>
```

　オプションパラメータは、数値や文字列、ブール値をリテラルで指定できる上、$scopeに定義した変数や関数も指定できます。
　なお、オプションパラメータは省略することも可能です。パラメータを省略した場合、フィルター関数の引数の値はundefinedになります。上記の例では、denyOddとdenyEvenが省略されるとfalseが渡された場合と同等の動きになります。prefixとsuffixが省略された場合は、空文字を利用するようにします。
　実行結果は次のように、奇数にだけチェックを入れると、奇数のみがprefixとsuffixに囲まれた形式で表示されます。

```
奇数 : ☑
偶数 : ☐
<1>
<7>
<11>
<13>
```

8-1-5 サービスのインジェクション

コントローラと同様にフィルターも DI でサービスをインジェクトして利用できます。

本節の冒頭で作成した FizzBuzz フィルター（リスト 8.1）を、サービスを利用するように変更します。前述の FizzBuzz フィルターは、3 で割り切れた場合、5 で割り切れた場合、15 で割り切れた場合に、それぞれ文字列 'Fizz'、'Buzz'、'Fizz Buzz' を出力するものです。

サービスを利用して外部から、この 3 や 5 などの序数（割り算の分母）を指定できるように変更します。その実装を下記に示します（リスト 8.7）。

リスト 8.7: DI を利用したフィルター

```
angular.module('app')
  .filter('fizzbuzz', ['fizzDivisor', 'buzzDivisor',
    function createFizzBuzzFilter(fizzDivisor, buzzDivisor) {
      return function fizzBuzzFilter(value) {
        if (!angular.isNumber(value)) {
          return value;
        }
        if (value % (fizzDivisor * buzzDivisor) === 0) {
          return 'Fizz Buzz';
        }
        if (value % fizzDivisor == 0) {
          return 'Fizz';
        }
        if (value % buzzDivisor == 0) {
          return 'Buzz';
        }
        return value;
      };
    }]);
```

サービスを利用するには、createFizzBuzzFilter の引数として、序数 fizzDivisor と buzzDivisor を受け取るようにします。続いて、Module#value メソッドを利用して、fizzDivisor と buzzDivisor をサービスとして、次の通り定義します（リスト 8.8）。

リスト 8.8: value の定義
```
angular.module('app')
  .value('fizzDivisor', 2)
  .value('buzzDivisor', 3);
```

上記を実行すると、下記の通り、2 の倍数では 'Fizz'、3 の倍数では 'Buzz'、6 の倍数では 'Fizz Buzz' が表示されます。

```
1
Fizz
Buzz
Fizz
5
Fizz Buzz
7
Fizz
Buzz
Fizz
11
Fizz Buzz
13
Fizz
Buzz
```

8-1-6 フィルターの組み合わせ

複数のフィルターを組み合わせて、新しいフィルターを定義することもできます。

例えば、配列の要素から重複のない要素を抜き出して、順番を並び替えて出力するフィルターを考えてみましょう。この場合、順番を並び替える機能として orderBy フィルターが既に標準で用意されているため新たに実装する必要はありません。

そこでまず、配列の要素から重複のないものだけを出力する unique フィルターを実装します（リスト 8.9）。

リスト 8.9: unique フィルターの実装

```
app.filter('unique', function () {
  return function (values) {
    if (!angular.isArray(values)) {
      return value;
    }
    var newValues = [];
    angular.forEach(values, function (v) {
      if (newValues.indexOf(v) < 0) {
        newValues.push(v);
      }
    });

    return newValues;
  };
});
```

上記の unique フィルターを利用して、orderBy フィルターと組み合わせて利用することが可能です（リスト 8.10）。

リスト 8.10: unique フィルターと orderBy フィルターの組み合わせ

```
<div ng-repeat="item in items | unique | orderBy">
```

しかし、繰り返し利用する場合、フィルターを毎回記述するのは面倒です。そこで、unique フィルターと標準の orderBy フィルターを組み合わせて、新しいフィルターを作成します。

JavaScript のコードの中からフィルターを利用するには、表 8.2 に示す $filter サービスを利用することができます。

表 8.2: $filter

モジュール	ng		
シグネチャ	$filter(name);		
	名前	型	説明
引数	name	string	フィルターの名前
戻り値		Function	フィルター関数

実装を次に示します（リスト 8.11）。

リスト 8.11: unique フィルターと orderBy フィルターの組み合わせ

```
app.filter('uniqueOrderBy', ['$filter',
  function createUniqueOrderByFilter($filter) {
    return function uniqueOrderBy(values, exp, reverse) {
      if (!angular.isArray(values)) {
        return value;
      }
      var unique = $filter('unique');
      var orderBy = $filter('orderBy');

      var uniqueValues = unique(values);
      return orderBy(uniqueValues, exp || angular.identity, reverse);
    };
}]);
```

　createUniqueOrderBy 関数の引数として $filter サービスをインジェクトし、unique フィルターと orderBy フィルターのフィルター関数を取得します。

　unique フィルターを利用して重複のない要素を抜き出します。次に、その結果を orderBy フィルターに渡して並び替えを実行します。なお、orderBy フィルターのオプションパラメータを指定できるように、uniqueOrderByFilter 関数にも同じパラメータを用意します。

　フィルターを組み合わせて作成した uniqueOrderBy フィルターも、通常のフィルターと同様に利用できます（リスト 8.12）。

リスト 8.12: uniqueOrderBy フィルターの利用

```
<div ng-repeat="item in items | uniqueOrderBy">
```

Chapter 08
Section 8-2 フィルター実装時の注意点

前節で説明した通り、フィルターは比較的簡単に実装できますが、フィルター関数としての安定性とパフォーマンスには気を配る必要があります。それぞれ説明した上で、実装例を紹介します。

8-2-1 フィルター関数の安定性

フィルターは入力された値が同じならば、結果が同じ値を返すように実装する必要があります。入力された値が同じにも関わらず同じ結果を返さないフィルターを作成するとどうなるのか、末尾に乱数を付与するフィルターを作成して実験してみましょう（リスト 8.13）。

リスト 8.13: app.js

```
angular.module('app', [])
  .filter('random', function () {
    return function (value) {
      if (angular.isUndefined(value)) {
        return value;
      }
      return value + Math.random().toString();
    };
  });
```

上記のフィルターを利用すると、コンソールに以下のエラーが出力され、アプリケーションの実行が停止します。

```
Error: $rootScope:infdig
Infinite $digest Loop
10 $digest() iterations reached. Aborting!
```

詳細は後述の「Chap.10 カスタムディレクティブ」で解説しますが、AngularJS では「dirty checking」と呼ばれる手法を用いて、画面の更新処理が必要かどうかを判断します。

そのため、フィルター関数の実行結果が前回の実行結果と一致しなかった場合は、再度画面の更新処理を実行します。前述の例ではフィルターの実行結果が毎回異なるため、更新処理を終了することができずにエラーとなります。この特徴を考慮して、フィルターの実装では、同じ値を入力したら必ず同じ結果を出力するか、もしくは何度か実行すると、同じ値を返す実装にします。

8-2-2 パフォーマンス

フィルターでは、その実装方法がパフォーマンスに大きな影響を与える可能性があります。

例えば、下記の使い方で、フィルターが何度実行されるのか確認してみましょう（リスト 8.14）。

リスト 8.14: フィルターの実行回数の確認

```
<div ng-controller="SimpleController">
  <input type="text" ng-model="message"><br/>
  <button ng-click="addMessage(message)">add</button>
  <br/>

  <div ng-repeat="msg in messages">
    {{msg | heavyFilter}}<br/>
  </div>
</div>
```

上記では、テキストボックスに文字列を入力し add ボタンをクリックすると、messages に要素が追加されます。そして messages の要素が一覧で表示されます。

このような実装の場合、テキストボックスに 1 文字入力するたびにイベントが発生し、画面の描画内容を変更する必要がないか監視処理が実行されます。このときフィルターを通した結果を監視する必要があるため、監視処理のたびにフィルターが実行されます。

例えば、messages の要素数が 10 個のケースでは、テキストボックスに 5 文字入力すると、実に 50 回以上フィルター関数が実行されます。

上記の通り、ng-repeat 内の要素に対してフィルター関数を適用した場合は、実行回数が大幅に増える可能性があります。そのため、フィルター関数で時間のかかる処理は実装しないように注意しましょう。

8-2-3 実装例

最後に Date 型の値に対するフィルターで、現在時刻からの差を時間で表示する fromnow フィルターの実装を紹介します（リスト 8.15）。例えば、現在時刻が 17:10 のときに、同日の 17:00 に対してフィルターを適用すると、'10 分前 ' と出力されます。2014 年 6 月 18 日に 2013 年 6 月 18 日に対して適用すると '1 年前 ' と出力されます。

リスト 8.15: fromnow フィルターの実装

```javascript
angular.module('app')
  .filter('fromnow', function createFromNowFilter() {
    function format(diff, denominator, unit) {
      return '' + Math.round(Math.abs(diff) / denominator) + unit +
                                                      (diff > 0 ? '前' : '後');
    }

    var formatters = [
      {upperSeconds: 10, format: function (diff) {
        return '今';
      }},
      {upperSeconds: 60, format: function (diff) {
        return format(diff, 1, '秒');
      }},
      {upperSeconds: 60 * 60, format: function (diff) {
        return format(diff, 60, '分');
      }},
      {upperSeconds: 60 * 60 * 24, format: function (diff) {
        return format(diff, 60 * 60, '時間');
      }},
      {upperSeconds: 60 * 60 * 24 * 30, format: function (diff) {
        return format(diff, 60 * 60 * 24, '日');
      }},
      {upperSeconds: 60 * 60 * 24 * 365, format: function (diff) {
        return format(diff, 60 * 60 * 24 * 30, '月');
      }},
      {upperSeconds: Infinity, format: function (diff) {
        return format(diff, 60 * 60 * 24 * 365, '年');
      }},
    ];
    return function fromNowFilter(value, baseDate) {
```

```
      if (!angular.isDate(value)) {
        return value;
      }
      var now = baseDate || new Date();
      var diff = (now.getTime() - value.getTime()) / 1000
        + (now.getTimezoneOffset() - value.getTimezoneOffset()) * 60;
      for (var i = 0; i < formatters.length; i++) {
        var formatter = formatters[i];
        if (Math.abs(diff) < formatter.upperSeconds) {
          return formatter.format(diff);
        }
      }
    };
  });
```

なお、上記のフィルターは同じ入力値を与えても、必ずしも同じ結果は得られません。しかし、短時間で連続して呼び出すと同じ結果が得られるため、前節で紹介した'Infinite $digest Loop'のエラーは発生しません。フィルターの利用は下記の通りです（リスト8.16、リスト8.17）。

リスト8.16: fromnow フィルターの利用例（HTML）

```
<div ng-controller="SimpleController">
  <div ng-repeat="time in times">
    {{time | fromnow}}
  </div>
</div>
```

リスト8.17: fromnow フィルターの利用例

```
var app = angular.module('app', []);

app.controller('SimpleController', ['$scope', function SimpleController($scope) {
  $scope.times = [
    new Date(),
    new Date('2014/6/18 14:00'),
    new Date('2014/6/18 10:00'),
    new Date('2014/6/10 14:00'),
    new Date('2014/3/18 17:30'),
    new Date('1971/6/09 10:00'),
    new Date('2014/6/18 17:00')
  ];
}]);
```

Chapter 09

カスタムサービス

Chapter 09

[Section]
9-1 サービスの登録

　サービスは、関数やオブジェクトをアプリケーション内で共有する仕組みです。「3-2 サービス」（P.083 参照）や「7-3 サーバとの通信」（P.182 参照）で説明した、$timeout や $http などに代表される汎用的なビルトインサービスの共有はもちろん、アプリケーションにおける設定パラメータやビジネスロジックなど、さまざまな用途の関数やオブジェクトの共有に利用できます。

　本章では、サービスの登録で使用されるメソッドの利用方法と、サービス実装におけるノウハウを解説します。また、実用的なサービスの実装例も紹介します。

　本節では、モジュールにサービスを登録する以下のメソッドを順に解説します。なお、登録サービスを修飾する Module#decorator は、実例も交えて「Chap.11 テスト」で詳述します。

- Module#value
- Module#constant
- Module#factory
- Module#service
- Module#provider

9-1-1　value と constant

まず、もっとも単純な Module#value と Module#constant を解説します。Module#value の仕様を下記に示します（表 9.1）。

表 9.1: angular.Module#value

モジュール	ng		
シグネチャ	angular.Module#value(name, object);		
引数	名前	型	説明
	name	string	サービスの名前
	object	*	サービスのインスタンスオブジェクト
戻り値		Module	モジュールのインスタンス

第 1 引数にはサービスの名前を指定します。第 2 引数には、数値、文字列、配列、オブジェクト、関数など共有したいオブジェクトを指定します。第 2 引数には関数も登録できます。

`Module#value` の利用例を下記に示します（リスト 9.1）。文字列、オブジェクト、関数などに名前を付けて登録できます。

リスト 9.1: Module#value の利用例

```
var app = angular.module('app');
// 文字列をサービスに登録
app.value('MyMessage', 'This is my value!');
// オブジェクトをサービスに登録
app.value('MyValue', {
  value1: 12345,
  value2: 12345
});
// 関数をサービスに登録
app.value('MyFunc', function (a, b) {
  return a + b;
});
```

`Module#value` で登録したサービスをコントローラから利用します（リスト 9.2）。コントローラのコンストラクタでサービスをインジェクトし、`$scope` に代入します。`$scope` に代入したので、テンプレートファイルから利用できます（リスト 9.2）。

リスト 9.2: サービスの利用

```
angular.module('app', [])
  .controller('ValueController', ['$scope', 'MyMessage', 'MyValue', 'MyFunc',
    function ($scope, MyMessage, MyValue, MyFunc) {
      $scope.MyMessage = MyMessage;
      $scope.MyValue = MyValue;
      $scope.MyFunc = MyFunc;
  }]);
```

リスト 9.3: サービスの利用

```
<div ng-controller="ValueController">
  <pre>MyMessage: {{MyMessage}}</pre>
  <pre>MyFunc(MyValue): {{MyFunc(MyValue.value1, MyValue.value2)}}</pre>
</div>
```

続いて、Module#constant の仕様を下記に示します（表 9.2）。

表 9.2: angular.Module#constant

モジュール	ng		
シグネチャ	angular.Module#constant(name, value);		
	名前	型	説明
引数	name	string	定数値の名前
	value	*	定数の値
戻り値		Module	モジュールのインスタンス

前述の Module#value と同じく、第1引数にはサービスの名前を、第2引数には共有したい数値、文字列、配列、オブジェクト、関数などを指定します。

Module#constant の利用例を示します（リスト 9.4）。下記の通り、Module#constant は、Module#value と同様に利用できます。

リスト 9.4: Module#constant の利用例

```
var app = angular.module('app');
// 文字列をサービスに登録
app.constant('ConstMessage', 'This is my constant!');
// オブジェクトをサービスに登録
app.constant('ConstValue', {
  value1: 12345,
  value2: 12345
});
// 関数をサービスに登録
app.constant('ConstFunc', function (a, b) {
  return a + b;
});
```

ただし、Module#constant で登録したサービスは、利用可能になるタイミングが他のサービスよりも早くなっています。そのため、Module#config へのインジェクトが可能だったり、後述するプロバイダのコンストラクタにインジェクトできるなど、他のサービスにはない特徴があります。一方、Module#decorator メソッドで上書きできないデメリットもあります。

Module#constant で登録したサービスを Module#config で利用する例を次に示します（リスト 9.5）。

リスト 9.5: Module#config での constant の利用

```
angular.module('app')
  .config(['ConstValue', function (ConstValue) {
    ConstValue.value1 = 99999;
  }]);
```

なお、名前は「constant」（定数）ですが、値を書き換えることも可能です。

本項で紹介した Module#value と Module#constant は、ほぼ同じ機能を提供するメソッドですが、その使い分けは、コントローラやサービスで値を共有したい場合は value、ディレクティブやプロバイダのコンフィギュレーションには constant を利用するとよいでしょう。

9-1-2 Service と Factory

本項では、Module#service と Module#factory を紹介します。サービスを定義する際には一般的にこの 2 つが利用されます。

前述の Module#value や Module#constant で登録したサービスは、DI を利用して他のサービスをインジェクトできないため、比較的単純な処理や値の共有にしか利用できません。他のサービスをインジェクトして利用するサービスを作成するためには、Module#service や Module#factory を使ってサービスを登録する必要があります。

Module#factory の仕様を下表に示します（表 9.3）。第 1 引数にサービスの名前、第 2 引数にサービスとして共有したいオブジェクトを返す関数を指定します。

表 9.3: angular.Module#factory

モジュール	ng		
シグネチャ	angular.Module#factory(name, getFn);		
	名前	型	説明
引数	name	string	サービスの名前
	getFn	Function	サービスのインスタンスを取得する関数
戻り値		Module	モジュールのインスタンス

Module#factory の利用例を次に示します（リスト 9.6）。

リスト 9.6: Module#factory の利用例

```
angular.module('app')
```

```
  .factory('factoryService', function () {
    var aService = {};
    aService.message = 'This is my factory!';
    aService.value = {
      value1: 11111,
      value2: 22222
    };
    aService.add = function (a, b) {
      return a + b;
    };
    return aService;
  });
```

　上記の通り、Module#factory に登録した関数内で、サービス aService のインスタンスを生成し、そこにプロパティやメソッドを登録し戻り値として返します。このサービスを利用する側は、インスタンス aService をそのまま利用することになります。

　「Chap.05 モジュールと DI」でも解説しましたが、Module#factory で登録する関数には、DI でサービスをインジェクトできます。下記は、ビルトインで用意されている $resource サービスと Module#constant で登録したサービス apiUrl と apiKey、3 個のサービスをインジェクトして利用するサービスの実装例です（リスト 9.7）。

リスト 9.7: 他のサービスを利用したサービスの定義
```
var app = angular.module('app');

// API の情報をサービスとして定義
app.constant('apiUrl', '/api/products.json');
app.constant('apiKey', 'fae2e2a0-f906-11e3-a3ac-0800200c9a66');

// $resource をラップしたサービスを定義
app.factory('productsService',
  ['$resource', 'apiUrl', 'apiKey',
    function ($resource, apiUrl, apiKey) {
      return $resource(apiUrl).query({api_key: apiKey});
  }]);
```

　上記のサービスの利用例を次に示します（リスト 9.8）。

リスト 9.8: productsService の利用例

```
angular.module('app')
  .controller('ProductsController',
  ['$scope', 'productsService',
    function ($scope, productsService) {
      $scope.products = productsService;
    }]);
```

引き続き、`Module#service`の仕様を下表に示します（表9.4）。第1引数にサービスの名前、第2引数に共有したいオブジェクトのコンストラクタ関数を指定します。

表 9.4: angular.Module#service

モジュール	ng		
シグネチャ	`angular.Module#service(name, constructor);`		
	名前	型	説明
引数	name	string	サービスの名前
	constructor	Function	サービスのコンストラクタ関数
戻り値		Module	モジュールのインスタンス

`Module#service`の利用例は、下記の通りです（リスト 9.9）。

リスト 9.9: Module#service の利用例

```
angular.module('app')
  .service('serviceService', function () {
    this.message = 'This is my service!';
    this.value = {
      value1: 33333,
      value2: 55555
    };
    this.add = function (a, b) {
      return a + b;
    };
  });
```

前述の`Module#factory`では、共有したいオブジェクトを返す関数を登録しますが、`Module#service`では共有したいオブジェクトのコンストラクタ関数を登録します。

登録したコンストラクタ関数は、他のサービスから利用される際に`new`でインスタンスが作成され共有されます。ただし、他のサービスやコントローラから利用されるたびにインスタンスが

作成されるのではなく、インスタンスを作成したサービスが複数サービスやコントローラで共有されることになります。

「Module#factoryで登録したサービスはシングルトンで共有され、Module#serviceで登録したサービスはインジェクトされるたびにインスタンスが生成される」と勘違いされることが多々ありますが、いずれもシングルトンとして同じインスタンスが共有されます。

つまり、Module#factoryでコンストラクタ関数をnewしてインスタンスを返す、下記の実装はModule#serviceと同じ意味になります（リスト9.10）。

リスト9.10: Module#factory と Module#service の比較

```javascript
var app = angular.module('app');

// サービスの定義
var myService = function () {
  this.message = 'This is my service.';
  this.value = {
    value1: 5555,
    value2: 3333
  };
  this.add = function (a, b) {
    return a + b;
  };
};

// コンストラクタ関数を登録
app.service('MyServiceByService', myService);

// インスタンスを生成して返す関数を登録
app.factory('MyServiceByFactory', function () {
  return new myService();
});
```

Module#serviceで登録するコンストラクタ関数は、Module#factoryで登録した関数と同じく他のサービスをインジェクトできます。

Module#factoryで記述した前述のリスト9.7と同様に、他のサービスを利用したサービスをModule#serviceで登録したものを次に示します（リスト9.11）。

9-1 サービスの登録

リスト 9.11: 他のサービスを利用したサービスの定義

```
var app = angular.module('app');

// API の情報をサービスとして定義
app.constant('apiUrl', '/api/products.json');
app.constant('apiKey', 'fae2e2a0-f906-11e3-a3ac-0800200c9a66');

// $resource をラップしたサービスを定義
app.service('productsService',
  ['$resource', 'apiUrl', 'apiKey',
    function ($resource, apiUrl, apiKey) {
      this.get = function () {
        return $resource(apiUrl).query({api_key: apiKey});
      }
    }]);
```

上記のサービスは、下記で利用できます（リスト 9.12）。

リスト 9.12: productsService の利用

```
angular.module('app')
  .controller('ProductsController',
  ['$scope', 'productsService',
    function ($scope, productsService) {
      $scope.products = productsService.get();
    }]);
```

なお、Module#service で登録した関数は、必ず new でインスタンスが作成されるため、Module#factory のようにプリミティブ型を提供できません。

ちなみに、Module#service は altJS でサービスを提供する際によく利用されます。TypeScript や CoffeeScript などの altJS ではクラスが利用できるため、Module#service を利用してコンストラクタを登録するだけで、サービスを実装できるからです。

TypeScript におけるサービス定義の例を次に示します（リスト 9.13）。

リスト 9.13: TypeScript におけるサービスの定義

```
class MyService {
  constructor(private $resource:ng.resource.IResourceService, private apiUrl:String) {
  }
```

```
    get() {
        return this.$resource(this.apiUrl).get();
    }
}

angular.module('app', [])
    .service('MyService', MyService);
```

9-1-3 Provider

前項と前々項で紹介したModule#value、Module#service、Module#factoryは、実はいずれも内部ではModule#providerメソッドを利用しています（Module#constantは特殊なメソッドで、Module#providerは利用していません）。

すなわち、Module#value、Module#service、Module#factoryで実現できることは、Module#providerでも実現可能です。Module#providerの仕様を下表に示します（表9.5）。

表 9.5: angular.Module#provider

モジュール	ng		
シグネチャ	angular.Module#provider(name, provider);		
	名前	型	説明
引数	name	string	サービスの名前
	provider	Object|Function	getメソッドを持ったオブジェクトか、コンストラクタ関数
戻り値		Module	モジュールのインスタンス

Module#providerでサービスを登録するには、共有したいオブジェクトを返す$getメソッドを持ったオブジェクトを定義する必要があります。Module#providerの利用例を次に示します（リスト9.14）。

リスト 9.14: Module#providerの利用例

```
angular.module('app')
    .provider('MyService', function () {
        this.$get = function () {
            var aService = {};
            aService.message = 'This is my provider.';
            aService.value = {
```

```
      value1: 11111,
      value2: 77777
    };
    aService.add = function (a, b) {
      return a + b;
    };
    return aService;
  };
});
```

　Module#providerを利用したサービスの大きな特徴は、Module#configメソッドでパラメータのセッティングが可能なことです。上記にコンフィギュレーション用メソッドsetPrefix/setSuffixを追加します（リスト9.15）。

リスト 9.15: コンフィギュレーション用のメソッドを持つ Module#provider の利用例

```
angular.module('app')
  .provider('MyService', function () {
    this.prefix = '<';
    this.setPrefix = function (p) {
      this.prefix = p;
    };
    this.suffix = '>';
    this.setSuffix = function (s) {
      this.suffix = s;
    };

    this.$get = function () {
      var aService = {};
      aService.message = this.prefix + 'This is my provider.' + this.suffix;
      aService.value = {
        value1: 11111,
        value2: 77777
      };
      aService.add = function (a, b) {
        return a + b;
      };
      return aService;
    };
  });
```

このコンフィギュレーション用のメソッドは、下記の通り、Module#config で利用できます（リスト 9.16）。

リスト 9.16: プロバイダのコンフィギュレーション
```
angular.module('app')
  .config(['MyServiceProvider',
    function (MyServiceProvider) {
      MyServiceProvider.setPrefix('[');
      MyServiceProvider.setSuffix(']');
    }]);
```

Module#config にプロバイダをインジェクトする際の名前は「サービス名＋'Provider'」となります。サービス名が MyService であれば、プロバイダ名は MyServiceProvider です。

Module#service や Module#factory では、登録する関数の引数に対してサービスをインジェクトできます。一方、Module#provider で登録したサービスに対しては、登録した関数へのインジェクトと、$get メソッドへのインジェクトの 2 種類があります。双方の例を下記に示します（リスト 9.17）。Module#provider で登録する関数に constService を、$get メソッドで valueService をインジェクトします。

リスト 9.17: プロバイダへのインジェクション
```
var app = angular.module('app')
  .provider('ProviderWithInjection', ['constService', function (constService) {
    this.$get = ['valueService', function (valueService) {
      return constService + valueService;
    }];
  }]);
app.constant('constService', 1234);
app.value('valueService', 5678);
```

なお、$get メソッドに対しては通常サービスをインジェクトできますが、Module#provider で登録した関数の引数には、Module#constant で登録したサービスか、プロバイダのみしかインジェクトできません。

Chapter 09

Section 9-2 サービス実装のコツと例

本節では、サービスを実装する上で注意が必要なインスタンスの扱いと、サービスを登録する5種類のメソッドの使い分け基準を解説します。

9-2-1 シングルトン

前節ではサービスを定義する5つのメソッドを紹介しましたが、いずれの方法で登録したサービスもすべてシングルトンとして扱われます。すなわち、アプリケーション内に各サービスのインスタンスは1つだけになります。この特性を利用して、複数のコントローラ間でデータの共有をすることも可能です。

例えば、値の設定と取得するだけの簡単なサービスを定義します（リスト9.18）。

リスト 9.18: 値を共有するサービス

```
var app = angular.module('app');

app.service('SharedService', function () {

  this.values = {};
  this.setValue = function (key, value) {
    this.values[key] = value;
  };
  this.getValue = function (key) {
    return this.values[key];
  }
});
```

上記のサービスを複数のコントローラから利用すると、同じインスタンスを参照することになります（リスト9.19）。そのため、容易にコントローラ間でデータの共有が可能になります。

リスト 9.19: コントローラ間でのサービスを利用したデータの共有

```
var app = angular.module('app', []);
app.controller('ControllerA', ['$scope', 'SharedService',
  function ($scope, SharedService) {
    $scope.setValue = function (value) {
      SharedService.setValue('key', value)
    }
  }]);
app.controller('ControllerB', ['$scope', 'SharedService',
  function ($scope, SharedService) {
    $scope.getValue = function () {
      return SharedService.getValue('key');
    }
  }]);
```

9-2-2 新しいインスタンスを返すサービス

サービスはすべてシングルトンですが、シングルトンでは困るケースもあります。そこで、新しいインスタンスを生成して返すサービスの実装方法を紹介します。

インスタンスを生成するサービスの実装例を下記に示します（リスト 9.20）。

リスト 9.20: 新しいインスタンスを返すサービスの定義

```
var app = angular.module('app');
app.factory('TaxCalculatorFactory', function () {
  function TaxCalculator(tax) {
    this.tax = tax;
  }

  TaxCalculator.prototype.calculate = function (price) {
    price = parseInt(price);
    if (isNaN(price)) {
      return 0;
    } else {
      return Math.floor(price + (price * this.tax));
    }
  };
```

```
  function TaxCalculatorFactory(tax) {
    return new TaxCalculator(tax);
  }

  return TaxCalculatorFactory;
});
```

TaxCalculatorのインスタンスを生成する関数TaxCalculatorFactoryを返すようにします。サービスを利用する側では、受け取ったサービスを関数呼び出しして新しいインスタンスを作成します（リスト9.21）。

リスト9.21: 新しいインスタンスを返すサービスの利用

```
var app = angular.module('app', []);
app.controller('TaxController', ['$scope', 'TaxCalculatorFactory',
  function ($scope, TaxCalculatorFactory) {
    var taxCalculator5 = TaxCalculatorFactory(0.05);
    var taxCalculator8 = TaxCalculatorFactory(0.08);

    $scope.calculate5 = function (price) {
      return taxCalculator5.calculate(price);
    };
    $scope.calculate8 = function (price) {
      return taxCalculator8.calculate(price);
    }
  }]);
```

　上記の実装方法を利用すれば、サービスで提供されている関数を呼び出すたびに、新しいインスタンスを生成できるようになります。この手法は標準で用意されている$resourceサービスでも利用されています。

9-2-3　メソッドの使い分け

　サービスの登録方法として5種類のメソッドを紹介しましたが、どのようにメソッドを使い分ければよいのでしょうか。それぞれのメソッドの特徴を次表に示します（表9.6）。

表 9.6: サービス実装の比較

メソッド	DI によるサービスのインジェクション	プリミティブ型の登録	Module#config での利用	$provide.decorator による書き換え	インスタンスの生成方法
Module#value	×	○	×	○	登録したオブジェクト/関数そのまま
Module#constant	×	○	○	×	登録したオブジェクト/関数そのまま
Module#factory	○	○	×	○	登録した関数の戻り値として返す
Module#service	○	×	×	○	登録したコンストラクタ関数が new される
Module#provider	○	○	○	○	$get メソッドで返す

　上記の特徴を考慮して、下図のフローで利用メソッドを判断しましょう（図 9.1）。

　まず、ディレクティブやプロバイダのコンフィギュレーションでパラメータを利用したい場合は、Module#constant 以外は利用できません。次に、実装するサービスから他のサービスを利用する場合は、Module#service、Module#factory、Module#provider のいずれかを利用する必要があります。他のサービスを利用しない単純なものであれば Module#value を利用するのがよいでしょう。

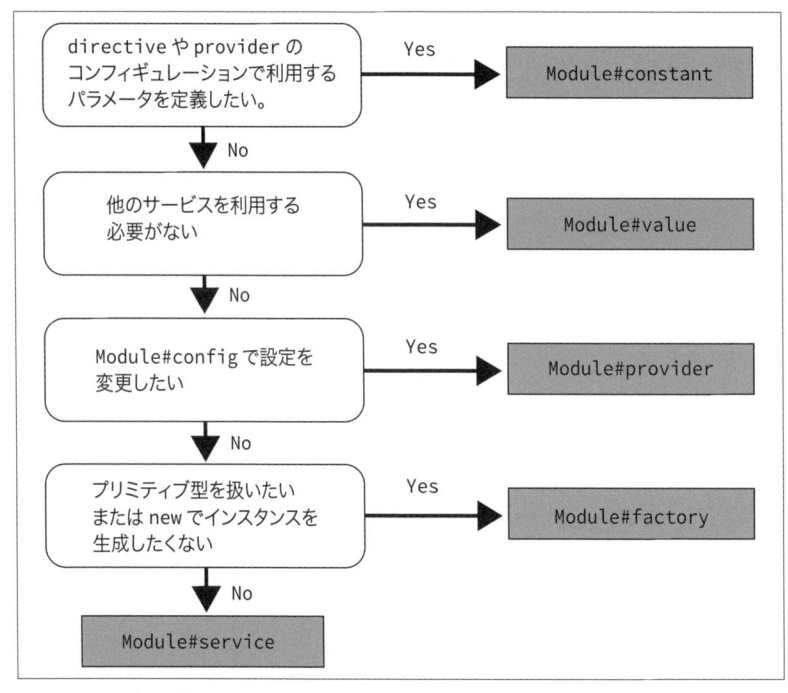

図 9.1: サービスの使い分け

Module#service、Module#factory、Module#provider では、Module#config で設定を
おこなう必要があれば Module#provider を選択します。

最後に Module#service と Module#factory の使い分けは、嗜好によるとも言えます。ク
ラスを定義して new でインスタンスを生成するスタイルであれば、Module#service を選択し、
そうでないのならば Module#factory を選択します。

9-2-4 実装例

本章で解説した機能を利用して、Web Storage を利用するサービスを実装します。

Web Storage は、IE8 以降のブラウザで利用可能なブラウザ上にデータを保存する機能です。
クッキーとは違い、扱えるデータサイズが大きく、リクエストごとにデータが送信されることが
ないなどの特徴があります。webStorage サービスの実装を下記に示します（リスト 9.22）。

リスト 9.22: webStorage サービス

```
angular.module('app')
  .provider('webStorage', function () {

    this.storageType = 'localStorage';
    // 生成するストレージのタイプを localStorage または sessionStorage から選択できる
    this.setStorageType = function (type) {
      this.storageType = type;
    };

    this.$get = ['$window', '$rootScope', function ($window, $rootScope) {

      if (!(this.storageType in $window)) {
        throw new Error('Storage type not supported: ' + this.storageType);
      }

      var storage = $window[this.storageType];

      // キーを指定してストレージを扱うクラス
      var WebStorage = function (key) {
        this.key = key;
      };
```

```js
WebStorage.prototype.get = function () {
  var value = storage.getItem(this.key);
  return angular.fromJson(value);
};


WebStorage.prototype.set = function (data) {
  var json = angular.toJson(data);
  storage.setItem(this.key, json);
};


WebStorage.prototype.remove = function () {
  storage.removeItem(this.key);
};

// WebStorage クラスのインスタンスを生成する関数
var WebStorageFactory = function (key) {
  return new WebStorage(key);
};


WebStorageFactory.clear = function () {
  storage.clear();
};


WebStorageFactory.keys = function () {
  var keys = [];
  for (var i = 0; i < storage.length; i++) {
    keys.push(storage.key(i));
  }
  return keys;
};


WebStorageFactory.on = function (callback) {
  $window.addEventListener('storage', function (event) {
    $rootScope.$apply(function () {
      callback(event);
    });
  }, false);
};


return WebStorageFactory;
```

```
      }];
    });
```

　それでは、このwebStorageサービスを利用して簡単なアプリケーションを作成します。まず、HTMLファイルを作成します（リスト9.23）。

リスト9.23: webStorageサービスの利用例（HTML）

```
<div ng-controller="storageController">
  <input type="text" ng-model="name">
  <input type="text" ng-model="value">
  <button ng-click="addItem(name, value)">add</button>
  <ul>
    <li ng-repeat="item in items">
      {{item.name}}: {{item.storage.get()}}
    </li>
  </ul>
  <button ng-click="clear()">clear</button>
</div>
```

　名前と値を入力するテキストボックスを用意します。[add]ボタンでaddItemメソッドを呼び出し、入力された名前と値はng-repeatで一覧表示し、[clear]ボタンでclearメソッドが呼び出されるようにします。続いて、コントローラの実装です（リスト9.24）。

リスト9.24: webStorageサービスの利用例（JavaScript）

```
angular.module('app')
  .controller('storageController', ['$scope', 'webStorage', function ($scope, webStorage){
    // (1) Web Storageから全キーを取得し、キーとwebStorageのインスタンスの組を
    //     $scope.itemsに格納する
    function updateItems() {
      $scope.items = [];
      angular.forEach(webStorage.keys(), function (key) {
        var storage = webStorage(key);
        $scope.items.push({
          name: key,
          storage: storage
        });
      });
    }
```

```
    updateItems();
    // (2) キーと値を指定してWeb Storageにデータを更新または追加する
    $scope.addItem = function (key, value) {
      var storage = webStorage(key);
      storage.set(value);
      updateItems();
    };
    // (3) Web Storageの値をすべてクリアする
    $scope.clear = function () {
      webStorage.clear();
      updateItems();
    };
    // (4) storageイベントを受け取ったときに$scope.itemsを更新する
    webStorage.on(function (event) {
      updateItems();
    })
  }]);
```

（1）では、webStorage.keys()ですべてのキーの一覧を取得します。そのキーの一覧からwebStorageのインスタンスを生成し、キーとwebStorageのインスタンスの組を$scope.itemsに格納します。(2)では、引数で指定されたキーと値を元にWeb Storageの値をセットします。指定したキーが存在していれば値は上書きされ、存在していなければ新たに追加されます。

(3)では、Web Storageに保存したデータをすべてクリアし、(4)では、storageイベントが発生したときに$scope.itemsを更新します。

Web Storageでは、異なるタブでデータの追加や削除、変更がおこなわれたときにstorageイベントが発生します。ブラウザのタブを複数開いてアプリケーションを表示させ、片方のタブでキーと値を追加すると、他方のタブの表示が更新されていることが確認できます。

なお、Web Storageには、スコープと有効期間の異なる2種類のストレージlocalStorageとsessionStorageが用意されています。そこで、ここで作成したwebStorageサービスでは、Module#configでどちらのストレージを利用するか設定可能にします（リスト9.25）。

リスト 9.25: ストレージタイプの設定

```
angular.module('app')
  .config(function (webStorageProvider) {
    webStorageProvider.setStorageType('sessionStorage');
  });
```

Chapter 10

カスタムディレクティブ

Chapter 10

[Section]
10-1 ディレクティブの仕組み

　AngularJSのアプリケーションを開発する際には、DOMを直接操作するような処理を記述しなくても、カスタムタグや属性とデータバインディングの仕組みを利用するだけで、アプリケーションを構築できます。ディレクティブが複雑なDOMの操作を隠蔽し、再利用可能な単位でUI部品を提供してくれているからです。しかし、ビルトインディレクティブだけでは実現できないUIを作成する場合やDOMを直接操作する場合、画面を構成する複雑な要素を1つにまとめたいケースなどでは、ディレクティブを自作する必要があります。

　本章では、まずディレクティブがどのように動作するのか、その仕組みを解説し、ディレクティブ作成に必要となるAPIを紹介します。引き続き、ディレクティブ作成に便利なサービスやコントローラを紹介した上で、読書管理アプリケーションの開発を想定して、いくつかの異なるタイプのディレクティブを例に実装方法を解説します。

　フィルターやサービスと比較すると、ディレクティブの機能は豊富で仕組みも複雑です。そのため、正しく理解していないとカスタムディレクティブは実装できません。しかし、アプリケーション特有の機能ではなく、汎用的なディレクティブを作成すれば、他のアプリケーションでも再利用が可能になり、生産性の向上にも繋がります。

　本項では、簡単なディレクティブを例に、AngularJSアプリケーションがどのような仕組みで動作しているのか解説します。

10-1-1 ディレクティブの処理

　ディレクティブの処理の流れを追うため、下記のディレクティブを用意します（リスト10.1）。

リスト10.1: 解説用ディレクティブ
```
angular.module('app')
  .directive('myDirective', function () {
    return {
```

```
      compile: function compile(tElement, tAttrs, tTransclude) {
        // コンパイル処理：preタグ内のテキストを設定する
        tElement.text('This is my favorite directive!');
        return function link(scope, iElement, iAttrs, controller, iTransclude) {
          // リンク処理：スコープ内の変数が変化したら、preタグ内のテキストを変更する
          scope.$watch('message', function (newVal) {
            tElement.text(newVal);
          });
        }
      }
    }
  });
```

上記のディレクティブはcompile関数のみを定義した簡単な実装で、その利用例は下記の通りです（リスト10.2）。

リスト10.2: 解説用ディレクティブの利用

```
<body ng-app="app">
  <div my-directive></div>
</body>
```

このディレクティブを使ったアプリケーションを実行すると、次図の流れで処理がおこなわれます（図10.1）。順に処理を追っていきましょう。

1. ディレクティブを見つけ出してコンパイル処理をおこなう

AngularJSでは、アプリケーションの起動時やテンプレートを読み込んだときに、HTMLをパースしディレクティブが適用されている箇所を見つけ出します。ここで、`my-directive`が発見されます。見つけ出されたディレクティブは順にコンパイル処理がおこなわれます（ここでcompile関数が呼び出されます）。

compile関数の引数であるtElementには、ディレクティブ適用箇所の要素が渡ります。ここでは、要素にテキスト`'This is my favorite directive!'`を設定します。

2. ディレクティブのリンク処理をおこなう

全ディレクティブのコンパイル処理が完了すると、次はリンク処理です。リンク処理では、ディレクティブのlink関数を呼び出してスコープと結び付けます（ここでcompile関数の戻り値と

して link 関数を定義します)。

このディレクティブでは、link 関数の引数で渡ってくるスコープのインスタンスを利用して、変数の監視処理を実装します。

3. $digest ループを実行する

最後に $digest ループを実行します。

$digest ループは次項で詳述しますが、scope.$watch の第 1 引数で指定したプロパティの変更をチェックし、変化があれば第 2 引数で指定したリスナー関数を呼び出し DOM を書き換えます。ここでは、scope.message の値が変化したら、ディレクティブ要素のテキストを書き換えるように実装します。

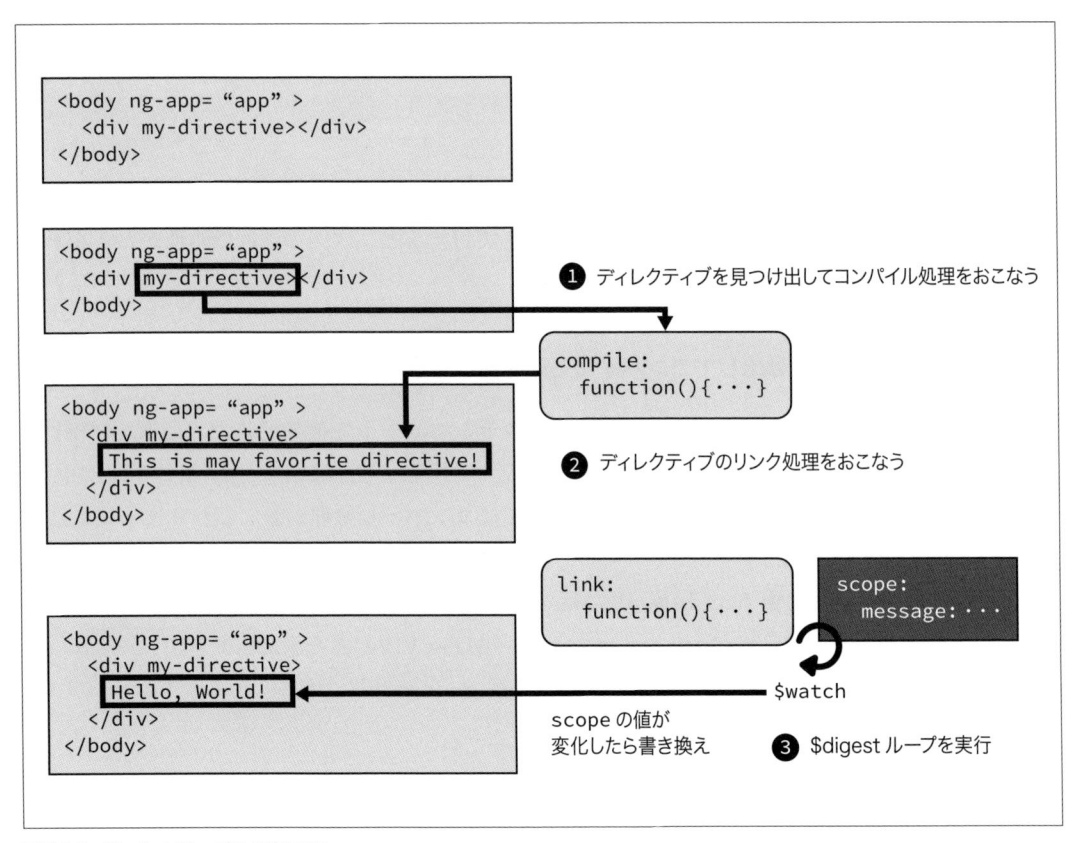

図 10.1: ディレクティブの処理の流れ

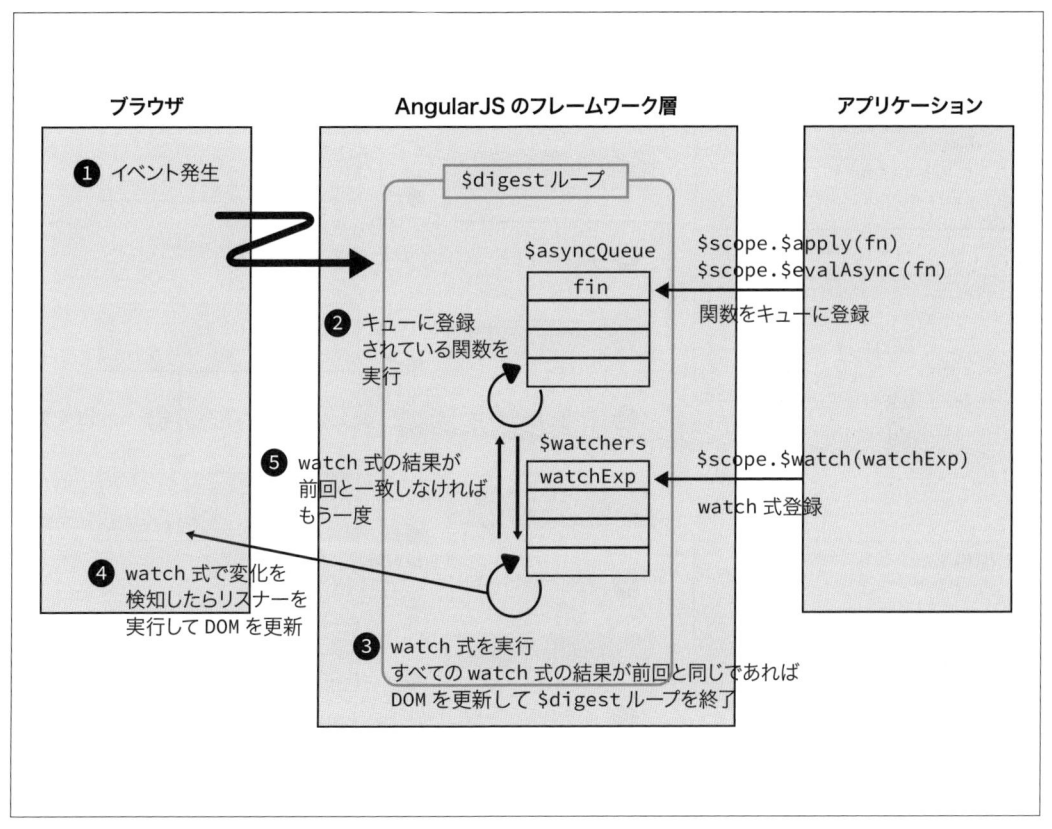

10-1-2 $digest ループ

ディレクティブの処理において、ng-app を発見しコンパイルとリンクをおこなう処理は、新規ページの表示や、画面遷移で表示ページが切り替わるタイミングで、最初に1回だけ呼び出されるものです。しかし、$digest ループは、アプリケーションの実行中に何度も呼び出されます。

$digest ループを実行する機構は、下図の仕組みです（図 10.2）。

1. ブラウザのイベント発生や $scope.$apply が呼ばれると $digest ループが開始される。なお、$scope.$apply の引数で関数を指定した場合は、$asyncQueue に関数が登録される。
2. $asyncQueue に登録されている関数を実行し $scope のプロパティ値を更新する。$asyncQueue は $scope.$evalAsync の引数で渡した関数を保持し、$digest ループで遅延実行させる仕組み。なお、$scope.$evalAsync は「10-3-2 スコープの評価」で後述。
3. watch 式を実行し、全 watch 式で値が変化していなければ $digest ループを終了する。

図 10.2: $digest ループ

4. watch 式で前回の実行時と値が変化していた場合はリスナーを実行して DOM を変更する。
5. watch 式の実行結果が 1 つでも値が変化していた場合は、再度処理 (2) からやり直す。

■ Dirty Checking

すべての watch 式の値が変化しなくなるまでチェックする方式を「dirty checking」と呼びます。具体的な dirty checking の動きを確認しましょう（図 10.3）。

1. watch 式を実行し、$scope.message の値が前回値 (last) と一致しないため、リスナーが実行され DOM の書き換えがおこなわれる。
2. 再度 watch 式を実行し、$scope.message の値と前回値が一致したため、$digest ループの実行を完了する。
3. scope.message の値が変化し、再度 $digest ループが実行される。

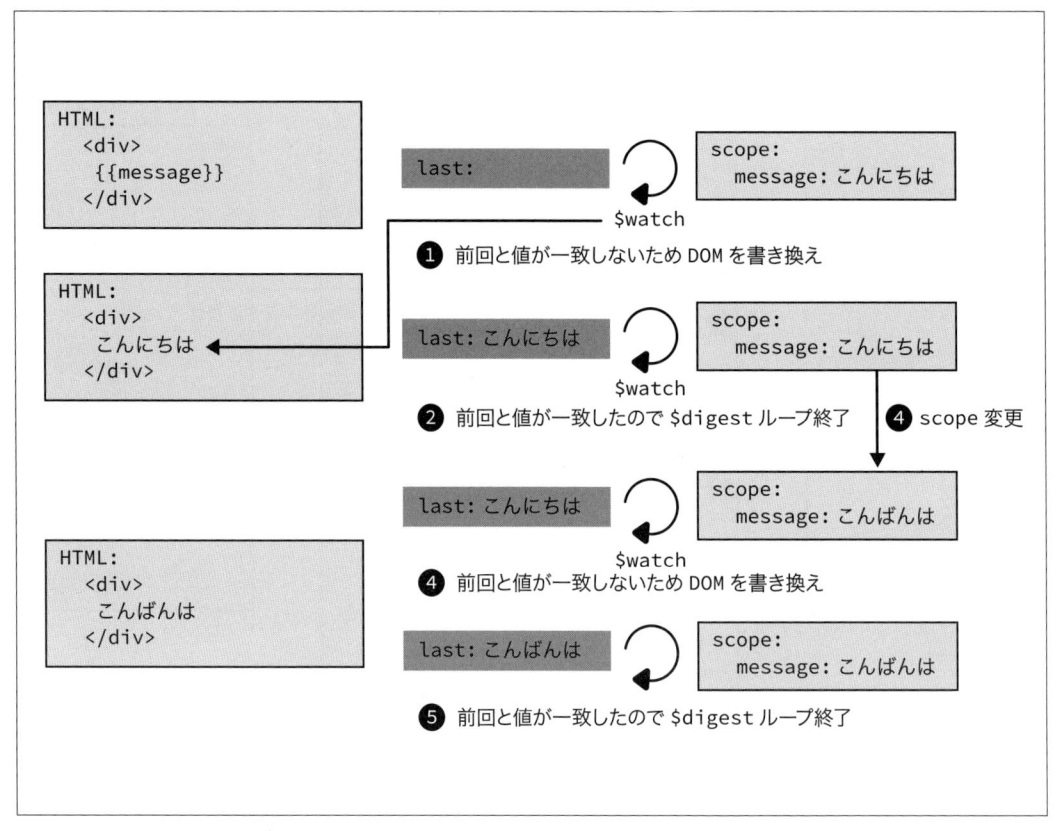

図 10.3: dirty checking の動き

4. watch 式を実行し、$scope.message の値が前回値と一致しないため、リスナーが実行され DOM の書き換えがおこなわれる。
5. 再度 watch 式を実行し、$scope.message の値と前回値が一致したため、$digest ループの実行を完了する。

AngularJS のデータバインディングは、説明の通り dirty checking 方式で実現されているため、watch 式を呼び出す回数が非常に多くなります。そのため、他の JavaScript MVC フレームワークと比較してパフォーマンス的に劣る要因になり得ます。

したがって、watch 式の多用は避けて、$watch 式内には時間を要する処理を実装すべきではありません。また、一度だけ値を適用すればよいケースでは one-time binding を利用しましょう。監視が不要になった時点でスコープを破棄すると、スコープ内の watch 式が実行されなくなるので、性能の改善に繋がる場合もあります。

一方、dirty checking 方式には大きなメリットもあります。監視対象のオブジェクトにピュアな JavaScript のオブジェクト (Plain Old JavaScript Object) を利用できることです。

他の MVC フレームワークでは、変更通知のために特別なオブジェクトを利用したり、オブジェクトに getter や setter メソッドを自動的に埋め込む手法などが採択されています。しかし、AngularJS ではそうした仕組みが不要となるため、コードをシンプルに保つことが可能です。

10-1-3 $digest ループの終了条件

dirty checking 方式では、watch 式の実行結果がすべて前回と同じだった場合に $digest ループを終了します。仮に watch 式を何度実行しても値が一致しない場合はどうなるのでしょう。呼び出すたびに末尾にエクスクラメーションを追加するメソッドを用意します（リスト 10.3）。

リスト 10.3: dirty checking が完了しない例

```
angular.module('app', [])
  .controller('NormalController', ['$scope', function ($scope) {
    $scope.message = "Hello, World!";
    $scope.getMessage = function () {
      console.log('getMessage');
      $scope.message = $scope.message + '!!';
      return $scope.message;
    };
  }]);
```

上記を実行すると、watch 式を何回実行しても結果が前回の値と一致しません。そのため、$digest ループが 10 回実行された時点で次のエラーが発生し、アプリケーションが停止します。

```
Error: $rootScope:infdig
Infinite $digest Loop
10 $digest() iterations reached. Aborting!
```

scope のメソッドやプロパティを呼び出すたびに結果が異なる場合、アプリケーションは正常に動作しません。上記の例のように、呼び出すたびの値追加や乱数を返すなど、短時間で値が変化する実装は避けましょう。なお、$digest ループの実行回数は、Module#run メソッドで上限値を変更可能です（リスト 10.4）。

ただし、$digest ループが 10 回で収まらない状況は、パフォーマンスが劣化する可能性も高く正常な状態とは言えません。通常は 10 回以内で収まるように設計を見直すべきです。

リスト 10.4: digest ループの実行回数の変更

```
angular.module('app', [])
  .run(['$rootScopeProvider', function ($rootScopeProvider) {
    $rootScopeProvider.digestTtl(30);
  }]);
```

AngularDart

「Dart」(https://www.dartlang.org/) は Google が開発するプログラミング言語で、ECMA での標準化もおこなわれています。Google は、将来的には JavaScript の代替としてブラウザネイティブのプログラミング言語にしようと考えている模様ですが、Google Chrome 以外のブラウザでサポートされる可能性は低いと考えられています。

AngularJS の開発チームは、AngularJS を Dart で再実装した AngularDart を開発しています。

https://angulardart.org/

AngularDart は、AngularJS をそのまま Dart に移植したものではなく、Dart の提供する言語機能を活かして再実装されています。

例えば、コントローラやディレクティブをクラスで定義したり、ディレクティブの特性を指定するために型アノテーションを利用したり、型による Dependency Injection などが利用できるなどです。さらに、Shadow DOM をはじめとする、Web Components の仕様に沿った形式でディレクティブを定義することが可能になっています。

そして、AngularDart に実装された機能の多くは、AngularJS 2.0 にも取り込まれることが予定されています。AngularJS の未来を先取りしたい人は、AngularDart を触ってみても面白いでしょう。

Section 10-2 API 仕様

ディレクティブを作成するには、Module#directive メソッドを利用します（表 10.1）。

表 10.1: angular.Module#directive

モジュール	ng			
シグネチャ	angular.Module#directive(name, directiveFactory);			
	名前	型	説明	
引数	name	string|Object	ディレクティブの名前	
	directiveFactory	Function|Array	ディレクティブを作成する関数	
戻り値		Module	モジュールのインスタンス	

Module#directive の第 1 引数にはディレクティブの名前を指定し、第 2 引数にはディレクティブを作成する関数を登録します。

前述の例（リスト 10.1）では、Module#directive メソッドで compile プロパティのみを持ったオブジェクトを返します。Module#directive は、compile プロパティ以外にも、次表のプロパティを指定できます（表 10.2）。

表 10.2: ディレクティブで指定可能なプロパティ一覧

プロパティ名	説明
name	ディレクティブの名前
template	テンプレートの内容（templateUrl と併用はできません）
templateUrl	テンプレートファイルのパス（template と併用はできません）
restrict	ディレクティブの適用方法
scope	スコープの生成方法
replace	適用箇所に要素を置き換えるかどうか
transclude	子要素の利用方法
multiElement	ディレクティブの開始と終了を異なる要素で指定可能かどうか
compile	コンパイル関数
link	リンク関数（compile が指定されていた場合は無視されます）
priority	ディレクティブの処理順序
terminal	子要素のリンク処理を停止するかどうか

プロパティ名	説明
controller	コントローラの指定
controllerAs	コントローラの別名の指定
require	依存するディレクティブの指定

なお、本節で紹介する上記 API の他にも、ディレクティブを作成する上で便利な機能がいくつかありますが、「10-3 ディレクティブ開発で利用可能なサービス」（P.263 参照）で後述します。

10-2-1　name

name プロパティはディレクティブの名前です。

directive メソッドの第 1 引数で指定、もしくは directive メソッドで返すオブジェクトの name プロパティとしての指定もできます。

前節冒頭の例では、ディレクティブの名前に「myDirective」を指定していますが（リスト 10.1）、ディレクティブを利用する側では my-directive です（リスト 10.2）。

これは、ディレクティブ名をキャメルケースで命名した場合、利用する側からはハイフン（-）で区切った形式で利用するためです。なお、区切り文字はハイフン以外に、コロン（:）やアンダースコア（_）も利用できます。さらに、ディレクティブ名の先頭に「data-」か「x-」を付与できます。すなわち、名前 myDirective のディレクティブは、テンプレートからは以下に挙げる名前で利用できます。

- my-directive
- my_directive
- data-my-directive
- x:my-directive

HTML5 の仕様では、カスタム属性名の先頭には「data-」、カスタム要素名の先頭には「x-」を付与することが決まっています。また、XHTML で XML ネームスペースを利用したいケースでは、次の指定も可能です（リスト 10.5）。

リスト 10.5: XHTML におけるディレクティブの指定
```
<html xmlns:ng="http://angularjs.org">
<body>
```

```
    <ng:include></ng:include>
  </body>
```

制約がないのであれば、ハイフン区切りを利用するのが一般的です。

そこで、HTMLの整合性をチェックするツールなどを利用するケースでは、カスタム属性には「data-」、カスタム要素名には「x-」を付与するとよいでしょう。

ただし、ディレクティブをタグ名や属性名ではなく、クラス名やコメントで指定する場合は、コロン（:）による区切りが利用できないため注意が必要です。

なお、AngularJSが標準で用意しているディレクティブには、すべてngという接頭辞が付与されます。これに倣い、作成するディレクティブ名には何らかの接頭辞を付与しましょう。

ただし、接頭辞ngは、AngularJS標準のディレクティブとの名前衝突はもちろん、標準ディレクティブかサードパーティ製なのか分からず勘違いされる可能性があるので、ng以外の接頭辞を付与すべきです。

10-2-2 template、templateUrl

templateとtemplateUrlプロパティは、ディレクティブのベースとなるテンプレートを指定するプロパティです。なお、templateとtemplateUrlはどちらか一方しか指定できません。両方を定義すると実行時にエラーが発生します。

まず、templateプロパティの利用例を示します（リスト10.6）。

リスト10.6: templateプロパティの利用例（JavaScript）

```
angular.module('app', [])
  .directive('myDirective', [function () {
    return {
      template: '<pre>This is my first directive!</pre>'
    }
  }]);
```

templateプロパティには、テンプレートの内容を文字列で指定するか、テンプレートの内容を文字列で返す関数を指定できます。以下がアプリケーションからの利用例です（リスト10.7）。

リスト10.7: templateプロパティを利用例（HTML）

```
<div my-directive></div>
```

このサンプルを実行すると、下記の HTML が生成されます（リスト 10.8）。アプリケーション側 HTML の div タグの中に、template プロパティで指定した pre タグと文字列が展開されていることが分かります。

リスト 10.8: template の適用結果

```
<div my-directive="" class="ng-scope">
<pre>
  This is my first directive!
</pre>
</div>
```

続いて、templateUrl プロパティを見てみましょう。templateUrl プロパティを指定すると、テンプレートの内容を文字列ではなくファイルとして指定できます。下記のテンプレートファイルを作成して（リスト 10.9）、サーバに配置します。

リスト 10.9: テンプレートファイル（my_template.html）

```
<pre>This is my first directive!</pre>
```

ディレクティブではテンプレートファイルの URL を指定します（リスト 10.10）。URL は絶対パスと相対パスのどちらでも指定可能です。これで template プロパティの利用と同じ動きを実現できます。

リスト 10.10: templateUrl プロパティの利用例

```
angular.module('app', [])
  .directive('myDirective', function () {
    return {
      templateUrl: 'my_template.html'
    }
  });
```

10-2-3　restrict

restrict は、ディレクティブを HTML のどの部分に指定できるかを設定するプロパティです。restrict には次に挙げる 4 種類を指定可能です。

- A：属性名として利用可能。
- E：要素名として利用可能。
- C：クラス名として利用可能。
- M：コメントとして利用可能。

`restrict`プロパティの異なるディレクティブを作成してみます（リスト10.11）。

なお、`restrict`に M を指定する場合は、必ず`replace`を`true`に設定する必要があります。

リスト10.11: restrict プロパティの利用例

```
angular.module('app', [])
  .directive('myDirectiveA', function () {
    return {
      restrict: 'A',
      template: '<pre>This is my Directive type A.</pre>'
    }
  })
  .directive('myDirectiveE', function () {
    return {
      restrict: 'E',
      template: '<pre>This is my Directive type E.</pre>'
    }
  })
  .directive('myDirectiveC', function () {
    return {
      restrict: 'C',
      template: '<pre>This is my Directive type C.</pre>'
    }
  })
  .directive('myDirectiveM', function () {
    return {
      restrict: 'M',
      replace: true,
      template: '<pre>This is my Directive type M.</pre>'
    }
  });
```

これらのディレクティブの利用例を示します（リスト10.12）。

リスト 10.12: restrict の違いによるディレクティブの利用方法
```
<!-- 属性としてディレクティブを指定 -->
<div my-directive-a></div>
<!-- 要素としてディレクティブを指定 -->
<my-directive-e></my-directive-e>
<!-- class としてディレクティブを指定 -->
<div class="my-directive-c"></div>
<!-- コメントとしてディレクティブを指定 -->
<!-- directive:my-directive-m -->
```

また、restrict の値は複数を組み合わせることもできます。例えば、属性名、要素名、クラス名で指定できるディレクティブを作成する場合は下記の通りです（リスト 10.13）。

リスト 10.13: restrict の複数指定
```
   restrict: 'AEC'
```

ちなみに、restrict の値を省略すると EA[※]を指定した場合と同じ動きになります。そのため、本章冒頭の例では、div タグの属性としてディレクティブを利用可能です。

なお、restrict の使い分け基準は、1 つの独立した部品として扱えるディレクティブであれば E を指定、要素に何らかの振る舞いを追加するディレクティブでは A を指定します。C や M は、カスタムタグやカスタム属性を利用したくないケースなど、特殊な場合に指定します。

10-2-4　scope

本項では scope プロパティを解説します。「Chap.06 スコープとコントローラ」（P.143 参照）では、コントローラの階層構造とスコープ派生の仕組みを解説しましたが、ディレクティブの場合は、ディレクティブを利用した箇所のスコープをそのまま利用、派生したスコープを利用、もしくは分離スコープを利用するかを指定できます。

scope プロパティには、以下の 3 種類の値を設定できます。なお、scope プロパティを省略すると、false を指定した場合と同じ挙動になります。

- false: ディレクティブの利用箇所のスコープを共有
- true: ディレクティブの利用箇所のスコープから派生したスコープを生成
- オブジェクトリテラル: 分離スコープを生成

scopeにfalseを指定すると（リスト10.14）、そのディレクティブを利用している箇所のスコープが、ディレクティブのスコープとして扱えます（図10.4）。

リスト10.14: scope:false の指定

```
angular.module('app')
  .directive('scopeFalse', function () {
    return {
      scope: false,
      template: '<pre>{{greeting}}</pre>'
    }
  });
```

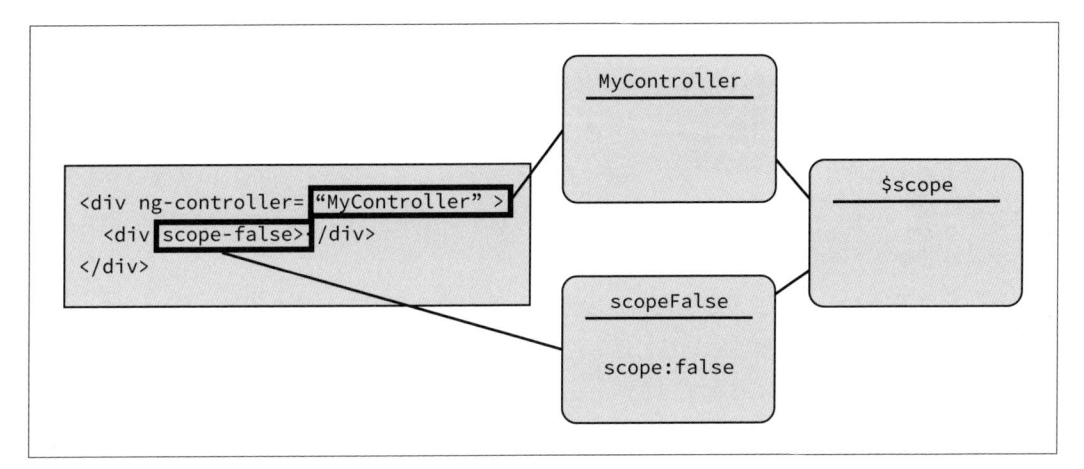

図10.4: scope:false を指定したとき

scopeにtrueを指定すると（リスト10.15）、ディレクティブを利用している箇所のスコープから派生したスコープのインスタンスがディレクティブに渡ります（図10.5）。

リスト10.15: scope:true の指定

```
angular.module('app')
  .directive('scopeTrue', function () {
    return {
      scope: true,
      template: '<pre>{{greeting}}</pre>'
    }
  });
```

※ AngularJS 1.2 では A、AngularJS 1.3 では EA になります。

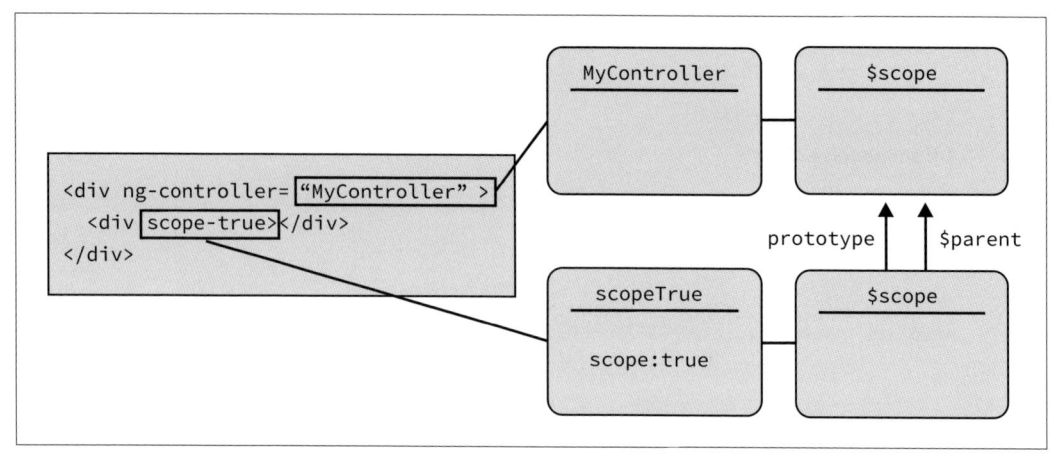

図 10.5: scope:true を指定したとき

　scopeプロパティにオブジェクトリテラルを指定すると、ディレクティブのスコープとして分離スコープを利用します。分離スコープとは、ディレクティブを利用する箇所のスコープをそのまま利用するのではなく、プロトタイプ継承したものでもなく、独立した新しいスコープのインスタンスです。なお、プロトタイプ継承関係にはありませんが、$parent プロパティで親スコープにアクセスすることは可能です。

　また、オブジェクトリテラルを指定した場合は、以下の3種類の記号を利用して、スコープのメンバにディレクティブの属性を結び付けることが可能です。

　分離スコープの例を次に示します（リスト10.16）。

- = : データバインディングとして結び付ける
- @ : 文字列として結び付ける
- & : function として結び付ける

リスト10.16: 分離スコープの指定

```
angular.module('app')
  .directive('scopeIsolated', function () {
    return {
      restrict: 'E',
      scope: {
        message: '=myMessage',
        name: '@myName',
        action: '&myAction'
      },
```

```
      template: '<pre title="{{name}}">{{message}}</pre>
                  <button ng-click="action()">push</button>'
    }
  });
```

上記では下記の結び付けがおこなわれています。また、その利用例を示します（リスト 10.17）

- ディレクティブの my-message 属性を、scope の message プロパティにデータバインディングで結び付ける
- ディレクティブの my-name 属性で指定した値を、文字列として scope の name プロパティに結び付ける
- ディレクティブの my-action 属性で指定した関数を、scope の action メソッドとして実行できるように結び付ける

リスト 10.17: 分離スコープでの属性の指定
```
<div ng-controller="MyController">
  <div scope-false></div>
  <div scope-true></div>
  <scope-isolated my-message="greeting" my-name="your name" my-action="do_something()">
  </scope-isolated>
</div>
```

ディレクティブの属性で指定した値が分離スコープのメンバとして登録されます（図 10.6）

スコープのメンバ名とディレクティブの属性名が一致している場合は、属性名を省略することも可能です（リスト 10.18）。

リスト 10.18: 分離スコープにおける属性名の省略
```
scope: {
  message: '=',
  name: '@',
  action: '&'
}
```

なお、本項で説明した通り、scope:false や scope:true を指定した場合は、ディレクティブを配置した箇所に応じて挙動が異なることがあります。汎用性（再利用性）が高いディレクティブを作成する際は、分離スコープを利用することをおすすめします。

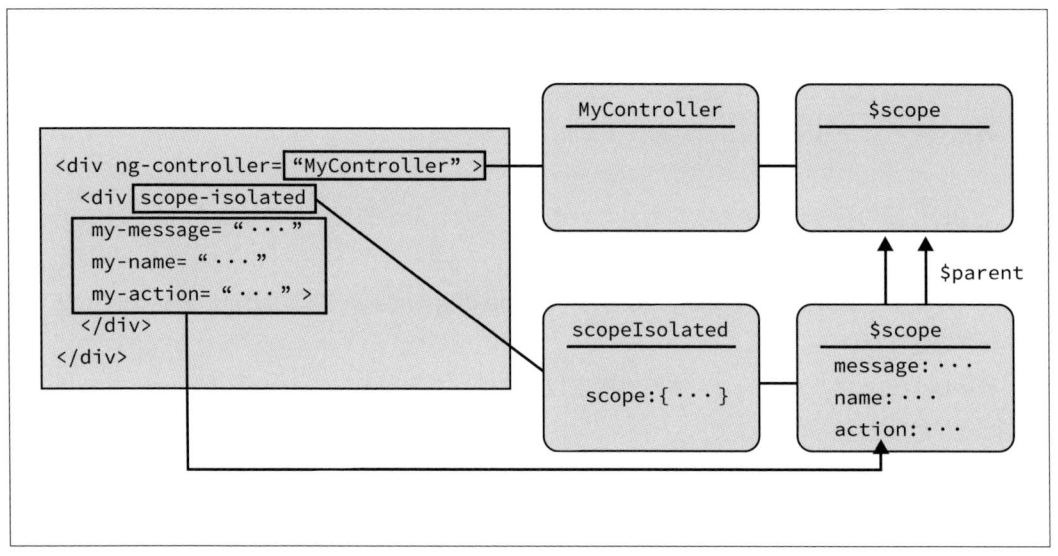

図 10.6: 分離 scope を指定したとき

10-2-5 replace、transclude、multiElement

template プロパティを利用すると、テンプレートの内容はディレクティブを指定したタグの子要素として展開されますが、replace プロパティを true に指定すると、ディレクティブを指定した要素そのものが、テンプレート内容に置き換えられます。なお、デフォルトでは replace プロパティは false です。以下に利用例を示します（リスト 10.19 〜 10.20）。

リスト 10.19: replace プロパティの利用

```
angular.module('app', [])
  .directive('myDirective', function () {
    return {
      replace: true,
      template: '<pre class="tmp-class">This is my first directive!</pre>'
    }
  });
```

リスト 10.20: replace を true にしたディレクティブの利用

```
<div my-directive class="my-class"></div>
```

実行結果では、HTMLのdivタグがなくなりテンプレートの内容に置き換えられます（リスト10.21）。また、divタグのclass属性とテンプレートのclass属性がマージされて表示されます。

リスト 10.21: replace を true にしたディレクティブの実行結果

```
<pre my-directive="" class="my-class tmp-class ng-scope">
  This is my first directive!
</pre>
```

replaceプロパティに続き、transcludeプロパティを解説します。

まず、transcludeをfalseにしたディレクティブを作成して、実行します（リスト10.22〜10.23）。

リスト 10.22: transclude を false にしたディレクティブ

```
angular.module('app')
  .directive('transcludeFalse', function () {
    return {
      restrict: 'E',
      transclude: false,
      template: '<div></div>'
    }
  });
```

リスト 10.23: transclude を false にしたディレクティブの利用

```
<transclude-false>
  <pre>Hello, World!</pre>
</transclude-false>
```

上記ディレクティブの実行結果は下記の通りで、ディレクティブの子要素として指定していた`<pre>Hello, World!</pre>`がなくなります（リスト10.24）。

リスト 10.24: transclude を false にしたときの出力結果

```
<transclude-false class="ng-scope">
  <div></div>
</transclude-false>
```

次はtranscludeにtrueを指定して、テンプレートの中にng-transcludeディレクティブを配置し実行します（リスト10.25〜10.26）。

リスト 10.25: transclude を true にしたディレクティブ

```
angular.module('app', [])
  .directive('transcludeTrue', function () {
    return {
      restrict: 'E',
      transclude: true,
      template: '<div><span ng-transclude/></div>'
    }
  });
```

リスト 10.26: transclude を true にしたディレクティブの利用

```
<transclude-true>
  <pre>Hello, World!</pre>
</transclude-true>
```

上記ディレクティブを実行すると、テンプレート内で ng-transclude ディレクティブを配置した箇所に、子要素として指定した <pre>Hello, World!</pre> が展開されます（リスト 10.27）。

リスト 10.27: transclude を true にしたときの出力結果

```
<transclude-true class="ng-scope">
  <div>
    <span ng-transclude="">
      <pre class="ng-scope">Hello, World!</pre>
    </span>
  </div>
</transclude-true>
```

また、transclude の展開は ng-transclude ディレクティブの利用以外にも、compile 関数や link 関数の引数として受け取り可能な transclude 関数が利用できます。

下記の通り、link 関数の 5 番目の引数として渡ってきた transclude 関数を実行すると、子要素を生成できます（リスト 10.28）。

リスト 10.28: transclude 関数の利用

```
angular.module('app', [])
  .directive('transcludeFn', function () {
    return {
      restrict: 'E',
```

```
      transclude: true,
      link: function (scope, iElement, iAttrs, controller, iTransclude) {
        var elem = iTransclude();
        iElement.append(elem);
      }
    }
  });
```

通常、transclude のスコープはディレクティブのスコープを派生したものが利用されますが、第 1 引数で任意のスコープを指定することも可能です。第 2 引数には、生成された要素や適用されたスコープを操作する関数を登録できます。下記の通り、分離スコープを生成してtransclude のスコープとして利用できます（リスト 10.29）。

リスト 10.29: transclude 関数の利用（スコープの明示的な指定）
```
angular.module('app', [])
  .directive('transcludeFn', function () {
    return {
      restrict: 'E',
      transclude: true,
      link: function (scope, iElement, iAttrs, controller, iTransclude) {
        var isolatedScope = scope.$new(true);
        var elem = iTransclude(isolatedScope,
            function (clonedElement, transcluededScope) {
          transcluededScope.newMessage = '新しいメッセージ';
        });
        iElement.append(elem);
      }
    }
  });
```

transclude プロパティは false と true 以外に 'element' も指定できますが、'element' ではディレクティブを適用した要素全体が ng-transclude で展開されます。

また、transclude プロパティは replace プロパティとの組み合わせで動きが異なります。transclude と replace プロパティの組み合わせを変えたディレクティブを用意して動作を確認しましょう（リスト 10.30 〜 10.31）。

リスト 10.30: transclude と replace の組み合わせ

```
angular.module('app', [])
  .directive('transcludeTrueReplaceFalse', function () {
    return {
      transclude: true,
      replace: false,
      templateUrl: 'template.html'
    }
  })
  .directive('transcludeTrueReplaceTrue', function () {
    return {
      transclude: true,
      replace: true,
      templateUrl: 'template.html'
    }
  })
  .directive('transcludeElementReplaceFalse', function () {
    return {
      transclude: 'element',
      replace: false,
      templateUrl: 'template.html'
    }
  })
  .directive('transcludeElementReplaceTrue', function () {
    return {
      transclude: 'element',
      replace: true,
      templateUrl: 'template.html'
    }
  });
```

リスト 10.31: transclude と replace の組み合わせ

```
<div ng-init="message='Hello, World!'"></div>

<h2>transclude:true, replace:false</h2>
<transclude-true-replace-false>
  <pre>msg: {{message}}</pre>
</transclude-true-replace-false>

<h2>transclude:true, replace:true</h2>
```

```
<transclude-true-replace-true>
  <pre>msg: {{message}}</pre>
</transclude-true-replace-true>

<h2>transclude:element, replace:false</h2>
<transclude-element-replace-false>
  <pre>msg: {{message}}</pre>
</transclude-element-replace-false>

<h2>transclude:element, replace:true</h2>
<transclude-element-replace-true>
  <pre>msg: {{message}}</pre>
</transclude-element-replace-true>
```

それぞれ、図 10.7、図 10.8、図 10.9 のように展開されます。

なお、transclude を 'element' にして、replace を false にすると、ディレクティブのタグが入れ子になり整合性がとれなくなるために、正常に動作しません。

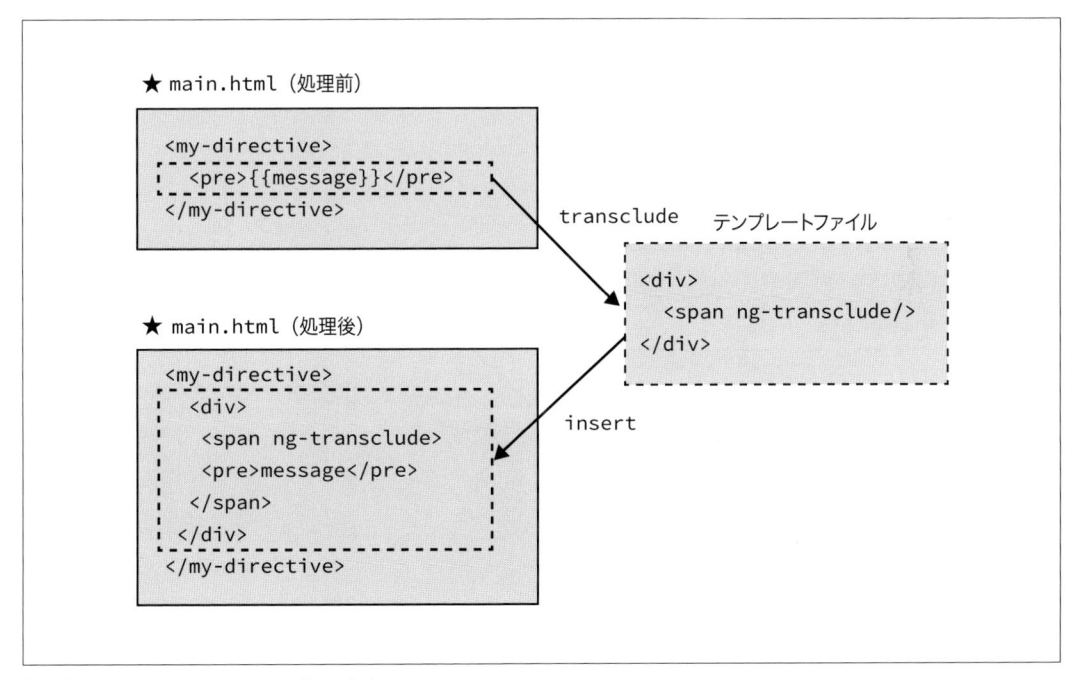

図 10.7: transclude:true、replace:false

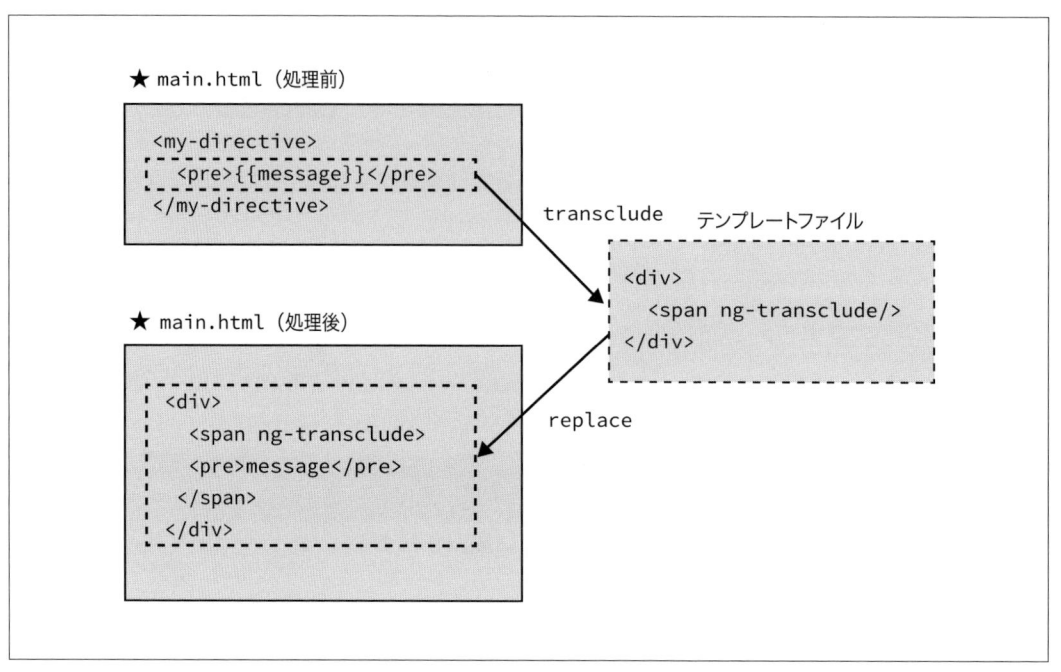

図 10.8: transclude:true、replace:true

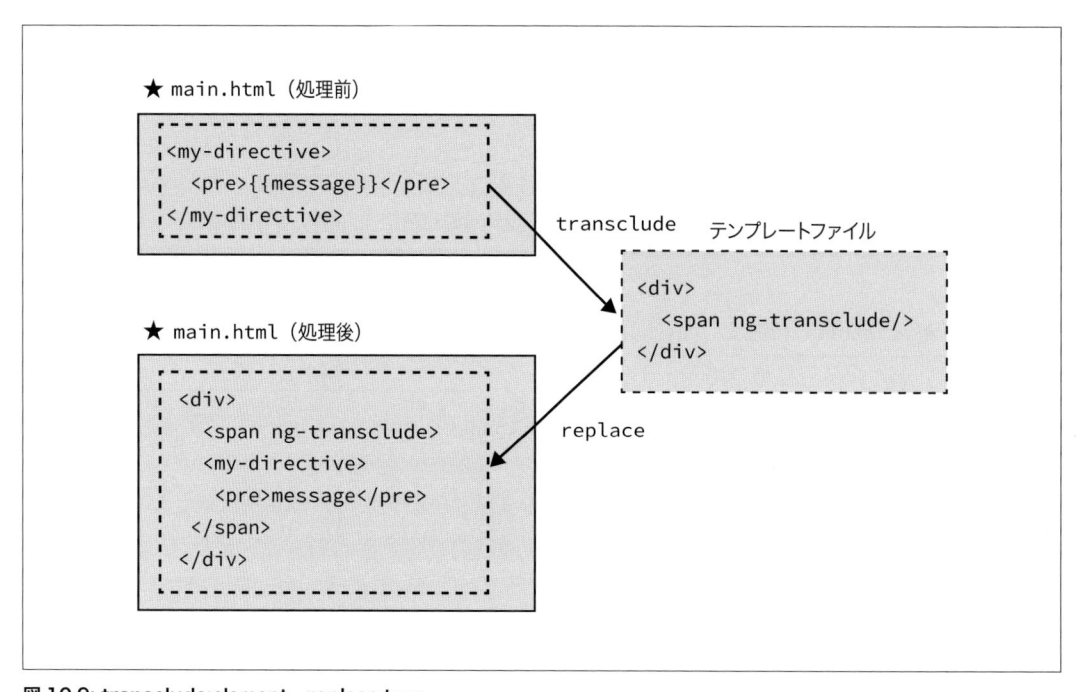

図 10.9: transclude:element、replace:true

248

最後にmultiElementプロパティを紹介します。

前述の通り、ディレクティブは単一の要素に対してタグ名や属性で指定して利用できます。multiElementプロパティをtrue指定すると[※]（リスト10.32）、ディレクティブの開始要素と終了要素を別々に指定することが可能になります（リスト10.33）。

ディレクティブの開始要素には、ディレクティブ名に-startを付与した名前、終了要素にはディレクティブ名に-endを付与した名前で指定できます。下記の例では、my-directive-startを付与した要素から、my-directive-endを付与した要素までが1つのディレクティブとして扱われます。なお、開始要素と終了要素は必ず同じ階層の要素である必要があります。また、開始要素と終了要素の間には複数個の要素を配置することが可能です。

なお、link関数の2番目の引数には、開始要素と終了要素とそれらに挟まれた中間の要素が配列で渡ってきます。下記では全要素のclass属性にdirective-rectを付与します。

リスト10.32: multiElementプロパティの利用例（JavaScript）

```
angular.module('app', [])
  .directive('myDirective', function () {
    return {
      multiElement: true,
      link: function (scope, iElement, iAttrs, controller, iTransclude) {
        angular.forEach(iElement, function (el) {
          angular.element(el).addClass('directive-rect');
        });
      }
    }
  });
```

リスト10.33: multiElementプロパティの利用例（HTML）

```
<div my-directive-start>header</div>
<p>directive contents</p>
<div my-directive-end>footer</div>
```

※ AngularJS 1.2では、multiElementを指定しなくても、開始要素と終了要素を別々に指定することが可能です。

10-2-6 compile、link

compileとlinkは、ディレクティブを作成する上で最も重要な機能です。compile関数は、次のように定義できます（リスト10.34）。

compile関数の引数は3個で、ディレクティブが適用された箇所の要素、ディレクティブが適用された要素の属性、そしてディレクティブの子要素を展開する関数です。

これらの引数を利用して、ディレクティブとして表示する要素を操作します。下記の例では、readonly属性の有無に応じて表示する要素の内容を変更します。

リスト10.34: compile関数の指定

```javascript
app.directive('myDirectiveCompile', function () {
  return {
    restrict: 'E',
    compile: function (tElement, tAttrs, tTransclude) {
      if (angular.isDefined(tAttrs.readonly)) {
        // readonly 属性が定義されている場合は message をそのまま表示する
        tElement.append('{{message}}');
      } else {
        // readonly 属性がない場合は input タグとして表示する
        tElement.append('<input type="text" ng-model="message">');
      }
    }
  }
});
```

続いて、link関数の定義は下記の通りです（リスト10.35）。

リスト10.35: link関数の利用

```javascript
app.directive('myDirectivePostLink', function () {
  return {
    restrict: 'E',
    link: function (scope, iElement, iAttrs, controller, iTransclude) {
      scope.$watch('message', function (val) {
        iElement.text(val);
      })
    }
  };
});
```

link 関数では、compile 関数の引数に加えて scope と controller が引数として利用できます。link 関数ではこの scope と controller を利用して、ディレクティブに動きを付けることが可能です。上記の例では、プロパティ scope の message を監視し、変化があれば要素のテキストを書き換える動きを定義します。

なお、link プロパティでは、実行タイミングの異なる 2 つの関数 preLink と postLink を定義できます（リスト 10.36）。

リスト 10.36: preLink と postLink 関数の利用

```
app.directive('myDirectiveLink', function () {
  return {
    restrict: 'E',
    link: {
      pre: function preLink(scope, iElement, iAttrs, controller, iTransclude) {
        // 子要素のリンク処理が実行される前に呼び出される
      },
      post: function postLink(scope, iElement, iAttrs, controller, iTransclude) {
        // 子要素のリンク処理が実行されるあとに呼び出される
      }
    }
  };
});
```

preLink は子要素の link を実行する前に呼び出される処理、postLink は子要素の link を実行したあとに呼び出される処理です。関数を 1 つしか定義しなかった場合は（リスト 10.35）、postLink のみを定義した場合と同じ動きになります。

compile 関数と link 関数の両方を定義する場合は、次のように記述します（リスト 10.37）。

リスト 10.37: compile 関数と link 関数の定義

```
app.directive('myDirectiveCompileLink', function () {
  return {
    restrict: 'E',
    compile: function (tElement, tAttrs, tTransclude) {
      // コンパイル時の処理

      return function (scope, iElement, iAttrs, controller, iTransclude) {
        // リンク時の処理
```

```
      }
    }
  }
});
```

　上記の通り、compile 関数と link 関数双方を定義したい場合は、compile 関数の戻り値として link 関数を返すように記述します。compile と link の両方を個別のプロパティとして定義すると、link 関数は実行されないので注意しましょう。

　続いて、compile と link 関数がそれぞれ、どのような順序で呼び出されるか確認します。
　まず、compile、preLink、postLink が呼び出されたときにログを出力するディレクティブを用意します（リスト 10.38）。

リスト 10.38: コンパイルとリンクの実行順序

```
angular.module('app', [])
  .directive('compileLinkOrder', function () {
    return {
      restrict: 'E',
      compile: function (tElement, tAttrs, tTransclude) {
        var name = tAttrs.name;
        console.log(name + ':compile');
        return {
          pre: function preLink() {
            console.log(name + ':preLink');
          },
          post: function postLink() {
            console.log(name + ':postLink');
          }
        }
      }
    }
  });
```

　このディレクティブを下記で利用します（リスト 10.39）。

リスト 10.39: コンパイルとリンクの実行順序

```
<compile-link-order name="A">
```

```xml
  <compile-link-order name="A-1">
    <compile-link-order name="A-1-1">
    </compile-link-order>
    <compile-link-order name="A-1-2">
    </compile-link-order>
  </compile-link-order>
  <compile-link-order name="A-2">
  </compile-link-order>
</compile-link-order>
<compile-link-order name="B">
  <compile-link-order name="B-1">
  </compile-link-order>
</compile-link-order>
```

実行すると、下記のログが出力されます。

```
A:compile
A-1:compile
A-1-1:compile
A-1-2:compile
A-2:compile
B:compile
B-1:compile
A:preLink
A-1:preLink
A-1-1:preLink
A-1-1:postLink
A-1-2:preLink
A-1-2:postLink
A-1:postLink
A-2:preLink
A-2:postLink
A:postLink
B:preLink
B-1:preLink
B-1:postLink
B:postLink
```

全ディレクティブのcompile関数が呼び出され、次に親要素のpreLink、子要素のpreLink、postLink、親要素のpostLinkと、深さ優先でlink関数が呼び出されていることが分かります。

compile関数では、scopeやcontrollerが利用できないため、link関数に比べると実現できることが少なく、利用頻度もそれほど高くありません。しかし、実行タイミングがlink関数より早いという特徴を活かせるケースがあります。

前述のディレクティブ（リスト10.38）をng-repeatの中で利用します（リスト10.40）。

リスト10.40: ng-repeat内でのcompileとlinkの実行順序

```
<div ng-repeat="item in [1,2,3,4,5]">
  <compile-link-order name="C">
  </compile-link-order>
</div>
```

上記を実行すると下記のログから、compile関数は1回だけ、preLinkとpostLinkは5回ずつ呼び出されていることが分かります。

```
C:compile
C:preLink
C:postLink
C:preLink
C:postLink
C:preLink
C:postLink
C:preLink
C:postLink
C:preLink
C:postLink
```

つまり、1回しか実行する必要のない処理をcompile関数として実装して、ng-repeatの中で利用すれば、実行回数を減らせるため、効率的なディレクティブを実装できます。

10-2-7 priority、terminal

priorityプロパティは、同一要素に複数ディレクティブが適用されていた場合に、その実行

順序を指定します。

　compileとlink処理は、親要素から深さ優先順で処理されますが、同一の要素に複数のディレクティブが適用されていた場合は、priority値が大きい順に処理されます。なお、priorityを省略した場合は0に設定されます。

　ビルトインのディレクティブの優先順位を次表に示します（表10.3）。

表10.3: ビルトインディレクティブの優先度

優先度	ディレクティブ
0	ngClickやngDbclickなどのイベント系
99	ngHref, ngSrc, ngSrcset
100	ngDisabled, ngChecked, ngReadonly, ngSelected, ngOpen
400	ngInclude
450	ngInit
500	ngController
600	ngIf
800	ngSwitch
1000	ngNonBindable, ngRepeat

　それでは、下記のディレクティブを用意します（リスト10.41）。

リスト10.41: priorityを指定したディレクティブ

```
angular.module('app', [])
  .directive('pri1', function () {
    return {
      priority: 1,
      compile: function () {
        console.log(1);
      }
    }
  })
  .directive('pri2', function () {
    return {
      priority: 2,
      compile: function () {
        console.log(2);
      }
    }
  })
  .directive('pri3', function () {
```

```
      return {
        priority: 3,
        compile: function () {
          console.log(3);
        }
      }
    })
    .directive('pri4', function () {
      return {
        priority: 4,
        compile: function () {
          console.log(4);
        }
      }
    });
```

リスト 10.42: priority を指定したディレクティブの利用
```
<div pri1 pri3 pri2>
  <div pri4></div>
</div>
```

　上記コードを使用してpriorityの挙動を確認すると（リスト10.42）、ディレクティブは3→2→1→4の順に実行されます。同一要素にpri1とpri2とpri3が適用されているため、これらのディレクティブはpriority値が大きい順に実行されます。pri4はその子要素となっているため、他のディレクティブが実行されたあとに実行されます。

　次にterminalプロパティを解説します。
　terminalプロパティをtrueに設定すると、そのディレクティブの子要素はcompile関数とlink関数を実行しません。なお、同一要素に複数ディレクティブが指定され、その中の1つのディレクティブでterminalがtrueに指定されている場合は、そのディレクティブより優先度が低いディレクティブのcompileとlinkは実行されません。

　前述の例（リスト10.41）のpri2ディレクティブのみを下記に書き換えて（リスト10.43）、実行すると（リスト10.42）、pri3とpri2のcompileとlinkだけが実行されます。
　pri2でterminalがtrueに設定されているため、同一要素内の優先度の低いpri1のcompileとlinkは実行されません。また、pri4はpri2よりも高い優先度ですが、子要素で

あるために compile と link は実行されません。

リスト 10.43: terminal を指定したディレクティブ
```
app.directive('pri2', function () {
  return {
    priority: 2,
    terminal: true,
    compile: function () {
      console.log(2);
    }
  }
});
```

10-2-8　controller、controllerAs、require

ディレクティブでは共通処理を実装するために controller を利用できます（リスト 10.44）。

リスト 10.44: controller の利用例
```
angular.module('app', [])
  .directive('myDirective', function () {
    return {
      controller: ['$scope', '$element', '$attrs', '$transclude',
        function ($scope, $element, $attrs, $transclude) {
          this.add = function (a, b) {
            return a + b;
          }
        }],
      link: function (scope, iElement, iAttrs, controller, iTransclude) {
        scope.click = function () {
          scope.x = controller.add(scope.a, scope.b);
        }
      }
    }
  });
```

controller 関数の引数には、DI でサービスをインジェクトできますが、その他にも次に挙げるオブジェクトを渡すことが可能です。

- $scope: ディレクティブに適用されているスコープのインスタンス
- $element: ディレクティブが適用されている要素
- $attrs: ディレクティブが適用されている要素の属性
- $transclude: ディレクティブの子要素を扱う関数

controllerプロパティで指定した関数の実行結果は、link関数の第4引数として利用できます。上記では、controller関数の中で関数this.addを定義しているので、link関数の中でcontrollerのメンバとしてaddメソッドを利用できます（リスト10.44）。また、controllerプロパティは、関数ではなく文字列でcontroller名を指定できます。この場合は、Module#controllerメソッドで登録したcontrollerを利用できます。

なお、controllerプロパティで指定した関数は、compile関数の実行後、preLinkの実行前に呼び出されます。

続いて、controllerAsプロパティを紹介します。

controllerAsプロパティを利用すると、コントローラに別名を付けテンプレートの中からスコープのように参照できます（リスト10.45）。

リスト10.45: controllerAs の利用

```
var app = angular.module('app', []);

app.directive("myDirective", function () {
  return{
    template: "<span>{{ctrl.message}}</span>",
    controller: function () {
      this.message = "Hello, World!";
    },
    controllerAs: "ctrl"
  }
});
```

最後にrequireプロパティを紹介します。

requireプロパティを利用すると、ディレクティブが依存するディレクティブを指定することができます。例えば、属性として必ずng-modelディレクティブを指定したい場合（リスト10.46）、requireプロパティを利用します（リスト10.47）。

リスト 10.46: require の利用例

```
<require-directive ng-model="item"></require-directive>
```

リスト 10.47: require の利用例

```
angular.module('app')
  .directive('requireDirective', function () {
    return {
      restrict: 'E',
      controller: function () {
        this.message = "hoge";
      },
      require: 'ngModel',
      link: function (scope, element, attrs, ngModelCtrl) {

      }
    }
  });
```

上記の例では、`requireDirective` を利用する際に、属性に `ng-model` が指定されていない場合は、下記のエラーが発生します。

```
Controller 'ngModel', required by directive 'requireDirective', can't be found!
```

`require` で依存するディレクティブを指定すると、指定ディレクティブのコントローラを `link` の引数として受け取ることが可能になります。上記の例では、`link` 関数の第 4 引数として `ngModel` のコントローラを受け取ります（リスト 10.47）。

また、`require` プロパティでは、依存するディレクティブ名の前に以下の文字を付与して動きを制御できます。

- `?`：`require` で指定したディレクティブを省略可能にする。
- `^`：依存するディレクティブを祖先の要素から探す（見つかるまで要素を遡る）。

上記では、`ngModel` 属性を指定しなかった場合にエラーが発生します。しかし、`ngModel` の前に「`?`」を付与すると（リスト 10.48）、`ngModel` を省略してもエラーは発生しません。ただし、`ng-model` 属性を省略すると、`link` 関数に渡る `controller` は `undefined` になるので注意が必要です。

リスト10.48: 省略可能なディレクティブの指定
```
require: '?ngModel'
```

また、同例ではngModel属性をrequireDirectiveと同一要素から探します。ここでngModelの前に「^」を付与すると（リスト10.49）、ngModelを祖先の要素の中から探します。

リスト10.49: 親要素のディレクティブの指定
```
require: '^ngModel'
```

さらに、複数のディレクティブを指定することも可能です（リスト10.50）。link関数に渡ってくるcontrollerは配列になります。

リスト10.50: 複数のディレクティブの指定
```
require: ['^parentDirective', 'ngModel']
```

requireプロパティを利用すると、ディレクティブのグルーピングが可能です。例えば、タブ切り替えをおこなうディレクティブを考えてみます。複数のtabディレクティブと、それをまとめるtab-setディレクティブを用意します（リスト10.51〜リスト10.52）。

下記の通り、tabディレクティブのlink関数でtabSetControllerにscopeを登録すると、tab-setディレクティブからtabのscopeを管理できます。これにより表示するタブを切り替えるなどの操作が可能になります。

リスト10.51: タブディレクティブの利用例
```
<tab-set>
  <tab header="header1">
    tab1
  </tab>
  <tab header="header2">
    tab2
  </tab>
</tab-set>
```

リスト10.52: タブディレクティブの実装例
```
angular.module('app', [])
  .controller('tabSetController', ['$scope', function ($scope) {
    this.tabs = $scope.tabs = [];
    this.addTab = function (tab) {
```

```js
      this.tabs.push(tab);
    }
  }])
  .directive('tabSet', function () {
    return {
      restrict: 'E',
      scope: {},
      template: '<select ng-model="selectedTab"' +
                      ng-options="tab.header for tab in tabs" >' +
        '</select>' +
        '<div ng-transclude></div>',
      controller: 'tabSetController',
      transclude: true,
      link: function (scope, element, attrs, tabSetCtrl) {
        scope.$watch('selectedTab', function (selectedTab) {
          if (selectedTab) {
            angular.forEach(scope.tabs, function (tab) {
              // 選択されているタブだけを表示する
              tab.isActive = tab.header == selectedTab.header;
            });
          }
        });
      }
    }
  })
  .directive('tab', function () {
    return {
      restrict: 'E',
      scope: {},
      template: '<div ng-show="isActive"><div ng-transclude></div></div>',
      require: '^tabSet',
      transclude: true,
      link: function (scope, element, attrs, tabSetCtrl) {
        scope.header = attrs.header;
        // tabSetController に scope を追加
        tabSetCtrl.addTab(scope);
      }
    }
  });
```

AngularJS 2.0: Object.observe でパフォーマンスアップ

双方向データバインディングを実現するには、オブジェクトの変更を何らかの方法で検知する必要があります。「Knockout.js」や「Ember.js」では、変更通知機能を持つ独自のモデルクラスを利用することで、オブジェクトの変更検知を実現しています。また、「Vue.js」では、オブジェクトを書き換えて、変更検知用の仕組みを付け加えることで実現しています。そして、AngularJS では、$digest ループによりイベント発生時に全モデルの変更が発生していないかどうかを探索しています。

しかし、「Object.observe」と呼ばれる機能を利用すると、上記の方法を用いなくてもオブジェクトの変更検知が可能になります。Object.observe の例を見てみましょう。

```
var obj = {};

Object.observe(obj, function (event) {
    // オブジェクトのプロパティの値が追加・削除・変更されたときにイベントが発生
});

// プロパティを追加したときにイベント発生
obj.x = 123;
// プロパティを変更したときにイベント発生
obj.x = 456;
// プロパティを削除したときにイベント発生
delete obj.x;
```

このコードでは、オブジェクトにプロパティの追加や変更、削除時にイベントが発生します。

なお、Object.observe は ECMAScript の仕様として検討されているものの、ECMAScript 6 の仕様には含まれていません。しかし、Firefox や Chrome など一部のブラウザでは既に実装されて利用できます。

AngularJS 2.0 では、$digest ループの利用から Object.observe でオブジェクト変更を検知する実装に変更される予定です。イベントが発生するたびに $digest ループが実行されることがなくなるため、パフォーマンスが大幅に向上すると考えられています。

また、AngularJS が $digest ループを利用する大きな理由として、ピュアな JavaScript オブジェクトを利用できるメリットがありましたが、Object.observe に変更されても、このメリットが損なわれることはありません。

Chapter 10

Section 10-3 ディレクティブの開発で利用可能なサービス

ディレクティブは、Module#directive メソッドを利用して作成できますが、他にもディレクティブの作成に便利なサービスやコントローラがあります。本節では各種のサービスやコントローラを解説します。

10-3-1 スコープの生成と破棄

ディレクティブで利用するスコープは scope プロパティで指定可能です。また、transclude を利用したスコープは、自動的に派生スコープが利用されます。より細かくスコープのインスタンスを生成、破棄したい場合は、手動で操作することも可能です。

■ スコープの生成

スコープのインスタンス生成には、Scope#$new メソッドを利用します（表10.4）。

表 10.4: $rootScope.Scope#$new

モジュール	ng		
シグネチャ	$rootScope.Scope#$new(isolate);		
	名前	型	説明
引数	isolate	boolean	分離スコープを利用するかどうかのフラグ
戻り値		Object	新しいスコープのインスタンス

下記の記述で、現在の $scope から派生した新しいインスタンスを生成します（リスト10.53）。また、引数に true を渡すと、派生ではなく分離スコープとして新しいインスタンスを生成できます（リスト10.54）。

リスト 10.53: 派生スコープの生成
```
var newScope = $scope.$new();
```

リスト 10.54: 分離スコープの生成
```
var newIsolatedScope = $scope.$new(true);
```

なお、現在の $scope ではなく、$rootScope から新しいスコープを生成することも可能です（リスト 10.55）。

リスト 10.55: $rootScope の派生スコープの生成
```
var newScope = $rootScope.$new(true);
```

■ スコープの破棄

スコープの破棄には、Scope#$destroy メソッドを利用します（表 10.5）。

表 10.5: $rootScope.Scope#$destroy

モジュール	ng
シグネチャ	$rootScope.Scope#$destroy();
引数	なし
戻り値	なし

$destroy メソッドを呼び出すと、そのスコープ自身と、そのスコープから派生した全スコープを削除します。破棄されたスコープは $digest ループによる監視対象から外れ、GC での回収対象になります。

例えば、ngIf ディレクティブでは条件が偽のときに、$digest ループが実行されるのは無駄です。そこで子要素のスコープを $destroy で破棄します。

また、$destroy でスコープを削除するときには、派生先のスコープに対して $destroy イベントをブロードキャストします。$destroy イベントをハンドルすることで、派生元のスコープが破棄されたときの処理を記述できます（リスト 10.56）。

リスト 10.56: $destroy イベントのハンドル
```
$scope.$on('$destroy', function (event, data) {
    // scope が破棄されたときの処理を記述
});
```

10-3-2 スコープの評価

Scope#$eval と Scope#$evalAsync を紹介します（表 10.6、表 10.7）。

表 10.6: $rootScope.Scope#eval

モジュール	ng		
シグネチャ	$rootScope.Scope#$eval([expression], [locals]);		
	名前	型	説明
引数	expression	(string|function(scope))=	実行したい文字列
	locals	Object	ローカル変数オブジェクト
戻り値		*	評価結果

表 10.7: $rootScope.Scope#evalAsync

モジュール	ng		
シグネチャ	$rootScope.Scope#$evalAsync([expression]);		
	名前	型	説明
引数	expression	(string|function(scope))=	実行したい文字列
戻り値		なし	

　Scope#$eval と Scope#$evalAsync はいずれも、引数で評価式を与えて評価をおこなうメソッドです。評価可能な式は、スコープが持っている変数へのアクセスや関数の実行、フィルターの実行、数値や文字列のリテラル、四則演算、配列へのアクセスなどに限られます。条件分岐や繰り返し文、例外などの評価はできません。また、window オブジェクトに所属するグローバル関数も利用できません。

　なお、Scope#$eval は即時に評価して戻り値で結果を返しますが、Scope#$evalAsync は、評価式は即時に実行されず、次回の $digest ループ時に評価されます。

　Scope#$eval と Scope#$evalAsync の利用例を下記に示します（リスト 10.57）。

リスト 10.57: eval の利用例

```
angular.module('app')
  .directive('evalDirective', function () {
    return{
      restrict: 'E',
      template: 'x: {{x}}, y:{{y}}',
      scope: {},
      link: function (scope) {
```

```
      scope.a = 10;
      scope.b = 23;
      // (1) 引数で渡した文字列を即時評価
      scope.x = scope.$eval('a + b');
      // (2) 引数で渡した文字列を$digestループ時に評価
      scope.$evalAsync('y = a + b');
    }
  }
});
```

上記の (1) では、$evalを使いscope.aとscope.bを加算し、その結果を戻り値として取得します。(2) でも$evalAsyncで同様の計算を処理しますが、$evalAsyncは戻り値がないため、評価式の中で結果を代入します。

10-3-3 $parse、$interpolate、$compile

本項では、$parse、$interpolate、$compileの3つのビルトインサービスを紹介します。

■ $parseサービス

$parseサービスは、与えた評価式を解析し、値の取得や設定をおこないます（表10.8）。

表10.8: $parse

モジュール	ng		
シグネチャ	$parse(expression);		
	名前	型	説明
引数	expression	string	解析する評価式
戻り値		function(context, locals)	expressionの解析結果

$parseサービスの利用例を下記に示します（リスト10.58）。

リスト10.58: $parseサービスの利用例

```
angular.module('app')
  .directive('parseDirective', ['$parse', function ($parse) {
    return {
      restrict: 'E',
```

```
        template: 'x: {{x}}, y:{{y}}, literal: {{isLiteral}}, constant: {{isConstant}}',
        scope: {},
        link: function (scope) {
          scope.x = 123;
          // (1) scope.x を取得する関数を生成
          var getter = $parse('x');
          scope.y = getter(scope);
          // (2) scope.x に値を設定する関数を取得
          var setter = getter.assign;
          setter(scope, 456);
          // (3) $parse に渡した式がリテラルかどうか
          scope.isLiteral = getter.literal;
          // (4) $parse に渡した式が変更不可能かどうか
          scope.isConstant = getter.constant;
        }
      };
    }]);
```

(1) では、'x' 文字列を解析してその解析結果の関数を取得します。$parse 関数の戻り値の関数を呼び出すと、解析結果の値を取得できます。ここでは、getter 関数を呼び出すことで scope.x の値を取得できます。

(2) では、解析結果の変数に値を代入する assign メソッドを取得します。ここでは、scope.x に値 456 を代入します。ただし、解析した文字列がリテラルだった場合などは、assign メソッドは利用できません。

(3)、(4) で示す通り、literal や constant プロパティで、解析した文字列がリテラルであるか、変更不可能（リテラルでのみ構成されるなど）であるかどうかの真偽値が得られます。

■ $interpolate サービス

$interpolate サービスを紹介します（表 10.9）。

$interpolate サービスは前述の $parse サービスと類似していますが、通常の文字列の中に埋め込まれた式を解析するサービスです。なお、埋め込み式は {{}} で囲む必要があります。

表 10.9: $interpolate

モジュール	ng
シグネチャ	$interpolate(text, [mustHaveExpression], [trustedContext], [allOrNothing]);
	名前	型	説明

引数	text	string	埋め込み式の評価をおこないたい文字列
	mustHaveExpression	boolean=	true に設定すると text は必ず埋め込み式 {{}} を含む必要がある。そうでなければ undefined を返す
	trustedContext	string=	$sce.HTML を指定すると、trustAsHtml を通した結果が得られる
	allOrNothing(※)	boolean=	true に設定すると、すべての埋め込み式の実行結果が undefined 以外でなければならない。そうでなければ undefined を返す
戻り値		function(context)	text の解析結果

$interpolate サービスの利用例を下記に示します（リスト 10.59）。

リスト 10.59: $interpolate サービスの利用

```
angular.module('app')
  .directive('interpolateDirective', ['$interpolate', function ($interpolate) {
    return {
      restrict: 'E',
      template: 'x: {{x}}',
      scope: {},
      link: function (scope) {
        scope.a = 1;
        scope.b = 2;
        // (1) 埋め込み式を含んだ文字列の解析をおこなう
        var exp = $interpolate('result = {{a + b}}');
        // (2) 解析結果を評価する
        scope.x = exp(scope);
      }
    };
  }]);
```

（1）で、文字列 'result = {{a + b}}' を解析し、（2）でその結果の関数を実行することで、結果 'result = 3' を取得します。

また、$interpolateProvider を利用すると、埋め込み式の開始と終了を表すシンボルを変更できます。次に示すのは、{{}} の代わりに <<>> を埋め込み式として利用するケースです（リスト 10.60）。ただし、このシンボル変更はアプリケーション全体に影響するので注意しましょう。

リスト 10.60: シンボルの変更

```
angular.module('app', [])
  .config(['$interpolateProvider', function($interpolateProvider){
```

```
    $interpolateProvider.startSymbol('<<');
    $interpolateProvider.endSymbol('>>');
}]);
```

■ **$compile サービス**

$compileサービスは、ディレクティブを処理するためにAngularJSがフレームワークとして自動的に実行している処理を、手動でおこなうサービスです（表10.10）。

表 10.10: $compile

モジュール	ng		
シグネチャ	$compile(element, transclude, maxPriority);		
引数	名前	型	説明
	element	string|DOMElement	コンパイル対象の要素
	transclude	function(angular.Scope, cloneAttachFn=)	ディレクティブを利用する関数
	maxPriority	number	与えられた数値よりも優先度が小さいディレクティブのみが処理される
戻り値		function(angular.Scope, cloneAttachFn=)	ディレクティブを利用する関数

$compileサービスの利用例を下記に示します（リスト10.61）。

リスト 10.61: $compile サービスの利用

```
angular.module('app')
  .directive('compileDirective', ['$compile', function ($compile) {
    return {
      restrict: 'E',
      scope: {},
      link: function (scope, element) {
        // (1) コンパイル対象の要素を準備
        var el = angular.element('<div ng-if="active">message: {{message}}</div>');
        // (2) compile 関数を実行して link 関数を取得
        var linkFn = $compile(el);

        scope.active = true;
        scope.message = 'Hello, World!';

        // (3) link 関数を実行して、実行結果の要素を取得
```

※ AngularJS 1.3 から利用できる引数です。

```
        var output = linkFn(scope);
        element.append(output);
      }
    };
  }]);
```

(1) でコンパイル対象の HTML 要素を準備し、次に $compile サービスを利用してコンパイル処理を実行します (2)。その結果としてリンク関数を取得できます。

最後にリンク関数を実行して (3)、scope と結び付けます。この結果として元の要素をコンパイル、リンクした結果の要素を取得できます。

10-3-4 ngModelController

前述の通り、require プロパティにディレクティブ名を指定すると、そのディレクティブのコントローラが利用できます。

ngModel ディレクティブのコントローラは、データの監視処理や、相互変換処理、バリデーション機能などを備えており、ディレクティブを作成する上でとても重宝します（表 10.11、表 10.12）。

表 10.11: ngModelController のメソッド一覧

メソッド名	説明
$render()	ビューの更新をするときに呼び出されるメソッド。オーバーライドして利用
$isEmpty(value)	値が空かどうか判断するメソッド。オーバーライドが可能
$setValidity(validationErrorKey, isValid)	バリデーション結果を form に通知
$setPristine()	値が空である状態にセットする。ng-dirty クラスが削除され、ng-pristine クラスが付与される
$setTouched()	タッチされた状態にセットする。ng-untouched クラスが削除され、ng-touched クラスが付与される
$setUntouched()	タッチされていない状態にセットする。ng-touched クラスが削除され、ng-untouched クラスが付与される
$rollbackViewValue()	$modelValue の値を利用してビューの内容をリセットする
$validate()	$validators によるバリデーションを実行
$setViewValue(value, trigger)	$viewValue の値を変更し、$modelValue に変更を反映
$commitViewValue()	ペンディングされていた $modelValue への変更を実行

表 10.12: ngModelController のプロパティ一覧[※]

プロパティ名	説明
$viewValue	描画用の値
$modelValue	Scope にバインドしている値
$parsers	$viewValue から $modelValue の変換に利用する関数群
$formatters	$modelValue から $viewValue の変換に利用する関数群
$validators	バリデーション用の関数群
$viewChangeListeners	$viewValue が変化したときに呼び出されるリスナー関数群
$error	バリデーションエラーを表現するオブジェクト
$valid	バリデーションエラーが発生していないことを表現するブール値
$invalid	バリデーションエラーが発生していることを表現するブール値
$pristine	何も入力されていないことを表現するブール値
$dirty	何か入力されていることを表現するブール値
$touched	タッチされていることを表現するブール値
$untouched	タッチされていないことを表現するブール値

ngModelController の仕組みを確認しましょう（P.272 図 10.10）。

ngModelController は、内部的に 2 種類のデータ $viewValue と $modelValue を持っています。$modelValue は scope で保持されている値と等しく、$viewValue は画面上に表示されているものと等しい値になります。

ngModelController は scope の値を監視しています。その値が書き換わると $modelValue の値に対して $formatters のメソッドを実行し、その結果を $viewValue に格納し $render を呼び出します。この $render メソッドはディレクティブ開発者が実装するもので、DOM の書き換え処理などを実行することが期待されます。

逆に、$setViewValue が呼び出されて $viewValue に値が格納されると、$parsers のメソッドが実行され、その結果は $modelValue に格納されます。$setViewValue は、DOM のイベントハンドラから呼び出されることを期待されます。

また、ngModelController は、form のバリデーション系のメソッドとプロパティを持っています。$formatters や $parsers のメソッドでは、$setValidity メソッドを利用してバリデーションエラーの通知が可能です。

ngModelController を利用したディレクティブの実装例を示します（リスト 10.62）。

※ $validators、$touched、$untouched、$rollbackViewValue は、AngularJS 1.3 から利用できるプロパティです。

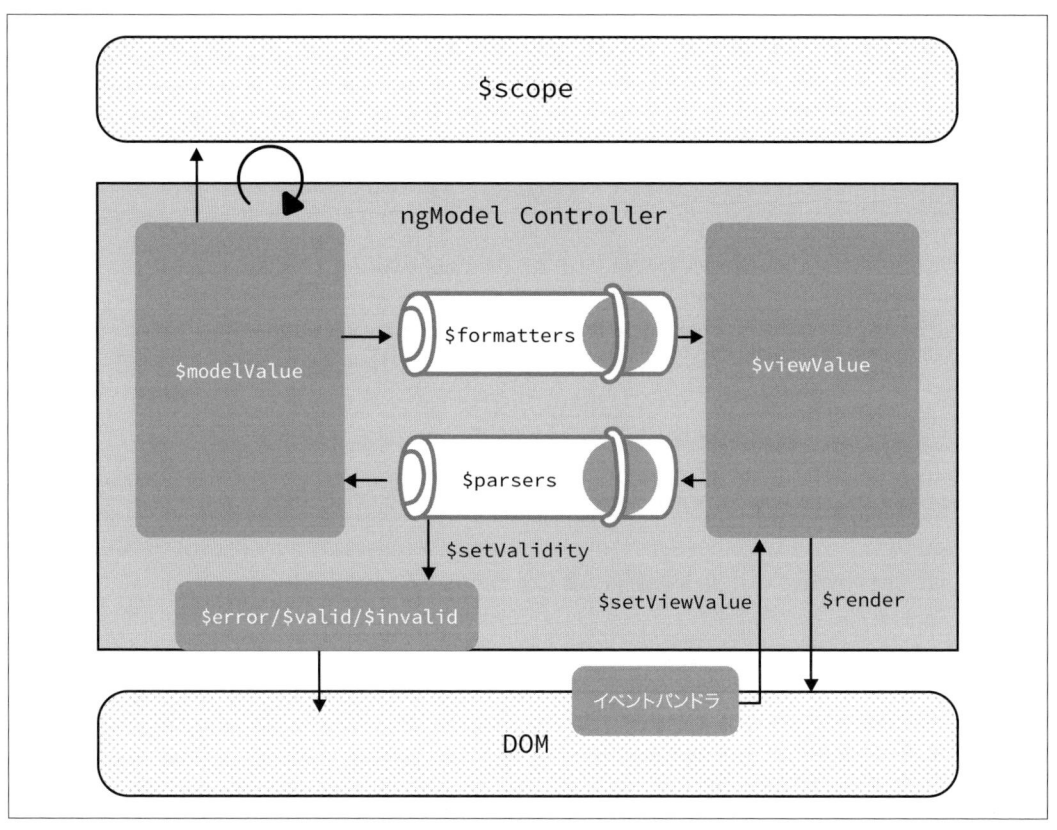

図 10.10: ngModelController の挙動

リスト 10.62: 税金計算ディレクティブ

```
angular.module('app')
  .directive('tax', [function () {
    return {
      restrict: 'E',
      require: 'ngModel',
      template: '<input type="text" class="tax">',
      replace: true,
      scope: {rate: '='},
      link: function (scope, element, attrs, ngModelCtrl) {

        // (1) $modelValue が変化したときに DOM のレンダリング処理をおこなう
        ngModelCtrl.$render = function () {
          element.val(ngModelCtrl.$viewValue);
        };
```

```
    // (2) DOM のイベントが発生したときに $viewValue を変更する
    element.on('change', function () {
      scope.$apply(function () {
        ngModelCtrl.$setViewValue(element.val());
      });
    });

    // (3) $modelValue から $viewValue への変換
    ngModelCtrl.$formatters.push(function (price) {
      price = parseInt(price);
      if (isNaN(price)) {
        ngModelCtrl.$setValidity('tax', false);
        ngModelCtrl.$setPristine();
        return '';
      } else {
        ngModelCtrl.$setValidity('tax', true);
        return Math.floor(price * (1 + scope.rate));
      }
    });

    // (4) $viewValue から $modelValue への変換
    ngModelCtrl.$parsers.push(function (price) {
      price = parseInt(price);
      if (isNaN(price)) {
        ngModelCtrl.$setValidity('tax', false);
        return '';
      } else {
        ngModelCtrl.$setValidity('tax', true);
        return Math.ceil(price / (1 + scope.rate));
      }
    });
    }
  };
}]);
```

(1) では、\$render メソッドを実装して DOM への反映をおこないます。ngModel でバインドしている scope の変数が変化すると、その値は \$formatters 関数で変換され \$viewValue に格納、そのあと \$render メソッドが呼び出されます。\$render メソッドでは、\$viewValue の

値を利用して DOM の変更をおこないます。

(2) では、DOM の変更イベントを監視し、イベント発生時に DOM の値を $setViewValue メソッドを利用して ngModelController に渡します。この値は $parsers で変換されて $modelValue に格納され、Scope へと変更が伝搬されます。

(3) では、$formatters に $modelValue から $viewValue への変換処理を追加します。$modelValue が数値でない場合は $setValidity メソッドを利用してバリデーションエラーを発生させ、$setPristine メソッドで入力値をリセットします。正常値であれば $setValidity メソッドでバリデーションエラーを解除して数値を計算します。

(4) では、$parses に $viewModel から $modelValue への変換処理を追加します。前述の $formatters と同様に、$viewValue が数値でない場合はバリデーションエラーを設定し、そうでない場合はエラーを解除します。

なお、$setValidity や $setPristine で設定した内容は、ディレクティブのクラスに反映されます。例えば、下記のスタイルを用意すると（リスト 10.63）、バリデーションエラーの発生時には赤、正常時は緑で表示するといった表現が可能になります。

リスト 10.63: 税金計算ディレクティブの CSS

```
.tax.ng-valid.ng-dirty {
  border: solid green 2px;
}

.tax.ng-invalid.ng-dirty {
  border: solid red 2px;
}
```

Chapter 10

Section 10-4 ディレクティブ実装例

本章では、ディレクティブを実装する基本的な機能を数多く紹介しましたが、本節では、読書管理アプリケーションの開発を想定して、より実践的に下記ディレクティブの実装を例に解説を進めます。

- comboBox ディレクティブ
- notification ディレクティブ
- bookItem/bookList ディレクティブ
- rating ディレクティブ
- barGraph ディレクティブ

10-4-1 comboBox ディレクティブ

まずは、comboBox ディレクティブです（リスト 10.64）。
comboBox ディレクティブは、テキストボックスにフォーカスを合わせると選択肢が表示され、候補を選択できます。また、選択だけではなくテキストボックスへの文字入力も可能な部品です。
要素のイベントをハンドルして、描画内容を切り替える実装の参考になるはずです。読書管理アプリでは、読書の状態を管理するために利用します。

リスト 10.64: comboBox ディレクティブ

```
angular.module('app')
  .directive('comboBox', function () {
    return {
      scope: {
        selectedItem: '=',
        allItems: '='
      },
      restrict: 'EA',
```

```
      template: '<div class="combobox">' +
        '<input type="text" ng-model="selectedItem">' +
        '<ul ng-show="isFocus">' +
          '<li ng-repeat="item in allItems" ng-click="click($event, item)">' +
            '{{item}}' +
          '</li>' +
        '</ul>' +
      '</div>',
      link: function (scope, iElement) {
        scope.isFocus = false;

        // (1) input にフォーカスがあたったら選択肢を表示する
        iElement.find('input')
          .on('focus', function () {
            scope.$apply(function () {
              scope.isFocus = true;
            });
          });

        // (2) クリックされた要素を選択済みとして保存し、選択肢を閉じる
        scope.click = function ($event, item) {
          $event.preventDefault();
          $event.stopPropagation();
          scope.selectedItem = item;
          scope.isFocus = false;
        };
      }
    };
  });
```

　link 関数の第 2 引数にはテンプレートの要素が渡ります。これを利用してテンプレート要素から input タグを見つけ出し、focus イベントをハンドルします (1)。focus イベントが発生すると isFocus フラグを変更し、コンボボックスの選択肢を表示します。

　なお、プリミティブな focus イベントが発生したときには $digest ループが実行されないため、scope.$apply で明示的に呼び出します。

　選択肢のいずれかがクリックされると、クリックされた要素を選択済みとして selectedItem に保存し、選択肢を非表示状態に切り替えます (2)。

　このディレクティブを利用すると（リスト 10.65）、次図の表示となります（図 10.11）。

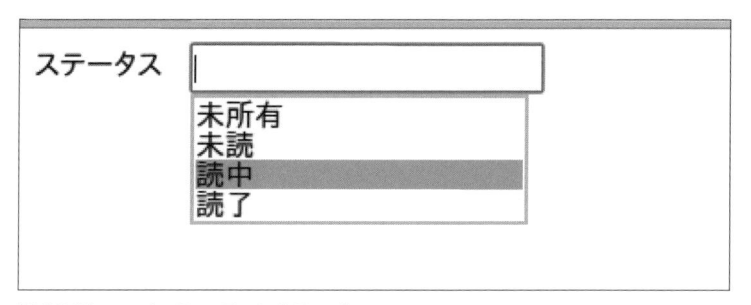

図10.11: comboBox ディレクティブ

リスト 10.65: comboBox ディレクティブの利用
```
<div ng-init="statuses = ['未所有', '未読', '読中', '読了']"></div>
ステータス
<combo-box selected-item="status" all-items="statuses"></combo-box>
```

10-4-2　notification ディレクティブ

次は notification ディレクティブです（リスト 10.66）。

notification ディレクティブは、ユーザーに通知したいメッセージを目立つ形式で表示するディレクティブです。一定時間が経過するか、[閉じる] ボタンを押すとメッセージが消えます。

transclude で子要素を展開する実装や、scope.$watch で属性の値を監視する実装の参考になります。読書管理アプリでは、ユーザーに操作エラーを通知するために利用します。

リスト 10.66: notification ディレクティブ
```
angular.module('app')
  .directive('notification', ['$timeout', function ($timeout) {
    return {
      scope: {
        enable: '=',
        timeout: '='
      },
      restrict: 'E',
      // (1) transcludeを利用して、子要素を通知用メッセージして表示する
      transclude: true,
      template: '<div ng-show="enable" class="notification">' +
        '<a href="" ng-click="close()">閉じる</a>' +
        '<div ng-transclude></div>' +
        '</div>',
```

```
      replace: true,
      link: function (scope) {
        scope.close = function () {
          scope.enable = false;
        };
        var promise;
        // (2) enable 属性の値を監視
        scope.$watch('enable', function (newVal) {
          if (newVal) {
            // (3) 指定した時間が経過したら閉じるように設定
            promise = $timeout(function () {
              scope.$apply(function () {
                scope.close();
              });
            }, scope.timeout, false);
          } else {
            // (4) タイムアウトをキャンセルする
            if (promise) {
              $timeout.cancel(promise);
              promise = null;
            }
          }
        });
      }
    };
  }]);
```

まず、`transclude` を `true` に設定し、テンプレートの中に `ng-transclude` ディレクティブを配置することで、子要素を通知領域に表示します (1)。

`enable` 属性の値を監視し (2)。`enable` 属性の値が `true` に変化したら、指定時間の経過後に通知領域を閉じるように設定します (3)。`enable` 属性の値が `false` に変化したら、タイムアウトをキャンセルします (4)。これは [閉じる] ボタンで閉じた場合、タイムアウトが設定されたままになっている可能性があるためです。

このディレクティブを利用すると (リスト 10.67)、次図が表示されます (図 10.12)。

リスト 10.67: notification ディレクティブの利用例

```
<div ng-controller="notificationController">
  <div ng-repeat="item in items">
```

```
    <notification timeout="50000" enable="item.enableMessage">
      {{item.message}} ({{item.time | date:'HH:mm:ss'}})
    </notification>
  </div>
  <input type="text" ng-model="message">
  <button ng-click="addMessage(message)">add</button>
</div>
```

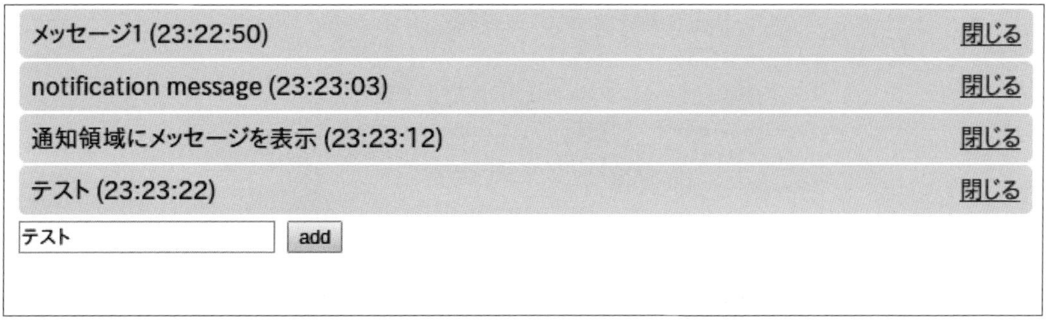

図 10.12: notification ディレクティブ

10-4-3　rating ディレクティブ

本項では rating ディレクティブを説明します（リスト 10.68）。

rating ディレクティブは数値を星の数で表示するディレクティブです。また、星をクリックすることで数値の変更も可能です。

ngModelController を利用する際の参考になります。書籍管理アプリでは、書籍の評価を星の数で表現するために利用します。

リスト 10.68: rating ディレクティブ

```
angular.module('app')
  .directive('rating', [function () {
    return {
      restrict: 'E',
      require: 'ngModel',
      scope: {
        max: '=',
        readonly: '='
```

```js
    },
    link: function (scope, element, attrs, ngModelCtrl) {

      // (1) scopeの値が変化したら再描画
      ngModelCtrl.$render = function () {
        updateRate(ngModelCtrl.$viewValue);
      };

      // (2) ng-modelにバインドされた値に応じて星を描画
      function updateRate(rate) {
        // メモリリーク回避のためイベントを解除し、要素を空にする
        angular.forEach(element.children(), function (child) {
          angular.element(child).off('click');
        });
        element.empty();

        for (var i = 0; i < scope.max; i++) {
          var span = angular.element('<span></span>');
          var star = i < rate ? '★' : '☆';
          span.text(star);

          // (3) 編集可能な場合の処理
          if (!scope.readonly) {
            span.addClass('changeable');
            (function () {
              var count = i + 1;
              span.on('click', function () {
                // クリックされた箇所に応じて星の数の再描画
                scope.$apply(function () {
                  ngModelCtrl.$setViewValue(count);
                  updateRate(count);
                });
              });
            })();
          }
          element.append(span);
        }
      }

      // (4) scopeの値が範囲外だった場合は、範囲内に収まるように変換する
```

```
      ngModelCtrl.$formatters.push(function (rate) {
        if (rate < 0) {
          return 0;
        } else if (rate > scope.max) {
          return scope.max;
        } else {
          return rate;
        }
      });
    }
  };
}]);
```

ngModelController の `$render` メソッドを実装し、scope の値が変化したら星を再描画する処理を呼び出し（1）、バインドしている scope.rate の値に応じた数の星を描画します（2）。

readonly 属性が定義されていない場合は、星がクリックされたときに星を再描画します（3）。

$formatters に関数を追加し、scope.rate の数値が範囲外だった場合に範囲内に収まるように変換処理をおこないます（4）。

このディレクティブを利用すると（リスト 10.69）、下図が表示されます（図 10.13）。

リスト 10.69: rating ディレクティブの利用例
```
<input type="number" ng-model="rate">
<rating ng-model="rate" max="10"></rating>
```

```
┌─────────────────────────┬──────────────────────────┐
│ 6                       │ ★★★★★★☆☆☆☆              │
└─────────────────────────┴──────────────────────────┘
```

図 10.13: rating ディレクティブ

10-4-4　bookItem/bookList ディレクティブ

本項では、bookItem ディレクティブと bookList ディレクティブを説明します。

bookItem ディレクティブは、書籍情報を管理するディレクティブで、ボタンで編集モードと表示モードを切り替え可能にします。bookList ディレクティブは、bookItem ディレクティブをグルーピングして一覧表示するディレクティブです。

これらのディレクティブは書籍管理アプリのメイン機能です。requireとcontrollerの利用方法の参考になります。

リスト10.70: bookItemディレクティブ（JavaScript）

```javascript
angular.module('app')
  .directive('bookItem', function () {
    return {
      restrict: 'EA',
      require: '^bookList',
      templateUrl: 'book_item.html',
      scope: {
        book: '=item',
        statuses: '='
      },
      link: function (scope, element, attrs, bookListCtrl) {
        scope.isEditMode = false;

        // (1) このディレクティブのスコープをbookListControllerに登録する
        bookListCtrl.addBookItem(scope);

        // (2) 編集モードの開始
        scope.startEdit = function () {
          // bookListControllerに、他に編集中のbookItemがないかどうかを問い合わせる
          if (bookListCtrl.anyDirty()) {
            scope.$emit('cannot-edit', '編集中のアイテムがあります', new Date);
            return;
          }
          bookListCtrl.allCancel();
          // 現在の値を保持しておく
          scope.backupBook = angular.copy(scope.book);
          scope.isEditMode = true;
        };

        // (3) 保存
        scope.save = function () {
          scope.isEditMode = false;
          scope.backupBook = null;
        };
```

```
        // (4) キャンセル
        scope.cancel = function () {
          if (!scope.isEditMode) {
            return;
          }
          // 保持しておいた値を戻す
          scope.book = scope.backupBook;
          scope.backupBook = null;
          scope.isEditMode = false;
        };

        // (5) 値が変更されているかどうか
        scope.isDirty = function () {
          if (!scope.isEditMode) {
            return false;
          }
          return !angular.equals(scope.book, scope.backupBook);
        };
      }
    }
  });
```

　bookItemディレクティブでは、requireにbookListディレクティブを指定しているため、controllerとしてbookListControllerが利用できます。そこで、bookListControllerに、bookItemディレクティブのスコープを登録します (1)。

　(2) は [編集] ボタンがクリックされたときの処理です。編集中のディレクティブが他にある場合は、scope.$emitを利用して編集が開始できないことを通知します。編集中のディレクティブがなければ編集を開始します。編集をキャンセルできるように編集前の内容をコピーして保持します。このように実装することで、編集可能なbookItemを常に1つだけに制限できます。

　(3)は[保存]ボタンがクリックされたときの処理です。編集前の保存データを破棄して編集モードを終了します。(4) はキャンセルボタンがクリックされたときの処理です。編集前のデータを戻して編集モードを終了します。

　(5) では、値が編集されているかどうかをチェックします。

　bookItemディレクティブのテンプレートは次の通りで(リスト10.71)、表示モードと編集モードで表示内容を切り替えます。

リスト 10.71: bookItem ディレクティブ (book_item.html)

```html
<form class="book-item">
  <div ng-hide="isEditMode">
    <table>
      <tr>
        <td> タイトル </td>
        <td>{{book.title}}</td>
      </tr>
      <tr>
        <td> 著者 </td>
        <td>{{book.author}}</td>
      </tr>
      <tr>
        <td> ステータス </td>
        <td>{{book.status}}</td>
      </tr>
      <tr>
        <td> 評価 </td>
        <td>
          <rating ng-model="book.rate" max="5" readonly="true"></rating>
        </td>
      </tr>
      <tr>
        <td> 読了日 </td>
        <td>{{book.readDate | fromnow}}</td>
      </tr>
    </table>
    <button ng-click="startEdit()"> 編集 </button>
  </div>
  <div class="edit-mode" ng-show="isEditMode">
    <table>
      <tr>
        <td> タイトル </td>
        <td><input type="text" ng-model="book.title"></td>
      </tr>
      <tr>
        <td> 著者 </td>
        <td><input type="text" ng-model="book.author"></td>
      </tr>
      <tr>
```

```html
      <td> ステータス </td>
      <td>
        <combo-box selected-item="book.status" all-items="statuses"></combo-box>
      </td>
    </tr>
    <tr>
      <td> 評価 </td>
      <td>
        <rating ng-model="book.rate" max="5"></rating>
      </td>
    </tr>
    <tr>
      <td> 読了日 </td>
      <td>
        <input type="date" ng-model="book.readDate">
      </td>
    </tr>
  </table>
  <br/>
  <button ng-click="save()"> 保存 </button>
  <button ng-click="cancel()"> キャンセル </button>
  </div>
</form>
```

続いて、bookList ディレクティブの実装を示します（リスト 10.72）。

リスト 10.72: bookList ディレクティブ

```
angular.module('app')
  .controller('bookListController', function () {
    this.bookItems = [];
    // bookItem を管理対象に追加する
    this.addBookItem = function (bookItem) {
      this.bookItems.push(bookItem);
      var self = this;
      bookItem.$on('$destroy', function () {
        self.removeBookItem(bookItem);
      });
    };
    // bookItem を管理対象から削除する
```

```
    this.removeBookItem = function (bookItem) {
      var index = this.bookItems.indexOf(bookItem);
      this.bookItems.splice(index, 1);
    };
    // 管理している bookItem の中に編集中のものがあるかどうかを調べる
    this.anyDirty = function () {
      var isDirty = false;
      for (var i = 0; i < this.bookItems.length; i++) {
        var bookItem = this.bookItems[i];
```

図 10.14: bookItem/bookList ディレクティブ

```
        if (bookItem.isDirty()) {
          isDirty = true;
        }
      }
      return isDirty;
    };
    // 管理しているbookItemの編集モードをすべてキャンセルする
    this.allCancel = function () {
      for (var i = 0; i < this.bookItems.length; i++) {
        var bookItem = this.bookItems[i];
        if (bookItem.isEditMode) {
          bookItem.cancel();
        }
      }
    };
  })
  .directive('bookList', function () {
    return {
      restrict: 'EA',
      controller: 'bookListController',
      scope: {
        items: '='
      }
    }
  });
```

上記のbookListディレクティブは、requireでbookListControllerを指定するだけで、実装はほとんどありません。bookListControllerは、bookItemディレクティブから利用する各種メソッドが実装されています。

bookItem/bookListディレクティブを利用すると（リスト10.73〜10.74）、左図が表示されます（図10.14）。

リスト10.73: bookItem/bookListディレクティブの利用（HTML）

```
<div ng-controller="bookShelfController">
  <notification timeout="3000" enable="enableMessage">
    {{message}}
  </notification>
  <book-list>
```

```
    <div ng-repeat="book in books">
      <book-item item="book" statuses="statuses"/>
    </div>
  </book-list>
</div>
```

リスト 10.74: bookItem/bookList ディレクティブの利用（JavaScript）

```
var app = angular.module('app', []);

app.controller('bookShelfController', ['$scope', function ($scope) {
  $scope.books = [
    {title: 'こころ', author: '夏目 漱石', status: '未所有', rate: 0, readDate: null},
    {title: '走れメロス', author: '太宰 治', status: '未読', rate: 0, readDate: null},
    {title: '羅生門', author: '芥川 竜之介', status: '読中', rate: 0, readDate: null},
    {title: '銀河鉄道の夜', author: '宮沢 賢治', status: '読了', rate: 5,
          readDate: new Date('2014/06/20')}
  ];
  $scope.enableMessage = false;
  $scope.$on('cannot-edit', function (event, message) {
    $scope.message = message;
    $scope.enableMessage = true;
  });
  $scope.statuses = ['未所有', '未読', '読中', '読了'];
}]);
```

10-4-5　barGraph ディレクティブ

最後に barGraph ディレクティブを紹介します（リスト 10.76）。

このディレクティブでは、D3.js というデータ可視化ライブラリ「D3.js」を利用して棒グラフを表示します。書籍管理アプリでは、月ごとの読了数を棒グラフで描画するために利用します。

なお、D3.js は公式サイト（http://d3js.org/）からダウンロードするか、CDN に設置されたファイルを読み込み利用します（リスト 10.75）。

リスト 10.75: D3.js のインクルード

```
<script src="http://d3js.org/d3.v3.min.js" charset="utf-8"></script>
```

リスト 10.76: barGraph ディレクティブ

```
var app = angular.module('app');
app.directive('barGraph', [function () {
  return {
    scope: {
      height: '=',
      width: '=',
      data: '='
    },
    restrict: 'EA',
    link: function (scope, iElement) {
      // 描画領域を生成
      var svg = d3.select(iElement[0])
        .append('svg')
        .attr('width', scope.width)
        .attr('height', scope.height * 1.2);

      // グラフの高さを正規化する関数の作成
      var scale = d3.scale.linear()
        .domain([0, d3.max(scope.data, function (d) {
          return d.count;
        })])
        .range([scope.height, 0]);

      var barAreaWidth = scope.width / scope.data.length;
      var barWidth = barAreaWidth * 0.8;
      var widthMargin = barAreaWidth * 0.1;
      var heightMargin = scope.height * 0.1;

      // 棒グラフを生成
      svg.selectAll('rect')
        .data(scope.data)
        .enter()
        .append('rect')
        .attr({
          x: function (d, i) {
            return i * barAreaWidth + widthMargin;
          },
          y: function (d) {
            return heightMargin + scale(d.count);
          }
```

AngularJS 2.0: 3種類のディレクティブ

本章で解説している通り、ディレクティブの仕様はとても複雑です。
そこで、AngularJS 2.0 では、ディレクティブを次の 3 種類に分類し、API を整理することを検討しています。

- Decorator Directive
    - 属性を切り替えたりするだけのディレクティブ
    - ng-show など
- Template Directive
    - テンプレートを扱うディレクティブ
    - ng-if、ng-repeat、ng-include など
- Component Directive
    - 部品化されたディレクティブ
    - DatePicker や Chart など

新しい API では、アノテーションと class を利用して、以下の記述でディレクティブを定義できるようになります。異なるタイプのディレクティブを作成するには、アノテーションに @TemplateDirective や @ComponentDirective などを指定することになります。

```
@DecoratorDirective({
  selector: '[my-directive]'
}
export class MyDirective {
  // ディレクティブの実装
}
```

また、AngularJS 1.3 では、name と restrict でディレクティブの適用箇所を指定していましたが、AngularJS 2.0 では CSS セレクタと同じような方法で指定できるようになります。例えば、上記の例では、my-directive というタグ名の要素に、このディレクティブが適用されることになります。

なお、上記 3 種類のディレクティブで、Component Directive は Web Components の仕組みの上に構築されることが検討されています。Web Components とは、W3C で標準化が進められている Web の UI コンポーネント化を実現する仕組みです。考え方としては、AngularJS のディレクティブと非常に似たものであると言えます。Web Components が実現すると、Web アプリケーション開発におけるメンテナンス性や再利用性が向上すると期待されています。

Chapter 11

テスト

Chapter 11

Section 11-1 自動テストの基本

　AngularJS は、テストを重視しているフレームワークです。テストに必要な機能はもちろん、モックオブジェクトを提供する標準モジュールの他にも、「Karma」や「Protractor」などのテストツールが用意されています。

　本章では、ユニットテストとインテグレーションテストでのテストコードの記述方法から、「Karma」や「Protractor」などのテストツールの利用方法を紹介し、Chap.08～10 で実装したコードを対象にしたテストコードを紹介します。

　本節では、本章で取り扱うテストと利用するテストツールやライブラリを紹介します。

11-1-1　テストの種類

　Web アプリケーションでは、求める品質特性に応じてさまざまな観点によるテストを実施する必要があります。例えば、コンポーネント単位での機能を確認するユニットテスト、使いやすさを確認するユーザビリティテスト、応答性やスループットを確認するパフォーマンステストなどがあります。本章ではユニットテストとインテグレーションテストを中心に解説します。

　ユニットテストは、ソフトウェアの小さなコンポーネント単位での機能を確認するテストです。AngularJS の場合は、コントローラ、フィルター、サービス、ディレクティブなどの単位でユニットテストを実施します。テスト対象のコンポーネントが他のコンポーネントに依存している場合は、依存先コンポーネントをモック（偽物）に置き換えてテストを実施することもあります。

　インテグレーションテストは、アプリケーションをリリースする状態に近い構成で動作させ、フロントエンドからバックエンドまでエンドツーエンドで実施するテストです。データベースにデータを投入し、Web ブラウザを通じて実際に操作をおこない、ユーザーインターフェースも含め、期待する動作が得られるかどうかを確認します。

11-1-2 テストツール

Webアプリケーションのテストでは、さまざまなライブラリやツールを利用することになります。本章では、ユニットテストとインテグレーションテストで利用するライブラリとツールとして、下記を紹介します。

・テスティングフレームワーク
・テストランナー
・モックライブラリ

■ テスティングフレームワーク

テスティングフレームワークはコード化されたテストを実行し、対象ソフトウェアが期待される状態であるか確認します。期待する結果が得られなかった場合には、どこに問題があるのか分かりやすく表示してくれることが重要です。また、テストコードは、どのようなテストを実施するかを記述するだけではなく、ソフトウェアの仕様を表現する側面でもあり、最近は自然言語に近い記法でテストコードを記述する手法が浸透しています。

上述のテストコードを記述する仕組みと、期待する挙動との差異をチェックする仕組みを持ったソフトウェアを、テスティングフレームワークと呼びます。

AngularJSでは、テスティングフレームワークとして標準的に「Jasmine」を利用します（もちろん、「Mocha」や「QUnit」など他のツールへの変更も可能です）。

Jasmineは、テストコードの記述をはじめに、テスト結果の確認、モックライブラリなどの機能を備えたフルスタックのテスティングフレームワークです。「RSpec」と似た記法のBDD（Behavior Driven Development）形式で、テストを記述可能です。他のプログラミング言語でも類似のフレームワークを利用した経験もあるはずです。なお、AngularJS付属のモック機能を利用するので、Jasmineのモック機能は本書では取り扱いません。

■ テストランナー

JavaScriptの実行エンジンはブラウザごとに少しずつ挙動が異なり、個別に不具合が存在する場合があります。そのためWebアプリケーション開発では、単一ブラウザで動作を確認するだけではなく、さまざまなブラウザで期待通りに動作することを確認する必要があります。

テストランナーは、さまざまなブラウザでテストを実行し、その結果をレポートするツールです。本書では、「Karma」と「Protractor」をテストランナーとして紹介します。

Karmaは、AngularJSチームが開発したツールで、リモートでのテスト実行やCI（継続的インテグレーション）ツールとの連携機能などが搭載されています。また、テスト対象のソースコード変更を監視し、変更されるたびに即座にテストを実行する機能も用意されています。

　一方、Protractorはインテグレーションテスト向けのテストランナーです。「Selenium WebDriver」をベースに、AngularJSアプリケーションのテストに便利な機能が数多く追加されたツールです。前述のKarmaのテスト実行機能に加え、ページ遷移や文字入力、ボタンクリックなどのブラウザを操作するライブラリを提供しています。

　なお、AngularJS 1.0以前では、「ngScenario」モジュールと「Karma」を利用してインテグレーションテストがおこなわれていましたが、現時点では「ngScenario」はメンテナンスされてなく、Protractorが推奨されています。AngularJS自身のテストもProtractorに置き換えられています。

■ モック

　開発段階のプロジェクトでは、実装中のソースコード以外が未完成の場合があります。また、サーバやデータベースとの通信に依存したコンポーネントのテストを記述する場合、テストコードを実行する環境の準備に手間が掛かります。さらに、通信障害などタイミングに依存する発生頻度が低いエラーを再現させてテストすることは困難でしょう。そこで、依存するコンポーネントをモックと呼ばれる偽物に置き換えてテストする手段が必要となります。

　AngularJSでは、ngMockモジュール内にいくつかのモックオブジェクトが用意されています。ngMockモジュールはangular-mocks.jsをインクルードすることで利用可能です。Webサーバを起動しなくてもHTTP通信を利用したコードの挙動をテストできたり、タイマーを使っているコードで、指定した時間を待たなくても結果を得ることが可能になります。

　また、AngularJSは、標準でDI（Dependency Injection）コンテナの機能を持つため、依存モジュールを容易にモックに切り替えることが可能です。

Chapter 11

[Section]
11-2 ユニットテスト

AngularJSでは、アプリケーションを構成する部品として、ディレクティブやサービス、フィルター、コントローラなどがあります。ユニットテストでは、これらの部品を単体機能としてテストを実施します。なお、テスト対象の部品が他の部品（未完成）に依存するため、単体テストが実施できない場合は、依存する部品をモックに置き換えてテストします。

ただし、モックを利用し過ぎるとテストの意味が薄れてしまう場合があります。また、部品間の依存性が強すぎるケースは、アプリケーション設計に問題があるかもしれません。テスタビリティ（ユニットテストの容易さ）を考慮しながらアプリケーション設計を見直すと、部品間の依存性が弱くなり、メンテナンス性の向上に繋がる場合もあります。

11-2-1 ユニットテストの基本

本項では、「Karma」と「Jasmine」の基本的な使い方を紹介し、シンプルなフィルターでのテストを解説します。

■ Karmaのインストール

まずは、ユニットテストのテストランナーである「Karma」の利用方法を説明します。

Karmaをインストールするには、「Node.js」と「npm」が必要です。「Chap.13 ツール」（P.351）を参照して、事前にインストールしてください。

Karmaはnpmを利用して、下記のコマンドでインストールします。

```
$ npm install karma
```

次にKarmaからJasmineを利用するプラグインをインストールします。

```
$ npm install karma-jasmine
```

続いて、テスト実行時にブラウザを起動するプラグインをインストールします。Google Chrome を利用する場合は、下記のコマンドを実行します。Firefox や IE、PhantomJS を利用する場合も、個別にプラグインが用意されています。

```
$ npm install karma-chrome-launcher
```

Karma をコマンドラインで利用するツールをグローバルにインストールします。

```
$ npm install -g karma-cli
```

ツールのインストールは以上で完了です。
続いて、設定ファイルの雛形を生成します。テストコードを配置するディレクトリに移動し、次のコマンドを実行します。

```
$ karma init
```

いくつかの質問が表示されるので、順番に答えていきます。
まずは、利用するテストフレームワークです。ここは「jasmine」のままで構いません。

```
Which testing framework do you want to use ?
Press tab to list possible options. Enter to move to the next question.
> jasmine
```

次に Require.js の利用有無です。ここでは no と答えます。

```
Do you want to use Require.js ?
This will add Require.js plugin.
Press tab to list possible options. Enter to move to the next question.
> no
```

続いて、テスト実行に利用するブラウザを入力します。Chrome や Firefox、PhantomJS などを指定します。複数のブラウザを指定することも可能です。

```
Do you want to capture any browsers automatically ?
Press tab to list possible options. Enter empty string to move to the next question.
```

11-2 ユニットテスト

```
> Chrome
>
```

テスト対象のソースコード、テストコードのパスを指定します。ワイルドカードで指定することも可能です。angular.js と angular-mocks.js は必ず指定します。

```
What is the location of your source and test files ?
You can use glob patterns, eg. "js/*.js" or "test/**/*Spec.js".
Enter empty string to move to the next question.
> angular.js
> angular-mocks.js
> *_spec.js
>
```

1つ前の質問で指定したファイルで、除外したいファイルを入力します。

```
Should any of the files included by the previous patterns be excluded ?
You can use glob patterns, eg. "**/*.swp".
Enter empty string to move to the next question.
>
```

最後に、ソースコードやテストコードに変更があった場合、テストを再実行するかどうかを指定します。

```
Do you want Karma to watch all the files and run the tests on change ?
Press tab to list possible options.
> yes


Config file generated at "karma.conf.js".
```

以上で、設定ファイル karma.conf.js が生成されます（リスト11.1）。

リスト 11.1: karma.conf.js

```
module.exports = function (config) {
  config.set({
    // files や exclude を指定する際のベースとなるディレクトリのパスを指定します
```

```
    basePath: '',
    // テストに利用するファイルを指定します
    files: [
      '../../angular/angular.js',
      '../../angular/angular-mocks.js',
      '*_spec.js'
    ],
    // 上記の files で指定したファイルのうち、不要なものを指定します
    exclude: [],
    // テストを実行する前におこなう処理を指定します
    // CoffeeScript で記述したテストコードを JavaScript にコンパイルする用途などに利用します
    preprocessors: {},
    // 利用するテストフレームワークを指定します
    frameworks: ['jasmine'],
    // テストの実行状況を通知する方法を指定します
    reporters: ['progress'],
    // Karma を起動する Web サーバのポート番号を指定します
    port: 9876,
    // true に設定すると、テストの実行状況やログの出力に色が付きます
    colors: true,
    // 出力するログのレベルを指定します
    logLevel: config.LOG_INFO,
    // テストに利用するブラウザを指定します
    browsers: ['Chrome'],
    // true に設定するとテストを 1 回実行した後に終了します
    singleRun: false,
    // true に設定すると、files で指定したファイルに変更があった際に自動的にテストを再実行します
    // autoWatch を有効にする場合は、singleRun を false に設定する必要があります
    autoWatch: true
  });
};
```

■ ユニットテストを失敗させる

Jasmine を利用した簡単なテストコードを書きましょう。

先ほど作成した「karma.conf.js」と同じディレクトリに次のファイルを作成します（リスト 11.2）。テストコードのファイル名は一般的に末尾に _spec を付与します。ここでは「simple_spec.js」とします。

リスト 11.2: simple_spec.js

```
describe(' 一番最初のテスト ', function () {
  it(' わざと足し算を失敗させる ', function () {
    expect(1 + 1).toEqual(3);
  });
});
```

上記のテストコードでは、Jasmine が提供する describe、it、expect 関数を利用します。

まず、describe はテストをグループ化する関数です。第 1 引数にはテスト対象とするオブジェクトの説明などを記述します。第 2 引数にはテストケースが記述された関数を登録します。

it はテストケースを記述する関数です。第 1 引数には期待する振る舞いを記述します。第 2 引数に、テスト対象のコードを実行し、結果をチェックする処理を記述した関数を登録します。

expect はテストの結果、期待する値が得られたかどうかを確認する関数です。expect の引数には、テスト対象のコードを実行して得られた結果を渡します。

expect の戻り値に対して、その結果が期待したものかどうかを Matcher メソッドを利用して確認します。toEqual メソッドは、値として等しいことを期待する Matcher です。ここでは、1+1 の結果が 3 になることを期待しているため、テストは必ず失敗します。

■ ユニットテストを実行する

用意したテストを実施してみましょう。

テストを実施するには、karma.conf.js やテストコードと同じディレクトリで、次のコマンドを実行します。

```
$ karma start karma.conf.js
```

下記のログが表示され、テストが失敗していることが分かります。

```
INFO [karma]: Karma v0.12.16 server started at http://localhost:9876/
INFO [launcher]: Starting browser Chrome
INFO [Chrome 35.0.1916 (Linux)]:
                                Connected on socket xD6ol5vFO-kZr_p8WY8D with id 56794664
Chrome 35.0.1916 (Linux) 一番最初のテスト わざと足し算を失敗させる FAILED
        Expected 2 to equal 3.
        Error: Expected 2 to equal 3.
            at null.<anonymous> (sample/chapter11/simple_spec/simple_spec.js:3:19)
```

```
Chrome 35.0.1916 (Linux): Executed 1 of 1 (1 FAILED) ERROR (0.016 secs / 0.011 secs)
```

前述のテストコード（リスト 11.2）を下記内容に修正して（リスト 11.3）、正しくテストが通ることを確認します。なお、karma.conf.js で autoWatch を true に設定している場合は、Karma を再起動することなく、テストコードを変更しただけで自動的にテストが再実行されます。

リスト 11.3: 修正した simple_spec.js

```javascript
describe('一番最初のテスト', function () {
  it('わざと足し算を失敗させる', function () {
    expect(1 + 1).toEqual(2);
  });
});
```

下記の通りに表示されれば、テストは成功です。

```
INFO [watcher]: Changed file "sample/chapter11/simple_spec/simple_spec.js".
Chrome 35.0.1916 (Linux): Executed 1 of 1 SUCCESS (0.015 secs / 0.014 secs)
```

■ AngularJS のモジュールのテスト

前述の例では Karma と Jasmine を利用してテストコードを作成しました。

ここからは AngularJS の部品を対象にしたテストを実行します。まず、下記のフィルターをテストします（リスト 11.4）。

リスト 11.4: テスト対象のフィルター

```javascript
angular.module('app', [])
  .filter('upperFilter', function () {
    return function (input) {
      return angular.uppercase(input);
    };
  });
```

テストコードをリスト 11.5 に示します。

リスト 11.5: 入力文字列を大文字に変換するフィルターのテスト

```javascript
describe("upperFilter のテスト", function () {
```

```
    // (1) テスト対象のモジュールを読み込む
    beforeEach(module('app'));

    // (2) $filter サービスをインジェクト
    it(" 入力文字列が大文字に変換される ", inject(function ($filter) {
      // (3) $filter サービスを利用して upperFilter を取得
      var upperFilter = $filter('upperFilter');
      // (4) upperFilter の実行結果が期待したものであることを確認
      expect(upperFilter('hello, world!')).toEqual('HELLO, WORLD!');
    }));
  });
```

Jasmineでは、テストの実行前の準備処理をbeforeEachに、テスト実行後の後片付けの処理をafterEach関数に記述します。

(1)では、beforeEach関数でmodule関数を利用し、テスト対象のモジュールを読み込みます。対象のフィルターはappモジュールに登録されているので、appモジュールを読み込みます。

(2)では、injectで必要なサービスのインジェクションをおこないます。テスト対象はフィルターなので、$filterサービスをインジェクトします。なお、module関数とinject関数はangular-mocks.jsで提供されている関数です。

(3)では、$filter関数にフィルター名を指定してフィルターのインスタンスを取得します。最後に（4）で、フィルターの実行結果が期待するものかどうかのチェックします。テストを実行し、テストが成功することを確認しましょう。

11-2-2 ユニットテストのAPI

簡単なユニットテストの記述方法を説明しました。以降では、JasmineやngMockモジュールが提供するAPIを詳細に解説します。

■ Jasmine Matcher

Jasmineが提供しているAPIとして、describe、it、expect、toEqual、beforeEach、afterEachを紹介し、expect関数に渡した値が期待したものかどうかチェックには、Matcherメソッドを利用すると説明しました。Matcherメソッドには、紹介したtoEqual以外にも次表に挙げるものが用意されています（表11.1）。テストに応じてメソッドを使い分けると、テストが失敗したときに、失敗した理由を分かりやすく表示してくれます。

表 11.1: Jasmine の Matcher メソッド

関数名	説明
toBe/not.toBe	同オブジェクトであるかどうかをチェックする
toEqual/not.toEqual	同値であるかどうかをチェックする
toMatch/not.toMatch	正規表現にマッチするかどうかをチェックする
toBeDefined/toBeUndefined	undefined かどうかをチェックする
toBeNull	null かどうかをチェックする
toBeNan	NaN かどうかをチェックする
toBeTruthy/toBeFalsy	評価すると true/false のように振る舞うものかどうかをチェックする
toHaveBeenCalledi/wasNotCalled/toHaveBeenCalledWith	関数が呼び出されたかどうかをチェックする
toContain/not.toContain	配列に要素が含まれるかどうかをチェックする
toBeLessThan/toBeGreaterThan	数値として多いか少ないかをチェックする
toBeCloseTo	数値として近い値かどうかをチェックする
toThrow	例外が発生したかどうかをチェックする

■ ngMock モジュール

ngMock モジュールには、下表に示す AngularJS のビルトインサービスのモックが用意されています（表 11.2）。以降、それぞれの利用方法を紹介します。

表 11.2: ngMock のモジュール

関数名	説明
$timeout	$timeout サービスのモック
$interval	$interval サービスのモック
$httpBackend	HTTP 通信のバックエンドのモック
$log	$log サービスのモック
$exceptionHandler	例外ハンドラのモック
angular.mock.TzDate	Date のモック

■ $timeout モックを使ったテスト

$timeout サービスのモックを利用する方法を紹介します。

$timeout サービスは、指定した時間が経過した後に登録した関数を実行するサービスです。しかし、ユニットテストを実行するたびに、指定した時間を待つとテストの実行時間が増えてしまうため望ましくありません。例えば、1000 秒経つとメッセージを返すサービスを考えてみます（

リスト 11.6: $timeout サービスを利用したコード

```
angular.module('app', [])
  .service('timerService', function ($timeout) {
```

```
    this.message = 'まだだよ。';
    var self = this;
    $timeout(function () {
      self.message = 'またせたな！';
    }, 1000000);
  });
```

上記のサービスをテストするために、1000秒待つテストコードを記述することは現実的ではありません。そこで、$timeoutサービスのモックを利用します（リスト11.7）。$timeoutのモックはflushメソッドを呼び出すことで、指定時間を待たなくてもコールバック関数が実行されます。

リスト 11.7: $timeout サービスのモックの利用

```
describe("timerServiceのテスト", function () {

  beforeEach(module('app'));

  it("時間経過後にメッセージが変化する", inject(function ($timeout, timerService) {
    expect(timerService.message).toEqual('まだだよ。');
    $timeout.flush();
    expect(timerService.message).toEqual('またせたな！');
  }));
});
```

なお、angular-mocks.jsを読み込むと、本物の$timeoutサービスが自動的にモックに置き換えられるため、明示的にモックオブジェクトを利用するコードは必要ありません。

■ $httpBackend のモック

$httpBackendのモックを紹介します。

$httpサービスや$resourceサービスを利用したコードのユニットテストのために、Webサーバを用意すると手間が掛かります。そこで、$httpサービスや$resourceサービスのベースとなっている$httpBackendのモックが用意されています。

$resourceを使ったコントローラのテストを考えてみましょう（リスト11.8）。

リスト 11.8: $resource サービスを利用したコード

```
angular.module('app', ['ngResource'])
  .factory('usersService', function ($resource) {
```

```
    return function () {
      return $resource('/api/users').query();
    }
  });
```

$resourceサービスを利用したサービスのユニットテストでは、$httpBackendのモックを利用して、次のように記述します（リスト11.9）。

リスト11.9: $httpBackendのモックを利用したテスト

```
describe('usersServiceのテスト', function () {

  beforeEach(module('app'));

  // (1) $httpBackendモックをインジェクト
  var httpBackend;
  beforeEach(inject(function ($httpBackend) {
    httpBackend = $httpBackend;
  }));

  it('ユーザー一覧が取得できる', inject(function (usersService) {
    // (2) /api/usersというURLでGETメソッドが呼び出されることを期待。またそのときのレスポンスを設定。
    httpBackend.expect('GET', '/api/users').respond([
      {userId: 123, name: 'ikezoe'},
      {userId: 100, name: 'kanai'},
      {userId: 101, name: 'yoshida'}
    ]);

    var users = usersService();
    expect(users.length).toEqual(0);
    // (3) HTTPのレスポンスを返す
    httpBackend.flush();
    expect(users.length).toEqual(3);
  }));

  afterEach(function () {
    // (4) expectで期待しているリクエストが送られてこなかった場合にテストを失敗させる
    httpBackend.verifyNoOutstandingExpectation();

    // (5) リクエストを投げたのにflushされていなかった場合にテストを失敗させる
```

```
      httpBackend.verifyNoOutstandingRequest();
    });
  });
```

(1) で `$httpBackend` のモックをインジェクトします。続いて (2) では、期待する HTTP リクエストと、そのリクエストに対するレスポンスを設定します。`$httpBackend.expect` メソッドの第 1 引数に HTTP リクエストのメソッド名、その後に URL、ボディ、ヘッダを指定できます。`respond` ではレスポンスのオブジェクトを指定します。

(3) で `$httpBackend.flush` を呼び出すと、`$httpBackend.expect` で指定した通りのリクエストが送信されたかどうかがチェックされます。期待したリクエストが送信されていなければテストが失敗します。なお、`$httpBackend` には expect メソッドと似た when メソッドが用意されています。`$httpBackend.when` メソッドは `$httpBackend.expect` メソッドと異なり、期待したリクエストが送信されなくてもテストが失敗することはありません。

(4) の `$httpBackend.verifyNoOutstandingExpectation()` では、`$httpBackend.expect` で期待するリクエストを定義したにも関わらず、`$httpBackend.flush()` を呼び出し忘れていた場合にテストを失敗させます。

(5) の `$httpBackend.verifyNoOutstandingRequest()` では、リクエストを投げた後に flush が呼び出されなかった場合にテストを失敗させます。

上記の通り、`$httpBackend` のモックを利用すると、Web サービスを用意することなく、`$http` や `$resource` を利用したコードのテストを実施できます。

■ 例外の発生確認

ここではテスト対象のコードが例外を発生させたかチェックするテストを解説します。まず、例外を発生させるフィルターを考えてみましょう（リスト 11.10）。

リスト 11.10: 例外を発生させるフィルター

```
angular.module('app.filter', [])
  .filter('upperFilter', function () {
    return function (input) {
      if (angular.isDefined(input) && !angular.isString(input)) {
        throw Error('input type is not String.')
      }
      return angular.uppercase(input);
    };
  });
```

呼び出し元から try-catch で補足可能な例外であれば、Jasmine の toThrow メソッドを利用して、例外の発生を確認できます（リスト 11.11）。

リスト 11.11: 補足できる例外の発生を確認するテスト

```
describe("filter test", function () {
  beforeEach(module('app.filter'));

  it(" 補足できる例外の確認 ", inject(function ($filter) {
    var filter = $filter('upperFilter');
    expect(function () {
      filter(123);
    }).toThrow('input type is not String.');
  }));
});
```

次に、呼び出し元から try-catch で補足できない例外を発生させるサービスを考えてみましょう（リスト 11.12）。

リスト 11.12: 補足できない例外を発生させるサービス

```
angular.module('app.service', [])
  .factory('timerService', function ($timeout) {
    // 指定した時間以内にキャンセルしないと例外が発生するサービス
    return function (time) {
      var promise = $timeout(function () {
        throw Error('timeout');
      }, time);
      return function () {
        $timeout.cancel(promise);
      }
    }
  });
```

上記のサービスは、指定時間以内にキャンセルしないと例外を発生させますが、$timeout の中で例外を発生させているため、呼び出し元から try-catch で補足できません。

このような例外をテストするには、$exceptionHandler と $exceptionHandlerProvider のモックが利用できます（リスト 11.13）。

リスト 11.13: 補足できない例外の発生を確認するテスト

```javascript
describe("filter test", function () {

  beforeEach(module('app.service'));
  beforeEach(module(function ($exceptionHandlerProvider) {
    // (1) 補足されない例外が発生した場合は、例外情報をログに出力する
    $exceptionHandlerProvider.mode('log');
  }));

  it(" 補足されない例外の発生確認 ",
                    inject(function (timerService, $timeout, $exceptionHandler) {
    // (2) 例外が発生していないことを確認
    expect($exceptionHandler.errors).toEqual([]);

    // (3) 例外を発生させる
    var cancel = timerService(10000);
    $timeout.flush();

    // (4) 例外が発生したことを確認
    expect($exceptionHandler.errors[0].message).toEqual('timeout');
  }));
});
```

　まず、(1) では、$exceptionHandlerProvider.mode メソッドで $exceptionHandler の挙動を変更します。'log' を指定すると補足されない例外が発生したときに、$exceptionalHandler.errors に例外情報が蓄えられます。'rethrow' を指定すると、再度例外を発生させます。この場合はユニットテストが失敗したことになります。デフォルトでは 'rethrow' が指定されます。

　(2) では、サービス実行前に例外が発生していないことを確認し、(3) でサービスを実行して例外を発生させます。続いて (4) で、$exceptionalHandler.errors に蓄えられている例外情報をチェックし、例外が発生していることを確認します。

11-2-3 ユニットテストの実装例

本節で説明したユニットテストの機能を利用して、Chap.08 〜 Chap.10 で実装したコードを対象にユニットテストを実装します。

■ フィルターのテスト

「8-2-3 実装例」（P.203 参照）で作成した fromnow フィルターをテストします。テストコードは下記になります（リスト 11.14）。

リスト 11.14: fromnow フィルターのテストコード

```
describe("fromnow filter test", function () {
  var fromnow;
  beforeEach(module('app'));
  beforeEach(inject(function ($filter) {
    fromnow = $filter('fromnow');
  }));
  it(" 現在時刻 ", function () {
    expect(fromnow(new Date())).toEqual(' 今 ');
  });
  it("10 分後 ", function () {
    var targetDate = new angular.mock.TzDate(-9, '2014-06-26T12:03:08.000Z');
    var baseDate = new angular.mock.TzDate(-9, '2014-06-26T11:53:08.000Z');
    expect(fromnow(targetDate, baseDate)).toEqual('10 分後 ');
  });
  it(" 日付をまたいだ場合 ", function () {
    var targetDate = new angular.mock.TzDate(-9, '2014-06-25T23:53:08.000Z');
    var baseDate = new angular.mock.TzDate(-9, '2014-06-26T00:03:08.000Z');
    expect(fromnow(targetDate, baseDate)).toEqual('10 分前 ');
  });
  it(" 月をまたいた場合 ", function () {
    var targetDate = new angular.mock.TzDate(-9, '2014-05-26T12:03:08.000Z');
    var baseDate = new angular.mock.TzDate(-9, '2014-06-01T12:04:08.000Z');
    expect(fromnow(targetDate, baseDate)).toEqual('6 日前 ');
  });
  it(" タイムゾーンが異なる同一時刻 ", function () {
    var targetDate = new angular.mock.TzDate(-9, '2014-06-26T12:05:08.000Z');
    var baseDate = new angular.mock.TzDate(+0, '2014-06-26T03:05:08.000Z');
    expect(fromnow(targetDate, baseDate)).toEqual(' 今 ');
```

```
    });
  });
```

 angular.mock.TzData は angular-mocks.js に含まれるクラスで、タイムゾーンを固定したDate型のインスタンスを作成できます。通常、Date型を利用するとローカルのタイムゾーンが利用されますが、TzDateを利用すると指定したタイムゾーンを利用したDate型のインスタンスを作成できます。

 TzDateのコンストラクタ関数には、第1引数にオフセット時間を指定し、第2引数にUTCでの日時を文字列形式で指定します。日本時間はUTCよりも9時間進んでいるので、オフセットには-9を指定します。

 なお、TzDataは$timeoutや$httpBackendのモックのように、既存のサービスが自動的にモックに差し替えられるものではありません。上記で示す通り、TzDate型のインスタンスを生成して、明示的に関数に渡して利用します。

 また、TzDate型では、getYearやsetDate、toStringなどDate型に実装されている非標準なメソッドは用意されていないため、利用の際には注意が必要です。

■ モックの作成

 $timeoutサービスや$httpBackendサービスなどのモックは標準で用意されていますが、自作したサービスを利用する場合は、専用のモックを用意する必要があります。

 前述の「9-2-4 実装例」(P.221参照)で作成した、webStorageサービスを利用するコントローラを例にします（リスト11.15）。

リスト 11.15: webStorage サービスを利用したコード

```
angular.module('app')
  .controller('storageController',
                       ['$scope', 'webStorage', function ($scope, webStorage) {
    function updateItems() {
      $scope.items = [];
      angular.forEach(webStorage.keys(), function (key) {
        var storage = webStorage(key);
        $scope.items.push({
          name: key,
          storage: storage
        });
      });
```

```
    }
    updateItems();

    $scope.addItem = function (key) {
      var storage = webStorage(key);
      storage.set($scope.value);
      updateItems();
    };

    $scope.clear = function () {
      webStorage.clear();
      updateItems();
    };

    webStorage.on(function (event) {
      updateItems();
    })
  }]);
```

　上記で webStorage#on イベントが発生したときのテスト方法を考えてみましょう。このイベントはブラウザの同一ページで値を変更した場合には発生しないため、ブラウザで別タブを開き webStorage の値を変更する必要があり、テストが実施しづらい機能と言えます。

　そこで、webStorage サービスのモックを作成してテストを実施しましょう。

　AngularJS では、サービスのインスタンスが作成されるタイミングで、サービスの挙動を変更する仕組みとして、下表に示す $provide.decorator メソッドがあります。

表11.3: $provide.decorator

モジュール	ng		
シグネチャ	$provide#decorator(name, decorator);		
	名前	型	説明
引数	name	string	デコレートしたいサービスの名前
	decorator	function($delegate)	デコレートをおこなう関数
戻り値	なし		

　decorator メソッドの第1引数にはデコレートしたいサービスの名前を指定し、第2引数にはサービスをデコレートする処理を記述します。

なお、$provide.decoratorは、Module#valueやModule#service、Module#factory、Module#providerで登録したサービスを変更できますが、Module#constantで登録したサービスは書き換えできないため、注意する必要があります。

$provide.decoratorを利用してwebStorageサービスを利用したコントローラのテストを示します。テストコードは下記の通りです（リスト11.16）。

リスト11.16: webStorageのモックを利用したテストコード

```
describe("storage controller test", function () {

  beforeEach(module('app'));
  beforeEach(module(function ($provide) {
    // (1) $provide.decoratorを利用してwebStorageサービスを書き換える
    $provide.decorator('webStorage', function ($delegate) {
      var callbacks = [];
      // (2) webStorage.onメソッドを上書き
      $delegate.on = function (callback) {
        callbacks.push(callback);
      };

      // (3) onイベントを外部から発行できるように拡張
      $delegate.raiseEvent = function (event) {
        angular.forEach(callbacks, function (callback) {
          callback(event);
        });
      };
      return $delegate;
    });
  }));

  it("webStorage.onイベントによる更新処理",
                          inject(function ($controller, $rootScope, webStorage) {
    var scope = $rootScope.$new();
    $controller('storageController', {$scope: scope});

    webStorage.clear();
    expect(scope.items).toEqual([]);
```

```
    var storage = webStorage('test');
    storage.set(1234);
    expect(scope.items).toEqual([]);

    // (4) イベントを発行することで、scope.items が更新されていることを確認
    webStorage.raiseEvent();
    expect(scope.items[0].name).toEqual('test');

  }));

});
```

まず、`$provide.decorator` メソッドを利用して webStorage サービスを書き換えます (1)。第2引数に登録する関数では、デコレート対象のサービスのインスタンスを変数 `$delegate` で受け取ります。`$delegate` は拡張を加えることが可能です。

続いて、(2) では webStorage サービスの on メソッドを上書きし、(3) で raiseEvent メソッドでイベントを発行できるように拡張します。そして、(4) ではイベントを明示的に発行することで、イベント発生時の挙動をテストします。

テスト実施が困難な機能は、上記の通り、サービスの一部の機能を書き換えたモックを利用してテストすることを検討しましょう。

■ ディレクティブのテスト

最後にディレクティブのユニットテストを紹介します。「10-4-3 rating ディレクティブ」(P.279 参照) での作成したディレクティブを例にします。rating ディレクティブのテストコードを次に示します (リスト 11.17)。

リスト 11.17: rating ディレクティブのテストコード

```
describe('rating ディレクティブのテスト', function () {
  var element;
  var $scope;

  beforeEach(module("app"));
  beforeEach(inject(function ($compile, $rootScope) {
    // (1) rating ディレクティブを利用した HTML 要素を作成し、コンパイル処理をおこなう
    element = angular.element('<rating ng-model="rate" max="5"></rating>');
    var linkFn = $compile(element);
```

```
    // (2) スコープのインスタンスを生成し、リンク処理をおこなう
    $scope = $rootScope.$new();
    linkFn($scope);
  }));

  it('星3つです', function () {
    // (3) $digestループを実行し、初期状態の表示内容を確認
    $scope.$digest();
    expect(element.text()).toBe(' ☆☆☆☆☆ ');

    // (4) scopeに値を設定し$digestループを実行し、要素が正しく書き換わっていることを確認する
    $scope.rate = 3;
    $scope.$digest();
    expect(element.text()).toBe(' ★★★☆☆ ');

    // (5) 要素の内容を目視確認
    dump(element);
  })

});
```

「Chap.10 カスタムディレクティブ」（P.225参照）で解説した通り、ディレクティブの処理は、コンパイルからリンク、$digestループと進みます。ディレクティブのユニットテストでは、コンパイル、リンク、$digestループを明示的に実行して動作を確認します。

まず、テスト対象のディレクティブを利用したHTMLの要素を生成し（1）、$compileサービスでコンパイル処理をおこない、$compileの実行結果としてリンク関数が生成されます。次にスコープのインスタンスを生成し、リンク関数を呼び出してリンク処理をおこないます（2）。

続いて$digestループを実行し、初期状態の表示状態を確認し（3）、スコープの変数を変更して$digestループを実行し、要素が期待した通りに書き換わっていることを確認します（4）。

また、テスト中にオブジェクトの内容を確認するにはdump関数を利用します。dump関数を呼び出すと、elementのオブジェクトが持っているプロパティを列挙して表示できます（5）。

ディレクティブのテスト手順は少々複雑ですが、汎用的なディレクティブを開発するには、是非ともマスターしましょう。

Chapter 11

Section 11-3 インテグレーションテスト

インテグレーションテストでは、アプリケーション全体を動作させた状態で、実際にユーザーが操作する動作と同様に、ブラウザを経由してアプリケーションの挙動を確認します。

11-3-1 インテグレーションテストの基本

本節では「Protractor」(https://github.com/angular/protractor) の基本的な使い方を紹介し、簡単な ToDo アプリケーションのインテグレーションテストを解説します。

■ Protractor のインストール

インテグレーションテストのツールとして「Protractor」を利用します。

Protractor は Node.js 上で動作しますが、Java の実行環境も必要となります。事前に Java 環境を用意しましょう。Protractor は次のコマンドでインストールします。

```
$ npm install -g protractor
```

Protractor はブラウザを操作するために「WebDriverJS」(http://webdriver.io/) を利用します。WebDriverJS は直接ブラウザを操作できないため、中継サーバ「Selenium Server」を利用します。Protractor のインストールで利用可能になる webdriver-manager を使って Selenium Server をインストールします。

```
$ webdriver-manager update
```

なお、Protractor をグローバルではなくローカル環境にインストールしている場合は、インストールコマンドを実行したディレクトリで次を実行します。

```
$ ./node_modules/protractor/bin/webdriver-manager update
```

■ Protractor の設定ファイル

Protractor の設定ファイルを記述します。Protractor のインストールディレクトリに referenceConf.js というファイルがあるので、そちらを参照してもよいでしょう。

設定ファイルの記述例は次の通りです（リスト 11.18）。

リスト 11.18: protractor.conf.js

```
exports.config = {
  // Selenium サーバのアドレス
  seleniumAddress: "http://localhost:4444/wd/hub",
  // テストで利用するブラウザなどの条件を設定することができます。
  // 詳細は https://code.google.com/p/selenium/wiki/DesiredCapabilities
  capabilities: {
    browserName: "chrome"
  },
  // テスト対象の spec ファイルのパス
  specs: ["todo_spec.js"],
  // テスト対象のアプリケーションのベース URL
  baseUrl: 'http://localhost:9000/',
  // 利用するテストフレームワーク
  framework: "jasmine",
  // jasmine 用の設定
  // 詳細は https://github.com/juliemr/minijasminenode
  jasmineNodeOpts: {
    showColors: true
  }
};
```

■ テスト対象の ToDo 管理アプリケーション

本項では下記の ToDo 管理アプリケーションをテスト対象とします（リスト 11.19 〜 11.20）。

input タグに文字を入力して Enter キーを押すとタスクが追加され、チェックボックス付きの一覧として表示される、簡単な ToDo 管理アプリケーションです。

リスト 11.19: テスト対象のアプリケーション（HTML）

```
<!DOCTYPE html>
<html ng-app="app" ng-strict-di>

<head>
```

```html
    <meta charset="utf-8">
    <meta name="viewport" content="width=device-width">
    <script type="text/javascript" src="../../angular/angular.js"></script>
    <script type="text/javascript" src="todo.js"></script>
</head>

<body>
<div ng-controller="ToDoController">
    <form ng-submit="add()">
        <input ng-model="inputText">
    </form>

    <ul>
        <li ng-repeat="todo in todos">
            <input type="checkbox" ng-model="todo.done">
            <label>{{todo.title}}</label>
        </li>
    </ul>
</div>
</body>

</html>
```

リスト 11.20: テスト対象のアプリケーション（JavaScript）

```javascript
angular.module('app', [])
  .controller('ToDoController', ['$scope', function ($scope) {
    $scope.add = function () {
      var newTodo = {
        title: $scope.inputText,
        done: false
      };

      $scope.todos.push(newTodo);
      $scope.inputText = '';
    };

    $scope.todos = [];
  }]);
```

■ ToDo 管理アプリケーションのテスト

インテグレーションテストの記述は下記の通りです（リスト 11.21）。

テストフレームワークとして Jasmine を利用するので、describer や it、expect などの関数は、ユニットテストと同様に記述します。

リスト 11.21: ToDo 管理アプリケーションのテストコード

```
describe('ToDo Application', function () {
  var input;
  var todos;

  beforeEach(function () {
    // (1) URL を指定してテスト対象のアプリケーションのページを開く
    browser.get('/chapter11/09_todo/index.html');
    // (2) ToDo 入力用の input 要素を取得
    input = element(by.model('inputText'));
    // (3) 一覧表示される ToDo の要素を取得
    todos = element.all(by.repeater('todo in todos'));
  });

  it('ToDo が追加できる ', function () {
    // (4) ToDo 一覧が空であることを確認
    expect(todos.count()).toEqual(0);
    // (5) 文字を入力し Enter 押す
    input.sendKeys('new task!\n');
    // (6) ToDo 一覧に新しい ToDo が追加されていることを確認
    expect(todos.count()).toEqual(1);
    expect(todos.get(0).getText()).toEqual('new task!');
  });
});
```

アプリケーションの URL を指定してページを開きます (1)。URL は絶対パスで指定しますが、protractor.conf.js で baseUrl を設定している場合は、baseURL に対する相対パスで指定することも可能です。

(2) 〜 (3) では、画面の操作や表示内容を確認する HTML 要素を取得します。次に ToDo 一覧の要素が空であることを確認し (4)、新しい ToDo を入力し (5)、ToDo 一覧に追加されていることを確認します (6)。

■ **テストの実行**

Protractor でのテストを実行する前に、「Selenium Standalone Server」を起動する必要があります。以下のコマンドで起動します。

```
$ webdriver-manager start
```

Selenium Standalone Server のポート番号を変更する場合は、下記の通り、コマンドライン引数 --seleniumPort で指定します。なお、ポート番号を変更する場合は、protractor.conf.js の seleniumAddress の値も合わせて変更する必要があります。

```
$ webdriver-manager start --seleniumPort 5000
```

続いてアプリケーションのサーバを起動します。

インテグレーションテストには、必ず Web サーバ経由でアプリケーションにアクセスできる必要があります。アプリケーションサーバに nginx や Apache を用いても構いませんが、grunt-contrib-connect や gulp-connect など、ビルドツールのプラグインとして提供されている簡易サーバを利用するのがおすすめです。

準備が整ったところで、Protractor を実行します。

```
$ protractor protractor.conf.js
```

ここまで正しく設定されていれば、ブラウザが起動し、スペックファイルに指定した通りの操作がおこなわれる様子が確認できるはずです。テストに成功すると次の通り、結果が表示されます。

```
Running "protractor:my_target" (protractor) task
Using the selenium server at http://localhost:4444/wd/hub
.

Finished in 7.281 seconds
1 tests, 1 assertions, 0 failures


Done, without errors.
```

11-3 インテグレーションテスト

■ **デバッグモード**

アプリケーションのコードは、ブラウザ付属の開発者ツールを利用することで、ブレイクポイントの設定やステップ実行が可能です。しかし、テストコードはNode.js上で動いているため、ブラウザの開発者ツールで扱うことはできません。

Protractorには、Node Debuggerを利用したデバッグ手段が用意されています。下記の通り、protractor実行時にdebugオプションを指定するとデバッガが起動します。

```
$ protractor debug protractor.conf.js
```

テストは開始されず、コンソール画面には次の通り表示されます。

```
Using the selenium server at http://localhost:4444/wd/hub
Hit SIGUSR1 - starting debugger agent.
debugger listening on port 5858
connecting... ok
break in timers.js:77
 75 }
 76
 77 function listOnTimeout() {
 78   var msecs = this.msecs;
 79   var list = this;
debug>
```

まずは、利用方法を確認するために「help」と入力します。

```
debug> help
Commands: run (r), cont (c), next (n), step (s), out (o), backtrace (bt),
                               setBreakpoint (sb), clearBreakpoint (cb),
watch, unwatch, watchers, repl, restart, kill, list, scripts, breakOnException,
                               breakpoints, version
```

ブレイクポイントの設定は、setBreakpoint('app_spec.js', 42)と、ファイル名と行数を指定します。rを入力するとテストが開始されます。また、replを利用すると、自由にスクリプトを実行できるので、変数の内容を確認するのに重宝します。

11-3-2 Protractor の API

Protractor は、WebDriver をベースにしており、多くの API が用意されています。本項では、インテグレーションテストで頻繁に利用する代表的な API をピックアップして紹介します。

■ ブラウザ操作

ブラウザを操作する API を紹介します（表 11.4）。WebDriver クラスのインスタンスが、グローバル変数 browser として定義されています。そのため、下記の通り、browser 変数を利用して WebDriver クラスのメソッドを呼び出すことが可能です（リスト 11.22）。

表 11.4: WebDriver クラスのメソッド

関数名	説明
WebDriver#quit	現在のセッションを終了する
WebDriver#actions	マウス操作などのアクションを設定する
WebDriver#executeScript	現在のページ上で JavaScript のコードを実行する
WebDriver#executeAsyncScript	現在のページ上で JavaScript のコードを非同期で実行する
WebDriver#sleep	スリープする
WebDriver#close	現在のウインドウをとじる
WebDriver#get	指定した URL に遷移する
WebDriver#getCurrentUrl	現在の URL を取得する
WebDriver#getTitle	タイトルを取得する
WebDriver#takeScreenshot	画面のスナップショットを取得する

リスト 11.22: WebDriver クラスの利用例

```
browser.get('http://localhost:9000/myapp/index.html')
```

次に WebDriver 関連のクラスを示します（表 11.5）。

表 11.5: WebDriver 関連のクラス

クラス名	説明
Navigation	ブラウザの進むや戻るなどの機能を提供
Options	クッキーの操作や、Timeouts、Window、Logs などブラウザの状態を管理する機能を提供
Timeouts	タイムアウトの振る舞いを管理する機能を提供
Window	現在の Window のサイズや位置を取得したり変更したりする機能を提供
Logs	ログを取得する機能を提供
TargetLocator	要素やフレームなどのフォーカスを変更する機能を提供
Alert	アラートダイアログを操作する機能を提供
UnhandledAlertError	エラー発生時のアラートを取得する機能を提供

これらのクラスのインスタンスは、browserインスタンスを経由して取得できます。例えば、Navigationクラスのback()メソッドを使って、ブラウザの［戻る］ボタンを操作できます（リスト11.23）。

リスト11.23: Navigationクラスの利用例
```
browser.navigate().back();
```

■ AngularJS特有の操作

AngularJS特有の操作を紹介します（表11.6）。

表11.6: Protractorクラスのメソッド

関数名	説明
Protractor#waitForAngular	AngularJSのレンダリング処理や、$httpによる通信が完了するまで待つ
Protractor#addMockModule	Protractor#getを呼び出したときにロードされるモックモジュールを追加する
Protractor#clearMockModules	登録したモックモジュールをすべてクリアする
Protractor#removeMockModule	登録したモックモジュールを削除する
Protractor#get	指定したURLのページに移動する
Protractor#setLocation	指定したURLにページ内遷移をおこなう
Protractor#getLocationAbsUrl	現在のページの絶対URLを取得する
Protractor#debugger	テストを一時停止してデバッガを起動する

Protractorクラスのインスタンスは、グローバル変数protractorとして定義されているため、下記の通りに利用できます（リスト11.24）。

リスト11.24: Protractorクラスの利用例
```
protractor.setLocation('http://localhost:9000/app/index.html')
```

■ ロケーター

ページ上の要素を指定するロケーターを紹介します（表11.7）。WebDriver標準のロケーターはWebDriverByクラス、Protractor特有のロケーターはProtractorByクラスを利用します。

表11.7: Locatorクラスのメソッド

関数名	説明
WebDriverBy#className	クラス名による要素の検索
WebDriverBy#css	CSSセレクタによる要素の検索
WebDriverBy#id	idによる要素の検索

関数名	説明
WebDriverBy#tagName	タグ名による要素の検索
WebDriverBy#xpath	XPath による要素の検索
ProtractorBy#binding	ng-bind や {{}} による要素の検索
ProtractorBy#model	ng-model による要素の検索
ProtractorBy#buttonText	名前による button の検索
ProtractorBy#repeater	ng-repeater による要素の検索
ProtractorBy#options	ng-options による要素の検索

ロケーターは、グローバル変数 by 経由で利用できます。

前項で紹介した例（リスト 11.21）では、by.model('inputText') で <input ng-model='inputText'> を指定し、by.repeater('todo in todos') で <li ng-repeat="todo in todos"> を指定します。

■ 要素の取得

ロケーターで指定した要素は、ElementFinder と ElementArrayFinder で取得できます（表 11.8）。

表 11.8: ElementFinder クラスのメソッド

関数名	説明
ElementFinder#element	ロケーターを指定して単一の要素を取得する
ElementFinder#all	ロケーターを指定して複数の要素を取得する
ElementFinder#$	css セレクタを指定して単一の要素を取得する
ElementFinder#$$	css セレクタを指定して複数の要素を取得する
ElementFinder#isPresent	要素がページ上に存在するかどうかを確認する
ElementFinder#evaluate	この要素の scope を利用して文字列を評価する
ElementFinder#allowAnimations	この要素でアニメーションが使えるかどうかを確認する
ElementFinder#then	ElementFinder のメソッドの実行結果を Promise として返す

ElementFinder クラスのインスタンスは、グローバル変数 element として定義され、さらに利用する機会が多い element、$、$$ の 3 メソッドはグローバル関数として用意されています。

前項の例（リスト 11.21）では、下記で input 要素を取得します（リスト 11.25）。

リスト 11.25: input 要素の取得

```
input = element(by.model('inputText'));
```

また、ng-repeat など複数の要素を取得する場合は、element.all メソッドを利用します。

element.all メソッドの戻り値は ElementArrayFinder であり、下記のメソッドが利用できます（表 11.9）。前項の例（リスト 11.21）では、count メソッドで要素数を取得したり、get メソッドで 1 つ目の要素を取得します。

表 11.9: ElementArrayFinder クラスのメソッド

関数名	説明
ElementArrayFinder#get	この要素のリストをインデックスを指定して取得する
ElementArrayFinder#first	この要素のリストの先頭の要素を返す
ElementArrayFinder#last	この要素のリストの末尾の要素を返す
ElementArrayFinder#count	この要素のリストの個数を返す
ElementArrayFinder#each	この要素のリストのすべての要素に対して処理をおこなう

■ 要素に対する操作

ElementFinder で取得した要素に対して操作をおこなう API を紹介します（表 11.10）。

表 11.10: WebElement クラスのメソッド

関数名	説明
WebElement.equals	2 つの要素が同じかどうかをチェックする
WebElement#click	要素をクリックする
WebElement#sendKeys	要素に対してキーボード入力をおこなう
WebElement#getTagName	要素のタグ名を取得する
WebElement#getCssValue	要素に適用されているスタイルの値を取得する
WebElement#getAttribute	要素の属性を取得する
WebElement#getText	要素のテキストを取得する
WebElement#getSize	要素のサイズを取得する
WebElement#getLocation	要素のページ上の位置を取得する
WebElement#isEnabled	要素が有効かどうかをチェックする
WebElement#isSelected	要素が選択されているかどうかをチェックする
WebElement#submit	form の要素に対して submit をおこなう
WebElement#clear	text や textarea の input 要素の入力をクリアする
WebElement#isDisplayed	要素が表示されているかどうかをチェックする
WebElement#getOuterHtml	要素の外側の HTML を取得する
WebElement#getInnerHtml	要素の内側の HTML を取得する

取得した要素に対して、文字の入力やクリックやマウスオーバーなどのイベント発生、要素中の値や属性を取得できます。

前項の例（リスト 11.21）では、sendKeys でキーボード入力や、getText でテキスト内容チェックをおこなっています。

■ Jasmine の拡張 API

Protractor では、利用するテスティングフレームワークを「Jasmine」、「Mocha」、「Cucumber」から選択できます。

AngularJS のテストでは、Jasmine が多く利用されますが、Jasmine は Promise の扱いが苦手です。特に WebElement のメソッドの戻り値は、基本的に Promise であるため、テスト結果の検証処理を記述することが少々煩雑です。

例えば、前項の例（リスト 11.21）では、getText メソッドの結果を expect 関数でチェックします。getText メソッドの戻り値は Promise 型であるため、本来は下記のように記述する必要があります（リスト 11.26）。

リスト 11.26: 通常の expect 関数で Promise のチェック
```
todos.get(0).getText().then(function (text) {
  expect(text).toEqual('new task!');
});
```

しかし、Protractor では Jasmine の API が拡張され、Promise を扱えるため、下記の記述が可能です（リスト 11.27）。

リスト 11.27: 拡張された expect 関数で Promise のチェック
```
expect(todos.get(0).getText()).toEqual('new task!');
```

■ ngMockE2E の $httpBackend モック

インテグレーションテストは、アプリケーション全体を動作させた状態でテストを実施するものですが、サーバサイドをモックに置き換えてテストをおこないたいケースもあります。そのため、ngMockE2E モジュールには、$httpBackend のモックが用意されています。

ユニットテストで利用した、ngMock の $httpBackend のモックとほぼ同等の機能を持っていますが、以下の点が異なります。

・expect メソッドがない
・レスポンスを得るために flush を呼び出す必要がない
・特定のリクエストのみモックを介さずに本物のサーバと通信できる

それでは、「11-3-1 インテグレーションテストの基本」で例示した ToDo 管理アプリケーションを、$resource サービスを利用してサーバにデータを保存するように変更します（リスト11.28～リスト 11.30）。

リスト 11.28: テスト対象のアプリケーション (index.html)

```html
<!DOCTYPE html>
<html ng-app="app" ng-strict-di>
<head>
  <meta charset="utf-8">
  <meta name="viewport" content="width=device-width">
  <script type="text/javascript" src="../../angular/angular.js"></script>
  <script type="text/javascript" src="../../angular/angular-resource.js"></script>
  <script type="text/javascript" src="../../angular/angular-mocks.js"></script>
  <script type="text/javascript" src="todo.js"></script>
</head>

<body>
<div ng-include="'todo.html'"></div>
</body>
</html>
```

リスト 11.29: テスト対象のアプリケーション (todo.html)

```html
<div ng-controller="ToDoController">
  <form ng-submit="add()">
    <input ng-model="inputText">
  </form>

  <ul>
    <li ng-repeat="todo in todos">
      <input type="checkbox" ng-model="todo.done" ng-change="update(todo)">
      <label>{{todo.title}}</label>
    </li>
  </ul>
</div>
```

リスト 11.30: テスト対象のアプリケーション (todo.js)

```javascript
angular.module('app', ['ngResource'])
  .controller('ToDoController', ['$scope', '$resource', function ($scope, $resource) {
    var ToDo = $resource('/api/todos/:id', {id: '@id'});
```

```javascript
  $scope.add = function () {
    var newTodo = {
      title: $scope.inputText,
      done: false
    };

    ToDo.save(newTodo, function (todo) {
      $scope.todos.push(todo);
      $scope.inputText = '';
    });
  };

  $scope.update = function (todo) {
    todo.$save();
  };

  $scope.todos = ToDo.query();
}]);
```

テストコードは、下記の通りです（リスト 11.31）。

リスト 11.31: HTTP 通信を伴った ToDo 管理アプリケーションのテストコード

```javascript
describe('HTTP 通信を伴った ToDo 管理アプリケーションのテスト', function () {

  beforeEach(function () {
    // (1) モックモジュールを追加する
    browser.addMockModule('httpBackendMock', function () {
      angular.module('httpBackendMock', ['ngMockE2E'])
        .run(function ($httpBackend) {
          // (2) リクエストに応じたレスポンスを設定する
          $httpBackend.when('GET', '/api/todos').respond([
            {id: 1, title: '牛乳を買う', done: false},
            {id: 2, title: '家賃を振り込む', done: true},
            {id: 3, title: '腹筋をする', done: false}
          ]);
          $httpBackend.when('POST', '/api/todos').respond(function (method, url, data) {
            data.id = 4;
            return [200, data, {}];
```

```javascript
                }
            );
            $httpBackend.when('POST', '/api/todos/1').respond(function (method, url, data) {
                return [200, data, {}];
            }
        );
        // (3) todo.html の取得は、モックではなく本物の HTTP 通信を利用する
        $httpBackend.when('GET', 'todo.html').passThrough();
    });
  })
});

var input;
var todos;
beforeEach(function () {
  browser.get('/chapter11/10_todo_with_http/index.html');
  input = element(by.model('inputText'));
  todos = element.all(by.repeater('todo in todos'));
});

it('ToDo の一覧が取得できる ', function () {
  expect(todos.count()).toEqual(3);
});

it('ToDo が追加できる ', function () {
  input.sendKeys(' 部屋の掃除をする \n');
  expect(todos.count()).toEqual(4);
  expect(todos.get(3).getText()).toEqual(' 部屋の掃除をする ');
});

it('ToDo が更新できる ', function () {
  // (4) 0 番目のタスクのチェックボックスの要素を取得する
  var done = element(by.repeater('todo in todos').row(0))
    .element(by.model('todo.done'));
  done.click();
  expect(done).toBeTruthy();
});

});
```

ngMockE2E の $httpBackend モックを利用するには、いくつかの手順が必要です。
 まずは、アプリケーション側で angular-mocks.js を読み込みます（リスト 11.28）。
 次にテストコード（リスト 11.31）で、browser.addMockModule メソッドを利用してモック用のモジュールを作成する関数を登録します（1）。モック用のモジュールは、依存モジュールに ngMockE2E を指定する必要があります。そして、$httpBackend.when メソッドを利用してリクエストに応じたレスポンスを設定します（2）。

 なお、例示のアプリケーションでは、ng-include ディレクティブを利用して、todo.html をサーバから取得します。テンプレートファイルや静的ファイルを取得するリクエストは、モックに置き換えず、そのままサーバにリクエストを投げたいケースが多いでしょう。そのためのメソッドとして passThrough が用意されています。
 上記テストコード（3）に示す通り、passThrough メソッドを利用して、todo.html の取得は $httpBackend モックを利用せずにサーバと通信するように設定します。
 なお、(4)では by.repeater の戻り値に対して row メソッドを呼び出します。この row メソッドを利用することで特定行の要素のみを取得できます。

Chapter 12

セキュリティ

Chapter 12

[Section]
12-1　Webアプリケーションの脆弱性

　ネットワークで公開するWebアプリケーションには必ずセキュリティ対策が必要です。たとえ個人情報や重要な情報を取り扱っていない場合でも、攻撃の踏み台に利用されるケースなどもあり得るので、セキュリティ対策は必須です。

　セキュリティに1つでも問題があると大きな損害に繋がる可能性があるため、可能な限りセキュリティホールをゼロにする努力が必要です。そのためには、どのような攻撃手段が存在し、有効な対策として何が必要なのか、正しい知識をもって対処しなければなりません。しかし、Webサイトへの攻撃手段は日進月歩で進化しており、すべてを把握することは大きな負担です。

　AngularJSには、これまでのWebアプリケーション開発で培われてきた数多くの知見を元に、セキュリティ対策機能が組み込まれています。これらの機能を利用することで、多くのセキュリティ問題を回避できます。ただし、AngularJSを利用すれば、必ず安全なアプリケーションになるわけではありません。アプリケーションの表現力を向上させるため、セキュリティ対策の機能を緩める手段も用意されています。何を目的にしたセキュリティ対策であるか理解せずにセキュリティ対策を緩めると、セキュリティホールを埋め込んでしまうかもしれません。

　次項以降で、AngularJSが用意しているセキュリティ対策機能と、その機能で防ぐことができる攻撃手段を解説する前に、まずは、Webアプリケーションでの代表的な脆弱性を説明します。さまざまな攻撃方法がありますが、本項ではクライアントサイドの実装から発生する脆弱性を取り上げます。攻撃手段を把握して対応するセキュリティ対策を理解してください。

12-1-1　XSS（Cross Site Scripting）

　Webアプリケーションへの攻撃としてもっとも有名な方法の1つとして、XSS（Cross Site Scripting）があります。XSSとは、ユーザーが入力する文字列を動的にWebブラウザで表示させる際に、悪意のあるスクリプトを注入して実行させる攻撃およびその脆弱性のことです。

悪意のあるスクリプトが実行されると、セッション情報や秘密情報が盗まれるなど重大な問題へと繋がるため、XSS への対策は AngularJS でもっとも手厚くサポートされています。

本章では XSS への対策として、下記の項目を紹介します。

・ユーザー入力を出力する場合は、基本的にオートエスケープに任せる。
・URL リンクや HTML をサニタイズして出力する場合は、ngSanitize モジュールを利用する。
・確実に安全だと分かっている HTML や URL を出力する場合は、$sce.trustAs を利用する。
・導入が可能であれば CSP を利用する。

12-1-2　XSRF（Cross Site Request Forgeries）

前項の XSS と並び有名な攻撃方法に、XSRF（Cross Site Request Forgeries）があります。「Cross Site Request Forgeries」は一般的に CSRF とも略されますが、AngularJS のドキュメントやソースコードでは XSRF と記されています。本書でもこれに習い XSRF と表記します。

XSRF とは、攻撃者が用意する罠サイトにアクセスすることで、ユーザーが意図しない HTTP リクエストを攻撃対象の Web アプリケーションに送信されてしまう攻撃およびその脆弱性のことです。意図しない内容が書き込まれたり、パスワードなどの重要情報が勝手に書き換えられるなど、致命的な問題へと繋がります。

AngularJS では、クライアントサイドで実施すべき XSRF 対策の機能が提供されています。しかし、XSRF 対策はクライアントサイドだけではなく、サーバサイドも含めた包括的な対策が必要となります。クライアントサイドのみの対策では効果が薄いため、サーバサイドの対策も実施しましょう。

本章では XSRF に対策として、下記の項目を紹介します。

・サーバと通信する際には、セキュリティトークンを利用する。
・古いブラウザ向けの対策として、JSON レスポンスの先頭に文字列「)]}',\n」を付与する。
・XHR（XMLHttpRequest）経由以外でのリクエストを禁止しても構わなければ、HTTP ヘッダにカスタムヘッダを付与して、サーバ側でのチェックを実施する。

Chapter 12

Section 12-2　XSSの基本対策

本節では、XSS（Cross Site Scripting）の基本対策として、出力文字列のエスケープとHTML内へのイベント記述の禁止を解説します。

12-2-1　エスケープ

XSSに対するもっとも基本的な対策が「エスケープ」です。ユーザーが入力した文字列をエスケープすることで、HTMLやJavaScriptとして意味のある記号を置換し、悪意のあるスクリプトを無効化できます。

AngularJSでは、出力先がHTML要素の内容なのか属性なのかなどの、文脈（Context）に応じて適切なエスケープが自動的におこなわれます。

スクリプトを実行可能な文字列が、HTML要素の内容、属性、href属性に与えられた場合の挙動を確認します（リスト12.1）。

リスト12.1: エスケープの例（HTML）

```html
<div ng-controller="EscapeController">
  <h3>Dangerous HTML</h3>
  <!-- HTML 要素の内容に危険な文字列を出力 -->
  <div>{{dangerousHtml}}</div>
  <br/>

  <h3>Dangerous Attribute</h3>
  <!-- value 属性の内容に危険な文字列を出力 -->
  <input type="text" value="{{dangerousAttr}}">
  <br/>

  <h3>Dangerous Link</h3>
  <!-- href 属性の内容に危険な文字列を出力 -->
```

```
    <a href="{{dangerousLink}}">danger!</a>
    <a ng-href="{{dangerousLink}}">danger!</a>
</div>
```

上記のいずれのケースも、下記の通り、スクリプトを実行した XSS 攻撃が可能な文字列を与えます（リスト 12.2）。

リスト 12.2: エスケープの例（JavaScript）

```
angular.module('app', [])
    .controller('EscapeController', ['$scope', function ($scope) {
        $scope.dangerousHtml = '<button onclick="alert(\'danger & danger!\')">push</button>';
        $scope.dangerousAttr = '"+onmouseover%3d"alert(\'danger & danger!\')';
        $scope.dangerousLink = 'javascript:alert("danger & danger!")';
    }]);
```

実際に表示される際の HTML は下記の通りです（リスト 12.3）。

リスト 12.3: エスケープ結果

```
<div ng-controller="EscapeController" class="ng-scope">
    <h3>Dangerous HTML</h3>
    <!-- HTML 要素の内容に危険な文字列を出力 -->
    <div class="ng-binding">&lt;button
        onclick="alert('danger &amp; danger!')"&gt;push&lt;/button&gt;</div>
    <br>

    <h3>Dangerous Attribute</h3>
    <!-- value 属性の内容に危険な文字列を出力 -->
    <input type="text" value="&quot;+onmouseover%3d&quot;alert('danger &amp; danger!')">
    <br>

    <h3>Dangerous Link</h3>
    <!-- href 属性の内容に危険な文字列を出力 -->
    <a href="unsafe:javascript:alert(&quot;danger &amp; danger!&quot;)">danger!</a>
    <a ng-href="javascript:alert(&quot;danger &amp; danger!&quot;)"
        href="unsafe:javascript:alert(&quot;danger &amp; danger!&quot;)">danger!</a>
</div>
```

まず、HTMLの要素では、「<」と「>」と「&」がそれぞれ、「<」「>」「&」にエスケープされていることが確認できます。このようにエスケープすることで、文字列にJavaScriptが含まれていても実行されることはありません。

属性値の場合は、上記の「<」「>」「&」に加え、「"」が " にエスケープされます。

href 属性では、エスケープに加え、リンクのURLが「javascript:」で始まる場合、先頭に文字列「unsafe:」が追加されて、スクリプトの実行を防止しています。

上述の通り、出力箇所に応じた適切なエスケープがおこなうことでXSSを防止できます。

12-2-2　HTML内へのイベント記述の禁止

本節で紹介した例では、onclick や onmouseover など、HTMLのイベント属性は取り上げていません。イベント属性は JavaScript のコードを記述できるため、XSS の危険性が高い出力先であると言えます。しかし、イベント属性がエスケープされてしまい、JavaScript コードが実行できないと非常に不便です。

そこで、AngularJS では、HTML 標準の onclick や onmouseover などのイベント属性の利用を禁止し、ng-click や ng-mouseover などのディレクティブを用意しています。

これらのディレクティブを利用すると、スコープに属する変数やメソッドを呼び出したり、数値や文字列リテラルや、四則演算などの簡単な処理を実行できます。しかし、それ以上に複雑なスクリプトは実行できないため、XSS を防止できます。

なお、テンプレート内に <div onclick="{{hello}}"> などの記述があると、アプリケーション実行時に、下記のエラーが発生します。

```
Error: $compile:nodomevents Interpolated Event Attributes
Interpolations for HTML DOM event attributes are disallowed.  Please use the ng- versions
```

Chapter 12

Section 12-3 サニタイズ

前節で紹介したエスケープを利用すること、攻撃者が危険な文字列を入力してもスクリプトの実行を防ぐことができます。しかし、すべての出力をエスケープして表示すると、Webアプリケーションとしての表現力が損なわれてしまいます。例えば、URLはクリッカブルなリンクが望ましいですし、Markdown形式の文字列は装飾されて欲しいわけです。

そこで、すべての値をエスケープするのではなく、危険なタグやスクリプトだけを抜き取って表示するサニタイズと呼ばれる方法があります。

12-3-1 ngSanitize

AngularJSでサニタイズをおこなうには、angular-sanitize.jsファイルをインクルードし、ngSanitizeを依存モジュールに追加します（リスト12.4）。

リスト 12.4: ngSanitize モジュールの利用
```
angular.module('app', ['ngSanitize']);
```

サニタイズした文字列の表示には、ng-bind-htmlディレクティブを利用します（リスト12.5）。

リスト 12.5: サニタイズの例（HTML）
```
<div ng-controller="SanitizeController">
  <h3>Sanitized HTML</h3>
  <div ng-bind-html="dangerousHtml"></div>
</div>
```

なお、ngSanitizeモジュールを依存モジュールに追加して、ng-bind-htmlディレクティブを利用すると、自動的にサニタイズがおこなわれるため、その他に特別な設定は必要ありません。

それでは、以下の文字列を出力してみましょう（リスト 12.6）

リスト 12.6: サニタイズの例（JavaScript）

```
angular.module('app', ['ngSanitize'])
  .controller('SanitizeController', ['$scope', function ($scope) {
    $scope.dangerousHtml =
      '<h1>Title</h1>\n' +
      '<div style="background:blue">Sub Title</div>\n' +
      '<div onmouseover="this.textContent=\'mouse over!\'">click</div>\n' +
      '<script>alert(\'danger!\')</script>\n' +
      '<button onclick="alert(\'danger!\')">push</button>';

  }]);
```

上記を実行すると、下記の HTML が表示されます（リスト 12.7）。

リスト 12.7: サニタイズ結果

```
<div ng-bind-html="dangerousHtml" class="ng-binding">
  <h1>Title</h1>

  <div>Sub Title</div>
  <div>click</div>
  push
</div>
```

h1 タグは問題ないため、そのまま出力されます。style 属性や onmouseover 属性は危険な属性であるため削除されます。また、button タグや script タグも危険なタグであるため、取り除かれていることが分かります。

12-3-2 linky フィルター

複雑な HTML をサニタイズして表示する必要はないものの、HTML のリンクは実現したい場合があります。そこで ngSanitize モジュールには、文字列をリンクとして出力する linky フィルターが用意されています。

linky フィルターは、通常のフィルターと同様に利用できます（リスト 12.8）。

リスト 12.8: linky の利用例（HTML）

```
<div ng-controller="LinkyController">
  <h3>Linky Filter</h3>

  <div ng-bind-html="link1 | linky"></div>
  <br/>
  <div ng-bind-html="link2 | linky"></div>
  <br/>
  <div ng-bind-html="link3 | linky"></div>
  <br/>
  <div ng-bind-html="link4 | linky"></div>
  <br/>
  <div ng-bind-html="link5 | linky"></div>
  <br/>
  <div ng-bind-html="link6 | linky"></div>
  <br/>
  <div ng-bind-html="link7 | linky"></div>
  <br/>
  <div ng-bind-html="link8 | linky"></div>
  <br/>
</div>
```

さまざまなプロトコルの文字列を出力して確認します（リスト 12.9）。なお、利用可能なプロトコルは、`http`、`https`、`ftp`、`mailto` のみになります。

リスト 12.9: linky の利用例（JavaScript）

```
angular.module('app', ['ngSanitize'])
  .controller('LinkyController', ['$scope', function ($scope) {
    $scope.link1 = 'http://example.com';
    $scope.link2 = 'normal text http://example.com';
    $scope.link3 = 'mailto:hoge@sample.com';
    $scope.link4 = 'hoge@sample.com';
    $scope.link5 = 'https://localhost.com';
    $scope.link6 = 'ftp://foobar.co.jp';
    $scope.link7 = 'file:///home/username/file.txt';
    $scope.link8 = 'http://日本語ドメイン.com';
  }]);
```

上記の出力結果は次の通りです。

リスト 12.10: linky フィルターの実行結果

```
<div ng-controller="LinkyController" class="ng-scope">
  <h3>Linky Filter</h3>
  <div ng-bind-html="link1 | linky" class="ng-binding">
    <a href="http://example.com">http://example.com</a>
  </div>
  <br>
  <div ng-bind-html="link2 | linky" class="ng-binding">
    normal text <a href="http://example.com">http://example.com</a>
  </div>
  <br>
  <div ng-bind-html="link3 | linky" class="ng-binding">
    <a href="mailto:hoge@sample.com">hoge@sample.com</a>
  </div>
  <br>
  <div ng-bind-html="link4 | linky" class="ng-binding">
    <a href="mailto:hoge@sample.com">hoge@sample.com</a>
  </div>
  <br>
  <div ng-bind-html="link5 | linky" class="ng-binding">
    <a href="https://localhost.com">https://localhost.com</a>
  </div>
  <br>
  <div ng-bind-html="link6 | linky" class="ng-binding">
    <a href="ftp://foobar.co.jp">ftp://foobar.co.jp</a>
  </div>
  <br>
  <div ng-bind-html="link7 | linky" class="ng-binding">
    file:///home/username/file.txt
  </div>
  <br>
  <div ng-bind-html="link8 | linky" class="ng-binding">
    <a href="http://日本語ドメイン.com">http://日本語ドメイン.com</a>
  </div>
  <br>
</div>
```

リンク文字列は a タグを使ったリンクに変換されます。メールアドレスは mailto の有無に関わらずリンクになります。日本語ドメインもリンクになります。未対応プロトコル (file) はリンクにならずにそのまま出力されます。

Chapter 12

[Section]
12-4

SCE
(Strict Contextual Escaping)

　SCE（Strict Contextual Escaping）とは、出力する値が HTML なのか URL なのか、信頼済みなのかそうではないのかなど、さまざまな文脈（コンテキスト）に応じて、エスケープしたり出力を制限する機能です。

　例えば、信頼されていない文字列を ng-bind-html で HTML として表示を試みても、そのままでは表示できません。前述の通り、ngSanitize モジュールを利用すれば自動でサニタイズされます。ngSanitize を利用しなければエラーとなります。

　また、URL として信頼済みの文字列でも、ng-bind-html で HTML として表示を試みても、URL と HTML はコンテキストが異なるため出力できません。

　このようにコンテキストに応じて出力を制御することで、仮に信頼されていない変数を誤ってバインドする不具合あっても、セキュリティホールの発生を防ぐことが可能です。

12-4-1　SCE による出力制限

　前述の通り、ngSanitize モジュールを利用すると、ng-bind-html で出力される HTML は自動的にサニタイズされます。それでは、ngSanitize を使わずに ng-bind-html を利用するとどうなるでしょうか。実行すると以下のエラーメッセージがコンソールログに出力されます。

```
Error: [$sce:unsafe] Attempting to use an unsafe value in a safe context.
```

　このエラーは、SCE によって安全ではない値を出力しないように制限された結果です。

12-4-2　信頼済みマーク

　ngSanitize モジュールを利用すると、ng-bind-html の出力は、安全ではない可能性のある HTML タグや属性が、自動的にすべて取り除かれてしまいます。そのため、確実に安全であると分

かっている HTML にも関わらず、必要なタグや属性が取り除かれる場合があります。

　そこで、確実に安全であると判明している文字列には信頼済みマークを付与することで、該当の文字列はエスケープやサニタイズをおこなわず、そのまま HTML として出力する方法が用意されています。

　信頼済みマークを付与するためには、`$sce` サービスの `trustAs` メソッドを利用します（リスト 12.11、リスト 12.12）。

リスト 12.11: trustAs メソッドの利用（HTML）

```html
<div ng-controller="TrustedController">
  <h3>Dangerous HTML</h3>

  <div ng-bind-html="trustedDangerousHtml"></div>
</div>
```

リスト 12.12: trustAs メソッドの利用（JavaScript）

```javascript
angular.module('app', [])
  .controller('TrustedController', ['$scope', '$sce', function ($scope, $sce) {
    $scope.dangerousHtml = '<button onclick="alert(\'danger & danger!\')">push</button>';
    $scope.trustedDangerousHtml = $sce.trustAs($sce.HTML, $scope.dangerousHtml);
  }]);
```

　上記のコードを実行すると、JavaScript コードを実行する `onclick` イベントが付与された `button` タグを、そのままバインドできます。

　`trustAs` メソッドの第 1 引数には、以下の 5 種類のコンテキストを指定できます。

- `$sce.HTML`
- `$sce.URL`
- `$sce.RESOURCE_URL`
- `$sce.JS`
- `$sce.CSS`

　上記のコンテキストで頻繁に利用されるのは、`$sce.HTML` と `$sce.RESOURCE_URL` です。`$sce.HTML` で信頼済みマークを付与した文字列は `ng-bind-html` でバインド可能となり、

$sce.RESOURCE_URL で信頼済みマークを付与した文字列は、img タグ以外（video、iframe、object など）の src/ngSrc 属性に指定可能になります。

また、コンテキストに応じたショートカット用メソッドとして trustAsHtml、trustAsUrl、trustAsResourceUrl、trustAsJS、trustAsCss が用意されています。例えば、$sce.trustAs($sce.HTML, html) と $sce.trustAsHtml(html) はまったく同じ意味になります。

信頼済みマークの付与は、たとえどんな危険な HTML でも表示できるため、セキュリティホールになる可能性が高い機能です。信頼済みマークを与える HTML は、自前のサニタイズ処理を実施するなど、確実に安全であると判断した文字列に限定してください。

なお、ngSanitize モジュールを読み込んだ状態で、信頼済みの HTML を ng-bind-html で出力すると、サニタイズされずに HTML がそのまま出力されるため、注意が必要です。

12-4-3 ホワイトリスト・ブラックリスト

href/ngHref 属性や img タグの src/ngSrc 属性への出力は、$sce.URL コンテキストです。これらの出力は自動的にサニタイズされるため、$sce.trustAsUrl を利用して信頼済みマークを付与する必要はありません。

一方、img タグ以外（video、iframe、object など）の src/ngSrc 属性や、ng-include、ng-template ディレクティブへの出力は、$sce.RESOURCE_URL コンテキストです。これらに指定する URL は、危険なコンテンツである可能性があるため（例えば罠サイトの URL）、標準では同一ドメインの URL 以外は出力できません。

そこで同一ドメイン以外の URL を RESOURCE_URL コンテキストの URL として出力するには、$sce.trustAsResourceUrl メソッドを利用して信頼済みマークを付与します。$sce.HTML コンテキストの場合と同様に、確実に安全だと判明している URL 以外には信頼済みマークを付与しないようにしてください。

また、$sce.RESOURCE_URL コンテキストでは、信頼済みマークを利用しなくても、ホワイトリストとブラックリストで URL を制限する方法が提供されています。

ホワイトリストとブラックリストによる制限を設定するには、Module#config メソッドで、$sceDelegateProvider を受け取り、resourceUrlWhitelist メソッドと resourceUrlBlacklist メソッドを利用します（リスト 12.13）。

リスト 12.13: ホワイトリスト / ブラックリストの利用例

```
angular.module('myApp', [])
  .config(['$sceDelegateProvider', function ($sceDelegateProvider) {
    $sceDelegateProvider.resourceUrlWhitelist([
      'self',
      'http://example.com/**'
    ]);
    $sceDelegateProvider.resourceUrlBlacklist([
      'http://example.com/danger/**'
    ]);
  }]);
```

resourceUrlWhitelist に登録されている URL であれば、信頼済みマークが付与されていない文字列であっても、iframe の src や ng-include などに出力できます。また、ホワイトリストに登録した URL で、一部の URL を禁止する場合は resourceUrlBlacklist を使用します。

上記でホワイトリストの最初に文字列 self を登録していますが、これは同一ドメインを示します。self の指定を忘れると、同一ドメインの URL であっても、$sce.RESOURCE_URL コンテキストで出力できなくなるので注意しましょう。

ホワイトリストとブラックリストの URL はワイルドカードを利用して記述できます。「*」は、「:」、「/」、「.」、「?」、「&」、「;」以外の任意の文字 0 回以上の繰り返しを意味します。また、「**」は、上記の記号も含む任意の文字の 0 回以上の繰り返しを意味します。

$sce.RESOURCE_URL は、信頼済みマークの付与ではなく、ホワイトリスト・ブラックリストを活用すると管理が容易です。信頼する URL が動的に変化することがなければ、trustAs メソッドよりもホワイトリスト・ブラックリストを使用するのがよいでしょう。

CSP (Content Security Policy)

Chapter 12 / Section 12-5

セキュリティ対策はある意味、攻撃者とのいたちごっこです。また、実施するセキュリティ対策が万全かどうかをどれだけ厳しくチェックしても、漏れが発生することはあり得ます。AngularJS には前項で説明した SCE と呼ばれる仕組みが用意されていますが、それでも危険な文字列に信頼済みコードを付与し表示してしまう可能性は残ります。

そこで、そもそも XSS などの攻撃に利用される可能性のある機能を、ブラウザ側で制限してしまう機能が、本節で説明する CSP (Content Security Policy) です。

CSP では、コンテンツごとにセキュリティポリシーを設定し、レスポンスヘッダでポリシーをブラウザに伝えることで機能を制限します。例えば、以下のポリシーを設定できます。

・HTML 上でのスクリプトの記述の禁止
・クロスドメインのスクリプトの読み込み禁止
・JavaScript 中での eval の禁止

CSP を利用するためには、ブラウザが CSP に対応している必要があります。現状では、最新の Google Chrome、Firefox、Safari が対応しています。Internet Explorer に関しては、IE 10 で限定的に対応されましたが、最新の IE 11 でも未対応の状況です。

なお、CSP 対策を実施している Web アプリケーションを CSP 未対応のブラウザで閲覧したとしても、閲覧できなくなることはありません。CSP による制限がおこなわれない状態で、通常と同様にアプリケーションを利用できます。

12-5-1 AngularJS における CSP への対応

上述の通り、CSP を適用するとブラウザの機能が大きく制限されます。HTML 上でのスクリプトの記述が禁止されたり、eval が禁止されると、動作しない Web アプリケーションやフレームワークはたくさんあるはずです。

AngularJSは、HTML上にスクリプトを記述するスタイルを取っていません。スクリプト内部でevalを利用する箇所も少ないため、CSPによる制限はそれほど影響しません。しかし、次の2機能に関しては考慮する必要があります。

- ng-cloakの利用
- ネストの深いオブジェクトへのアクセス

　ng-cloakは、AngularJSの一連の初期化処理が完了するまで、HTML要素を描画させない機能です。この機能を実現するために、angular.jsファイルの読み込み直後にng-cloak用のスタイルをHTMLのhead領域に埋め込んでいます。このCSSを埋め込む処理は、CSPにより制限されてしまいます。そのため、CSPを適用した状況でng-cloakを利用するには、angular-csp.cssを明示的に読み込む必要があります。

　次は、ネストの深いオブジェクトへのアクセスです。
　例えば、HTMLに{{hoge.foo.bar.fuga.fuge}}と記述している場合、expression内のオブジェクトを評価するためにevalを利用します。しかし、evalの利用はCSPで制限されるため、AngularJSでevalを利用している箇所の動作を切り替える必要があります。
　対応は簡単で、ng-appの隣にng-cspを付与するだけです（リスト12.14）。ng-cspはディレクティブではなくただのマークです（evalを利用しないモードに切り替える処理は、ディレクティブの処理よりも先におこなう必要があるため）。

リスト12.14: CSPモードの指定

```
<html ng-app ng-csp>
</html>
```

　なお、evalの利用を制限することで、30%のパフォーマンス低下が発生すると、AngularJSのドキュメントには記載されています。
　ただし、これは{{foo}}や{{foo.bar}}などネストが浅いものには影響せず、{{hoge.foo.bar}}などドットが2つ以上繋がるものに限られます。また、この問題が発生するのは、HTMLテンプレートを読み込んでパースするときのみです。HTML内で同じ変数へのアクセスがある場合はキャッシュされるため、CSPによる性能低下はそれほど気にする必要はありません。

　ところで、evalが禁止されると、$scope.$evalや$scope.$evalAsyncが利用できなくなるのではないかと思いがちです。しかし、これらのメソッドはJavaScript組み込みのeval

関数は利用せず、AngularJS が自前で構文を解析した上で実行しているため、CSP の制限で動作しなくなることはありません。

CSP は制限が多く、利用できるブラウザも限られていますが、XSS やデータインジェクションなどの攻撃に対して非常に有効です。利用できる環境であれば是非導入を検討しましょう。

12-5-2 Chrome 拡張・アプリケーション

Google Chrome の拡張機能や Chrome アプリケーションでは、CSP が有効になっています。下記のポリシーが設定されており、eval の利用や HTML でのインラインイベント、iframe での外部リソースの埋め込みなどが禁止されています。

```
default-src 'self';
connect-src *;
style-src 'self' data: chrome-extension-resource: 'unsafe-inline';
img-src 'self' data: chrome-extension-resource:;
frame-src 'self' data: chrome-extension-resource:;
font-src 'self' data: chrome-extension-resource:;
media-src *;
```

したがって、AngularJS を使って Chrome の拡張機能や Chrome アプリケーションを開発する際は、ng-csp を利用する必要があります。

Chapter 12

Section 12-6 HttpProvider

　JavaScriptにおいて、XHR（XMLHttpRequest）を利用したサーバとの通信機能は、セキュリティ対策における重要な砦だと言えます。サーバ・クライアント間で明確に約束事を決めておけば、多くのセキュリティ的な問題を防ぐことが可能になります。
　AngularJSが提供する$httpサービスや$resourceサービスでは、サーバとの約束事を決める機能が提供されています。

12-6-1 セキュリティトークン

　XSRF（Cross Site Request Forgeries）では、アプリケーションを提供している正規のサイトではなく、罠サイトからHTTPリクエストを送信する方法で攻撃されます。
　XSRFへの対策には、サーバとクライアントの間でセキュリティトークンと呼ばれる秘密情報をやり取りすることで、セキュリティトークンが付与されていないリクエストを除外する方法があります。具体的な手順は下記の通りです。

- ログイン時などに、サーバからクライアントに秘密情報（セキュリティトークン）を発行
- クライアントからサーバにリクエストするときは、必ずトークンをHTTPヘッダに付与する
- サーバ側では発行したトークンが正しいものかどうかチェックする

　このセキュリティトークンは攻撃者に知られてはいけません。セキュリティトークンはHTMLに埋め込んで発行することも可能ですが、クッキーの利用が一般的です。また、ログイン時ではなく、通信のたびに新しいトークンを発行するワンタイムトークンと呼ばれる手法もあります。

　AngularJSでは、トークンを格納するクッキーの名前と、リクエスト時にHTTPヘッダに付与するときの名前を指定できます（リスト12.15）。

リスト 12.15: セキュリティトークンの利用例

```
angular.module('app', [])
  .config(function ($httpProvider) {
    $httpProvider.defaults.xsrfCookieName = 'csrftoken';
    $httpProvider.defaults.xsrfHeaderName = 'X-CSRF-Token';
  });
```

上記の設定では、サーバサイドから発行されたセキュリティトークンを、名前「csrftoken」のクッキーから取得します。そして、リクエスト時には HTTP ヘッダの X-CSRF-Token にセキュリティトークンを付与します。

なお、サーバサイドでのトークンの発行方式や、トークンの整合性チェックの方法は、別途書籍や Web サイトなどを参照してください。

12-6-2 JSON の想定外読み出しによる攻撃

JSON を返す API サーバを用意した場合、JSONP（JSON with Padding）以外の手法で、クロスドメインのサイトから XHR による呼び出しはできません[※]。

しかし、script タグを利用すると、ドメインの異なるサイトからでもアクセスすることが可能です。例えば、ログイン済みのブラウザで、クロスドメインのサイトに下記の記述があった場合、JSON を取得できます（リスト 12.16）。

リスト 12.16: script タグによる JSON の読み出し

```
<script src="http://example.com/api/json"></script>
```

この方法で JSON を読み出すだけであれば、取得した JSON が展開されるだけであるため、大きな問題はありません。しかし、IE 6 や IE 7、Android 2 系の標準ブラウザなど古いブラウザでは、読み出した JSON が盗まれる可能性があります。

上記への対策には、API サーバで JSON のレスポンスを返す際に、先頭に「)]}',\n」などの文字列を付与する方法があります。JSON を JavaScript として不完全な形式にすることで、script タグで取得した JSON を展開時に失敗させるわけです。ちなみに、GMail など Google のサービスでも、JSON の先頭に「)]}'\n」が付与されています。

※ サーバからのレスポンスヘッダに「Access-Control-Allow-Origin: *」を指定した場合を除く。

しかし、余分な文字列がレスポンスの先頭に付与されていると、XHRでJSONを受け取ったときに正しい挙動が期待できません。そこで、AngularJSの$httpや$resourceサービスでは、受け取ったレスポンスの先頭に文字列「)]}',\n」が付与されている場合は、自動的にこの文字列を取り除く処理がおこなわれます。

なお、想定外のJSONの読み出し攻撃に対しては、次項のカスタムヘッダのチェックを実施することで、より強固な対策が可能になります。

12-6-3 カスタムヘッダのチェック

XSRFによる攻撃は、XHR以外の通信手段が使われることが多々あります。そこで、XHRでの通信にカスタムヘッダを付与して、XHR以外の通信を受け付けない対策があります。

クライアントからサーバに対してXHRのリクエストを送信する際に、HTTPヘッダに下記の情報を付与します。

```
X-Requested-With: XMLHttpRequest
```

サーバ側では、上記ヘッダが付与されていないリクエストは受け付けない設定にします。ブラウザからの直接リクエストやscriptタグによる呼び出し、formのPOSTでは、このHTTPヘッダが付与されないため、XHR以外の呼び出しを無効化できます。

AngularJSの$httpや$resourceサービスで、カスタムヘッダを付与する例を示します（リスト12.17）。

リスト 12.17: カスタムヘッダの指定

```
angular.module('app', [])
  .config(function ($httpProvider) {
    $httpProvider.defaults.headers.common = {'X-Requested-With': 'XMLHttpRequest'};
  });
```

ただし、この対策では、formのsubmitでサーバにリクエストを送信できません。$httpや$resourceサービスのPOSTメソッドを利用する必要があります。

Chapter 13

ツール

Chapter 13

Section 13-1 開発ツール

　AngularJS は開発者コミュニティも活発で、数多くの開発ツールやプラグインモジュールが開発されています。本章では、AngularJS のアプリケーションを開発する上では必須のツールや、プラグインとして利用できるモジュールを紹介します。

　本節では、AngularJS アプリケーションの開発をサポートするツールを紹介します。

13-1-1　Node.js

　Web アプリケーションのクライアント開発で利用するツールの多くは、Node.js 上で動作します。Node.js は、各種プラットフォームに対応したインストーラが用意されているので、公式サイトからダウンロードしてインストールしましょう（http://nodejs.org/download/）。
　また、各種 OS に用意されているパッケージマネージャ（apt や yum など）を利用してインストールすることも可能です。
　なお、複数バージョンの Node.js を切り替える場合は、nvm や nodebrew を利用します。

13-1-2　npm(Node Package Manager)

　Node.js 上で動作する開発ツールは、Node.js 付属のパッケージマネージャである「npm」を利用してインストールできます。npm は通常 Node.js に付属しているため、別途インストールする必要はありません。
　npm を利用してパッケージをインストールするには、下記のコマンドを実行します。

```
$ npm install パッケージ名
```

　上記コマンドを実行すると、カレントディレクトリに「node_modules」ディレクトリが作成され、その中にパッケージがインストールされます。

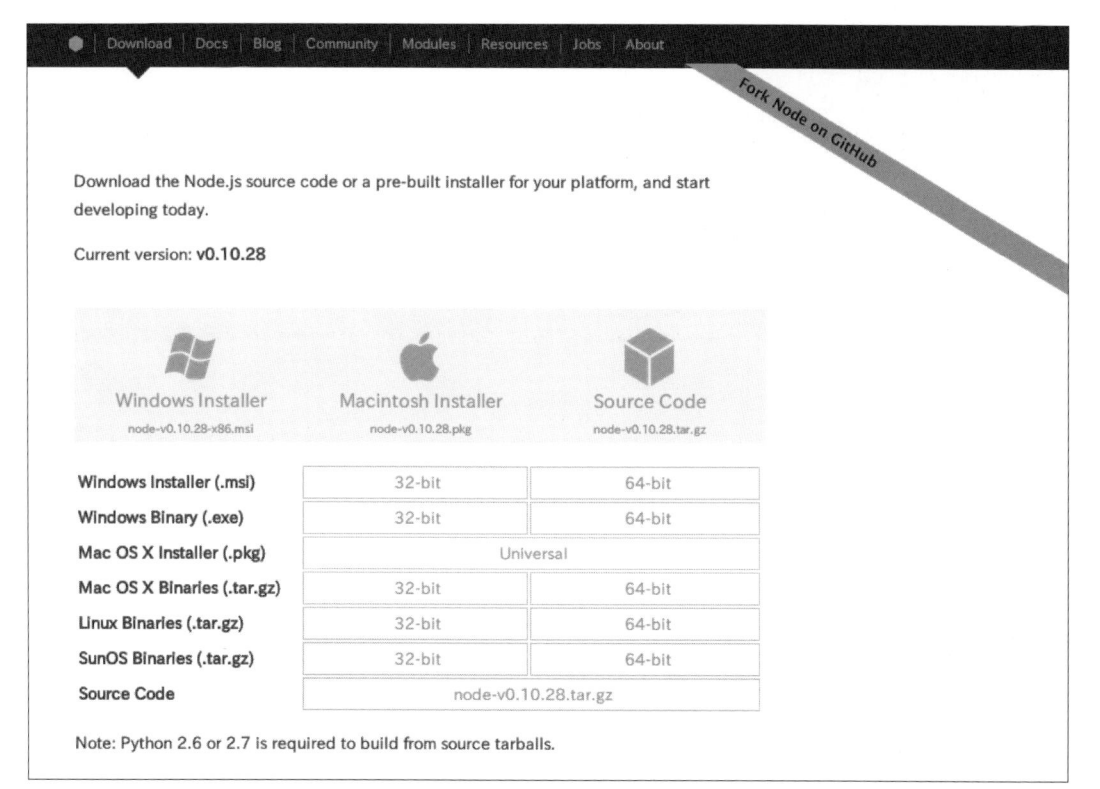

図13.1: Node.js オフィシャルサイト

インストール時に -g オプションを付与すると、グローバルにインストールできます。

```
$ npm install -g パッケージ名
```

グローバルにインストールしたツールは、OS の共有領域に配置されるため、複数のプロジェクトはもちろん、複数のユーザーから利用できます。ただし、インストールディレクトリへのアクセス権限が不足している場合はエラーが発生します。その場合は、権限のあるユーザーで実行するか、sudo コマンドなどを利用しましょう。

npm では、package.json にローカルインストールしたパッケージの情報が記述されます。package.json を作成するには npm init コマンドを利用します。いくつかの質問に答えると package.json の雛形が生成されます。

```
% npm init
```

```
This utility will walk you through creating a package.json file.
It only covers the most common items, and tries to guess sane defaults.

See `npm help json` for definitive documentation on these fields
and exactly what they do.

Use `npm install <pkg> --save` afterwards to install a package and
save it as a dependency in the package.json file.

Press ^C at any time to quit.
name: (myapp)
version: (0.0.0)
description:
entry point: (index.js)
test command:
git repository:
keywords:
author:
license: (BSD-2-Clause)
About to write to myapp/package.json:

{
  "name": "myapp",
  "version": "0.0.0",
  "description": "",
  "main": "index.js",
  "scripts": {
    "test": "echo \"Error: no test specified\" && exit 1"
  },
  "author": "",
  "license": "BSD-2-Clause"
}

Is this ok? (yes)
```

　npm installを実行する際に、--saveまたは--save-devオプションを付与すると、インストールしたパッケージの情報がpackage.jsonに保存されます。

　プログラム実行に関するパッケージは--saveオプション、プログラム開発のみに利用するパッ

ケージをインストールする場合は--save-devを指定します。本書では、開発ツールのインストールのみにnpmコマンドを利用するため、基本的に--save-devオプションを利用します。

```
$ npm install パッケージ名 --save-dev
```

13-1-3 bower

　開発ツールやサーバサイドJavaScriptのライブラリではnpmが使われますが、クライアントサイドのJavaScriptライブラリは、パッケージマネージャ「bower」（http://bower.io/）で公開されているケースがほとんどです。もちろん、AngularJSもbowerでパッケージを取得することが可能です。まずは、npmを利用してbowerをインストールします。

```
$ npm install -g bower
```

　bowerでパッケージをインストールするには、下記のコマンドを実行します。

```
$ bower install パッケージ名
```

　npmでインストールしたパッケージが「node_modules」に配置されるように、bowerでインストールしたパッケージは、「bower_components」ディレクトリに配置されます。

　bowerではnpmと同様、インストールしたパッケージを管理するファイル、bower.jsonが用意されています。bower initコマンドでbower.jsonを生成します。

```
% bower init
[?] name: myapp
[?] version: 0.0.0
[?] description:
[?] main file:
[?] what types of modules does this package expose?
[?] keywords:
[?] authors: your name <your mail address>
[?] license: MIT
[?] homepage:
[?] set currently installed components as dependencies? Yes
```

```
[?] add commonly ignored files to ignore list? Yes
[?] would you like to mark this package as private
             which prevents it from being accidentally published to the registry? No

{
  name: 'myapp',
  version: '0.0.0',
  authors: [
    'your name <your mail address>'
  ],
  license: 'MIT',
  ignore: [
    '**/.*',
    'node_modules',
    'bower_components',
    'test',
    'tests'
  ]
}

[?] Looks good? Yes
```

　bower install コマンドでは、--save オプションを指定すると、インストールしたパッケージが bower.json に追加されます。

```
$ bower install angular --save
```

　なお、bower.json を用意しておくと、bower install をオプションなしで実行すると、新しい環境でも必要なライブラリを自動的にダウンロードしてくれます。

　ちなみに、bower では angular.js しかインストールされません。angular-resource.js や angular-cookies.js などのファイルの利用には、それぞれ下記のコマンドを実行します。

```
$ bower install angular-resource --save
$ bower install angular-cookies --save
$ bower install angular-sanitize --save
$ bower install angular-route --save
$ bower install angular-mocks --save
```

13-1-4 grunt

パッケージマネージャに続き、本項ではビルドツールである「grunt」(http://gruntjs.com/) を紹介します。JavaScript はコンパイル型のプログラミング言語ではないため、ビルドツールは必要ないと考えるかもしれません。しかし、minify、SCSS や LESS などのコンパイル、altJS から JavaScript へのコンパイル、その他にもデバッグ用の簡易サーバの起動や、テスト実行など自動化すべきタスクはたくさんあります。

grunt は npm を利用してインストールできます。また、グローバル環境に grunt-cli をインストールしておくと、grunt コマンドが利用できます。

```
$ npm -install grunt
$ npm -install grunt-cli -g
```

grunt は標準で実行できるタスクは多くありませんが、提供されている 3000 個以上ものプラグインを利用して、さまざまなタスクを自動化できます。例えば、AngularJS での開発に便利なプラグインには、下記があります。

- grunt-contrib-connect: 簡易 Web サーバ
- grunt-bower: grunt から bower コマンドの実行
- grunt-angular-templates: テンプレートファイルを結合して JavaScript として出力
- grunt-ng-annotate: DI のアノテーションを自動的に付与する
- grunt-karma: karma を実行する
- grunt-protractor-runner: protractor を実行する
- grunt-protractor-webdriver: webdriver-manager を実行する

13-1-5 yo & generator-angular

「yo」(https://github.com/yeoman/yo) は、Web アプリケーションの Scaffold を生成するツールです。Backbone.js や Ember.js をはじめ、多くのフレームワークに対応した雛形を生成可能です。なお、grunt と bower、yo から構成されるツール群を、「Yeoman」(http://yeoman.io/) と呼びます。また、yo を「yeoman-generator」と呼ぶこともあります。

AngularJS用の雛形を生成するツールは、下記コマンドでインストールします。

```
$ npm install -g generator-angular
```

雛形を生成するディレクトリに移動して、下記のコマンドを実行します。SassやBootstrapの利用有無やインクルードするAngularJSのモジュールを選択します。

```
$ cd my_app
$ yo angular

     _-----_
    |       |
    |--(o)--|   .--------------------------.
   `---------´  |    Welcome to Yeoman,    |
    ( _´U`_ )   |    ladies and gentlemen! |
    /___A___\   '--------------------------'
     |  ~  |
   __'.___.'__
 ´   `  |° ´ Y `

Out of the box I include Bootstrap and some AngularJS recommended modules.

[?] Would you like to use Sass (with Compass)? Yes
[?] Would you like to include Twitter Bootstrap? Yes
[?] Would you like to use the Sass version of Twitter Bootstrap? Yes
[?] Which modules would you like to include? (Press <space> to select)
 ▸■ angular-resource.js
  ■ angular-cookies.js
  ■ angular-sanitize.js
  ■ angular-route.js
```

```
my_app
├── .bowerrc
├── .editorconfig
├── .gitattributes
├── .gitignore
├── .jshintrc
├── .travis.yml
```

```
├── Gruntfile.js
├── app
│   ├── .buildignore
│   ├── .htaccess
│   ├── 404.html
│   ├── bower_components
│   ├── favicon.ico
│   ├── images
│   │   └── yeoman.png
│   ├── index.html
│   ├── robots.txt
│   ├── scripts
│   │   ├── app.js
│   │   └── controllers
│   │       └── main.js
│   ├── styles
│   │   └── main.scss
│   └── views
│       └── main.html
├── bower.json
├── karma-e2e.conf.js
├── karma.conf.js
├── node_modules
├── npm-debug.log
├── package.json
└── test
    ├── .jshintrc
    ├── runner.html
    └── spec
        └── controllers
            └── main.js
```

生成されたプロジェクトには数多くの仕組みが含まれています。

・Gruntfile による各タスクの定義
・bower によるパッケージの管理
・Bootstrap と SCSS を利用したデザイン
・テストコードの雛形

・karma の設定ファイル
・テスト用サーバ
・JavaScript や CSS、画像などの minify
・jshint によるコード解析

なお、インテグレーションテスト向けは、Protractor ではなく Karma と ng-scenario を利用したものが生成されます。

下記の grunt タスクが標準で用意されているので実行してみましょう。

・default
・build
・test
・serve

まずはプロジェクトのビルドです。コマンドラインで「grunt build」を入力して、実行結果に「Done, without errors.」と表示されれば成功です。

「grunt serve」でアプリケーションの起動です。自動的にブラウザが立ち上がります（図13.2）。テストの実行は「grunt test」です。

さらに、コントローラやディレクティブなどのソースコード雛形を生成する仕組みも用意されています。例えば、「yo angular:controller my_controller」を実行すると、雛形ファイル「app/scripts/controllers/my_controller.js」が生成されます（リスト 13.1）。

リスト 13.1: my_controller.js

```
'use strict';

angular.module('chapter19App')
  .controller('MyControllerCtrl', function ($scope) {
    $scope.awesomeThings = [
      'HTML5 Boilerplate',
      'AngularJS',
      'Karma'
    ];
  });
```

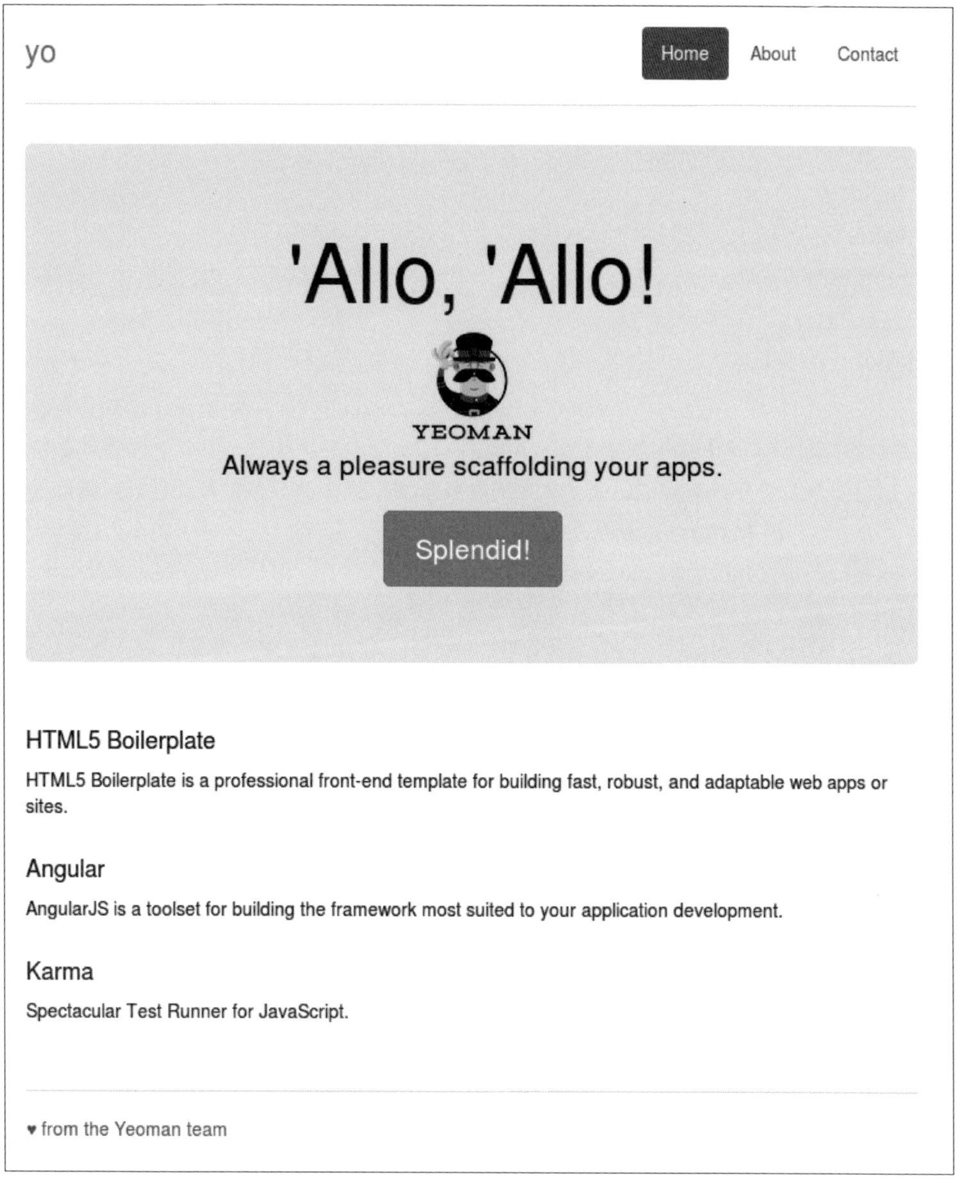

図 13.2: yo で生成したサンプルプロジェクト

コントローラだけでなく、下記の雛形も生成できます。

・angular:controller
・angular:directive

- angular:filter
- angular:route
- angular:service
- angular:provider
- angular:factory
- angular:value
- angular:constant
- angular:decorator
- angular:view

　yo で生成されるプロジェクトは複雑ですが、AngularJS でのアプリケーション開発に必要なプラクティスがたくさん盛り込まれています。生成されるプロジェクトを参考にして、気に入った部分だけでも取り込むのもよいでしょう。

altJS の利用

　JavaScript は、言語仕様として提供されている機能が乏しいと言えますが、柔軟な記述が可能なためトリッキーなコードで言語仕様の不足を補うことがあります。また、動的型付けであるためアプリケーションの実行時になってはじめて問題に気付くケースも多々あります。

　こうした問題を解決するため、JavaScript の代替言語として「altJS」と呼ばれるプログラミング言語が登場しています。altJS の多くは、コンパイルすることで JavaScript のコードが生成されます。

　altJS には多くの選択肢が存在しますが、Microsoft が開発する「TypeScript」や、Ruby on Rails に組み込まれている「CoffeeScript」がよく利用されています。

　AngularJS は、独自のクラスシステムを持っていないため、上記の altJS との相性がよいとされています。特に TypeScript と AngularJS を組み合わせて使うと、コンパイル時に型のチェックや IDE によるコード補間など多くのメリットを享受できます。

　ちなみに、TypeScript から JavaScript のライブラリやフレームワークを利用するには、型定義ファイルと呼ばれる JavaScript ライブラリの型情報を記述したファイルが必要になります。

　この型定義ファイルの多くは「DefinitelyTyped」で公開されています。

```
https://github.com/borisyankov/DefinitelyTyped
```

　なお、DefinitelyTyped では AngularJS 本体の型定義だけでなく、「Protractor」や「Angular-UI」、「Restangular」、「AngularFire」など、AngularJS の開発で利用するサードパーティ製ライブラリの型定義ファイルも数多く提供されています。

Chapter 13

[Section]
13-2 UI コンポーネント

AngularJS では、サードパーティ製のディレクティブ、フィルター、サービスなど数多く開発されています。特に「Angular-UI」(http://angular-ui.github.io/) は、有用で高品質なモジュールが数多く開発されているプロジェクトです。Angular-UI には多くのコンポーネントが用意されていますが、本節では代表的なものをピックアップして紹介します。

13-2-1 UI-Utils

UI-Utils は、ちょっとした便利なユーティリティ機能を 1 つにまとめたパッケージコンポーネントです。UI-Utils では下記の機能が提供されています。

- Event Binder: AngularJS がサポートしていないイベントをバインドするディレクティブ
- Format: プレースホルダーを利用して文字列を埋め込むフィルター
- Highlight: 文字列の一部をハイライト表示するフィルター
- Include Fragment: HTML の一部分を指定して埋め込むディレクティブ
- Indeterminate checkbox: true、false、不確定の 3 値を指定できるチェックボックスディレクティブ
- Inflector: 文字列をキャメルケース、スネークケース、スペース区切りで表示するフィルター
- jQuery Passthrough: テンプレートから jQuery のメソッドを呼び出すディレクティブ
- Keypress: キープレスイベントをバインドするディレクティブ
- Mask: input にマスクを指定するディレクティブ
- Reset: input に入力値をリセットする機能を付与するディレクティブ
- Route Checking: 現在の URL が条件にマッチするか判別するディレクティブ
- Scroll till you drop: 仮想スクロールを実現するディレクティブ
- Scrollfix: 指定量をスクロールした時に class を付与するディレクティブ
- Show、Hide and Toggle Alternatives: 表示・非表示・トグルの条件に応じて class を付与

するディレクティブ
- Unique: 配列から重複を取り除いて表示するフィルター
- Validate: 任意のバリデーションルールを追加するディレクティブ

いずれも外部ライブラリに依存していないため、利用しやすいコンポーネントです。UI-Utils を利用するには、bower コマンドでインストールします。

```
$ bower install angular-ui-utils
```

利用は bower_components ディレクトリにある「ui-utils.js」をインクルードします。ここでは、highlight フィルターを利用します（リスト 13.2 ～ 13.3）。

リスト 13.2: highlight フィルターの利用例（HTML）

```html
<!DOCTYPE html>
<html ng-app="app" ng-strict-di>

<head>
  <meta charset="utf-8">
  <meta name="viewport" content="width=device-width">
  <script type="text/javascript" src="../../angular/angular.js"></script>
  <script type="text/javascript" src="../../angular/angular-sanitize.js"></script>
  <script type="text/javascript" src="ui-utils.js"></script>
  <script type="text/javascript" src="app.js"></script>
  <style>
    .ui-match {
      background: yellow;
    }
  </style>
</head>
<body>
<div ng-controller="hightlightController">
  <input type="text" ng-model="highlightKeyword">

  <p ng-bind-html="message | highlight:highlightKeyword"></p>
</div>
</body>

</html>
```

highlightフィルターは、第1引数にハイライト表示したいキーワードを指定します。ハイライトする要素には class に ui-match が付与されるので、スタイルを記述してハイライト表示の方法を指定します。

なお、highlightフィルターでは、ハイライトする文字列を span タグで囲むため、ng-bind-html ディレクティブを利用する必要があります。

リスト 13.3: highlight フィルターの利用例（JavaScript）

```
angular.module('app', ['ngSanitize', 'ui.highlight'])
  .controller('hightlightController', ['$scope', function ($scope) {
    $scope.message = '指定した文字列をハイライト表示します';
  }]);
```

highlightフィルターは、依存モジュールに ui.highlight を指定します。ng-bind-html で HTML 要素をサニタイズして表示するため、ngSanitize モジュールも指定します。

上記を実行すると、指定した文字列をハイライト表示できます（図 13.3）。

図 13.3: ui.highlight の画面表示

13-2-2　UI-Layout

分割レイアウトを指定できる「UI-Layout」を紹介します。
UI-Layout は下記の通り、bower でインストールします。

```
$ bower install angular-ui-layout
```

bower_components ディレクトリにある「ui-layout.js」と「ui-layout.css」をインクルードして利用します。UI-Layout の利用例を次に示します（リスト 13.4、リスト 13.5）。

リスト 13.4: UI-Layout の利用例（HTML）

```
<!DOCTYPE html>
<html ng-app="app" ng-strict-di>
```

```html
<head>
  <meta charset="utf-8">
  <meta name="viewport" content="width=device-width">
  <script type="text/javascript" src="../../angular/angular.js"></script>
  <script type="text/javascript" src="ui-layout.js"></script>
  <script type="text/javascript" src="app.js"></script>
  <link rel="stylesheet" type="text/css" href="ui-layout.css">
  <style>
    .layout .header {
      background: #d3d3d3;
    }

    .layout .sidebar {
      background: lightcyan;
    }

    .layout .content {
      background: lightgoldenrodyellow;
    }

    .layout .footer {
      background: lightgreen;
    }
  </style>
</head>

<body>
<div ui-layout options="{flow: 'row'}" class="layout">
  <div size="20%" class="header"></div>
  <div ui-layout options="{flow: 'column'}">
    <div size="30%" class="sidebar"></div>
    <div class="content"></div>
  </div>
  <div size="10%" class="footer"></div>
</div>
</body>

</html>
```

ui-layout ディレクティブ内の子要素は、指定サイズで分割されます。options 属性の flow に row を指定すると縦方向（上下分割）、column を指定すると横方向（左右分割）に分割されます。また、size 属性を指定して分割時のサイズを指定できます。

リスト 13.5: UI-Layout の利用例（JavaScript）

```
angular.module('app', ['ui.layout']);
```

ui-layout ディレクティブは、依存モジュールに ui.layout を指定します。

上記を実行すると、下図の通り、分割レイアウトを実現できます（図 13.4）。

図 13.4: ui.layout の画面表示

13-2-3 UI-Modules

Angular-UIの「UI-Modules」は、外部ライブラリをラップしてディレクティブとして利用でき、下記のモジュール群などが提供されています。

- CodeMirror IDE: ブラウザで利用可能なテキストエディタ「CodeMirror」をラップしたディレクティブ
- Ace IDE: コードエディタ「Ace」をラップしたディレクティブ
- Calendar: jQueryプラグインのカレンダー表示ライブラリ「FullCalendar」をラップしたディレクティブ
- Google Maps: Google Mapsをラップしたディレクティブ
- Date: jQueryUIの日付選択ライブラリである「DatePicker」をラップしたディレクティブ
- Select: jQueryベースのセレクトボックスライブラリである「Select2」をラップしたディレクティブ
- TinyMCE: WYSIWYGエディタ「TinyMce」をラップしたディレクティブ
- Sortable: jQueryUIのドラッグアンドドロップで並び替え可能なリストをラップしたディレクティブ

本項では日付選択のUI-Dateの利用方法を紹介します。

UI-Dateは、bowerコマンドを利用してインストールします。なお、UI-DateはjQueryとjQueryUIに依存しているため、jQueryとjQueryUIもインストールします。

```
$ bower install jquery
$ bower install jquery-ui
$ bower install angular-ui-date
```

bower_componentsディレクトリのjquery.js、jquery-ui.js、date.js、jquery-ui.cssをインクルードして利用します。

UI-Dateの利用例を次に示します（リスト13.6、リスト13.7）。

リスト 13.6: UI-Dateの利用例（HTML）

```
<!DOCTYPE html>
<html ng-app="app" ng-strict-di>

<head>
```

```html
    <meta charset="utf-8">
    <meta name="viewport" content="width=device-width">
    <script type="text/javascript" src="jquery.js"></script>
    <script type="text/javascript" src="jquery-ui.js"></script>
    <script type="text/javascript" src="../../angular/angular.js"></script>
    <script type="text/javascript" src="date.js"></script>
    <script type="text/javascript" src="app.js"></script>
    <link rel="stylesheet" type="text/css" href="jquery-ui.css">
</head>

<body>
<input ui-date ng-model="myDate">
</body>

</html>
```

このディレクティブは、input タグに ui-date を指定するだけで利用可能です。

リスト 13.7: UI-Date の利用例（JavaScript）

```
angular.module('app', ['ui.date']);
```

ui-date ディレクティブは、依存モジュールに ui.date を指定します。下図のインターフェースで日付を入力できます（図 13.5）。

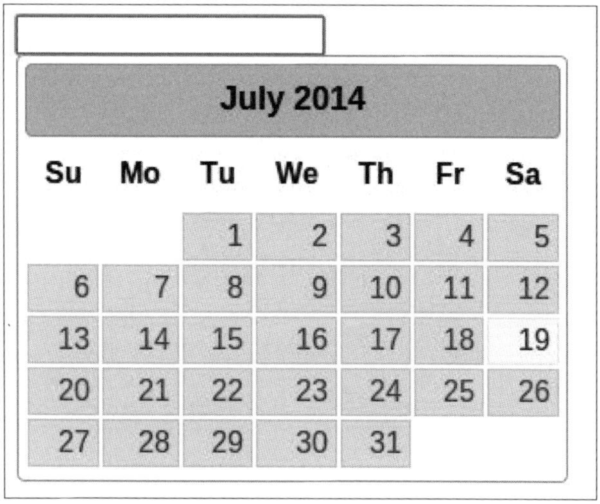

図 13.5: UI-Date の画面表示

13-2-4 NG-Grid

グリッド表示を提供するディレクティブ、NG-Gridを紹介します。

高機能なNG-Gridは、Excelに似たインターフェースで要素を編集でき、仮想化することで大量のデータを表示してもパフォーマンスが悪化することもなく利用できます。

NG-Gridは、bowerコマンドを利用してインストールします。jQueryに依存しているため、こちらもインストールします。

```
$ bower install jquery
$ bower install ng-grid
```

bower_componentsディレクトリにあるjquery.js、ng-grid.js、ng-grid.cssをインクルードして利用します。NG-Gridの利用例を次に示します（リスト13.8、リスト13.9）。

リスト 13.8: NG-Grid の利用例（HTML）

```
<!DOCTYPE html>
<html ng-app="app" ng-strict-di>

<head>
  <meta charset="utf-8">
  <meta name="viewport" content="width=device-width">
  <script type="text/javascript" src="jquery.js"></script>
  <script type="text/javascript" src="../../angular/angular.js"></script>
  <script type="text/javascript" src="ng-grid.js"></script>
  <script type="text/javascript" src="app.js"></script>
  <link rel="stylesheet" type="text/css" href="ng-grid.css">
  <style>
    .gridStyle {
      border: 1px solid rgb(212, 212, 212);
      width: 100%;
      height: 300px
    }
  </style>
</head>

<body>
<div ng-controller="gridController">
  <div class="gridStyle" ng-grid="gridOptions">
```

```
    </div>
  </div>
</body>

</html>
```

ng-gridディレクティブは、オプションを指定して利用します。

リスト 13.9: NG-Grid の利用例（HTML）

```
angular.module('app', ['ngGrid'])
  .controller('gridController', ['$scope', function ($scope) {
    $scope.users = [
      {name: "かない", twitter: 'can_i_do_web'},
      {name: "いけぞえ", twitter: 'zoetro'},
      {name: "よしだ", twitter: 'teyosh'}
    ];
    $scope.gridOptions = { data: 'users' };
  }]);
```

ng-gridディレクティブは、依存モジュールにngGridを指定します。オプションのdataプロパティには表示するデータを指定します。オプションで指定できる項目にはdataプロパティ以外にも多数用意されているので、詳細はNG-Gridのドキュメントを参照してください。

上記を実行すると、下図のグリッドビューが表示されます（図13.6）。

name	twitter
かない	can_i_do_web
いけぞえ	zoetro
よしだ	teyosh

図 13.6: ngGrid の利用例

13-2-5 UI-Bootstrap

「Twitter Bootstrap」(http://getbootstrap.com/)とはCSSフレームワークの1つで、読み込むだけでWebアプリケーションをモダンなデザインに変更できます。

UI-Bootstrapを使うと、Twitter Bootstrapが提供する機能をAngularJSのディレクティブとして利用できます。

UI-Bootstrapでは、下記のディレクティブが提供されています。

- Accordion: 折りたたみ可能なリストのディレクティブ
- Alert: アラートメッセージを表示するディレクティブ
- Buttons: トグル、チェックボックス、ラジオボタンのディレクティブ
- Carousel: 画像のカルーセル表示をおこなうディレクティブ
- Collapse: 要素の表示・非表示を切り替えるディレクティブ
- Datepicker: 日付選択ディレクティブ
- Dropdown: クリックで表示を切り替え可能なドロップダウンメニューディレクティブ
- Modal: モーダルダイアログのディレクティブ
- Pagination: ページネーション機能を提供するディレクティブ
- Popover: ポップオーバーを表示するディレクティブ
- Progressbar: プログレスバー表示のディレクティブ
- Rating: レーティング表示のディレクティブ
- Tabs: タブ切り替え機能のディレクティブ
- Timepicker: 時間選択ディレクティブ
- Tooltip: ツールチップ表示のディレクティブ
- Typeahead: サジェスト機能を提供するディレクティブ

UI-Bootstrapは、bowerコマンドを利用してインストールします。依存するjQueryとTwitter Bootstrapもインストールします。

```
$ bower install jquery
$ bower install bootstrap
$ bower install angular-ui-bootstrap-bower
```

bower_componentsディレクトリのjquery.js、ui-bootstrap-tpls.js、bootstrap.cssをインクルードして利用します。

UI-Bootstrap の利用例を以下に示します。progressbar ディレクティブを利用します（リスト 13.10、リスト 13.11）。

リスト 13.10: UI-Bootstrap の利用例（HTML）

```html
<!DOCTYPE html>
<html ng-app="app" ng-strict-di>

<head>
  <meta charset="utf-8">
  <meta name="viewport" content="width=device-width">
  <script type="text/javascript" src="jquery.js"></script>
  <script type="text/javascript" src="../../angular/angular.js"></script>
  <script type="text/javascript" src="ui-bootstrap-tpls.js"></script>
  <script type="text/javascript" src="app.js"></script>
  <link rel="stylesheet" type="text/css" href="bootstrap/css/bootstrap.css">
</head>

<body>
<div>
  <div class="container">
    <div class="header">
      <ul class="nav nav-pills pull-right">
        <li class="active"><a href="#">Home</a></li>
        <li><a href="#">About</a></li>
        <li><a href="#">Contact</a></li>
      </ul>
      <h3 class="text-muted">Angular-UI-Bootstrap</h3>
    </div>

    <div class="jumbotron">
      <h2>Progressbar ディレクティブのサンプル </h2>
    </div>

    <div class="row marketing">
      <div class="col-sm-6">
        <input type="text" ng-model="myValue">
        <button class="btn btn-sm btn-primary" type="button">push</button>
      </div>
      <div class="col-sm-6">
```

```
            <p> プログレスバー </p>
            <progressbar value="myValue"></progressbar>
        </div>
    </div>

  </div>
 </div>
</body>

</html>
```

リスト 13.11: UI-Bootstrap の利用例（JavaScript）
```
angular.module('app', ['ui.bootstrap']);
```

UI-Bootstrap 提供のディレクティブを利用するには、依存モジュールに ui.bootstrap を指定します。アプリケーションを実行すると下図が表示されます（図 13.7）。

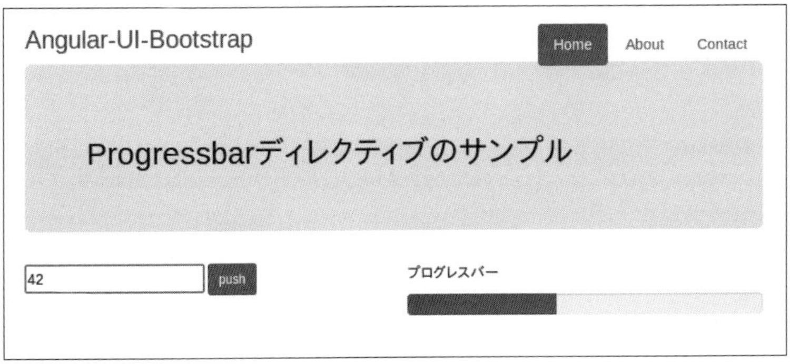

図 13.7: UI-Bootstrap の表示例

13-2-6 UI-Router

ルーティング機能を提供する UI-Router を紹介します。

「Chap.07 ルーティングと通信」でも紹介した通り、AngularJS では ngRoute モジュールを利用すれば標準でルーティング機能を実現できます。しかし、ngRoute モジュールでは、ngView ディレクティブをネストできなかったり、複数配置ができないなどの問題点があります。

UI-Router は、bower コマンドを利用してインストールして、bower_components ディレクトリの angular-ui-router.js をインクルードします。

```
$ bower install angular-ui-router
```

本項では、1画面に複数のテンプレートを指定する方法を紹介します（リスト 13.12、リスト 13.13）。

リスト 13.12: UI-Router の利用例（HTML）

```html
<!DOCTYPE html>
<html ng-app="app" ng-strict-di>

<head>
  <meta charset="utf-8">
  <meta name="viewport" content="width=device-width">
  <script type="text/javascript" src="../../angular/angular.js"></script>
  <script type="text/javascript" src="angular-ui-router.js"></script>
  <script type="text/javascript" src="app.js"></script>
</head>

<body>
<a ui-sref="state1" target="_self">state1 を開く </a>
<a ui-sref="state2" target="_self">state2 を開く </a>

<div ui-view="viewA"></div>
<div ui-view="viewB"></div>
</body>

</html>
```

ngRoute では切り替えたページを表示するディレクティブとして ng-view を利用しますが、UI-Router では代わりに ui-view を利用します。なお、ui-view は1画面に複数個の配置が可能なため、上記では「viewA」、「viewB」と指定します。

また、ページを切り替えるリンクを用意するには、href や ng-href の代わりに ui-sref を利用します。

リスト 13.13: UI-Router の利用例（JavaScript）

```javascript
angular.module('app', ['ui.router'])
  .config(['$stateProvider', '$urlRouterProvider',
    function ($stateProvider, $urlRouterProvider) {
      $stateProvider
        .state('state1', {
          url: "/state1",
          views: {
            "viewA": { templateUrl: "state1.viewA.html" },
            "viewB": { templateUrl: "state1.viewB.html" }
          }
        })
        .state('state2', {
          url: "/state2",
          views: {
            "viewA": { templateUrl: "state2.viewA.html" },
            "viewB": { templateUrl: "state2.viewB.html" }
          }
        });

      $urlRouterProvider.otherwise("/state1");
    }]);
```

ngRoute では $routeProvider を利用してルーティングを設定しますが、UI-Router では $stateProvider を利用します。

上記の設定で、URL「/state1」にアクセスすると、ui-view="viewA" の要素には state1.viewA.html、ui-view="viewB" の要素には state1.viewB.html が表示されます。そして、URL「/state2」にアクセスすると、ui-view="viewA" の要素には state2.viewA.html、ui-view="viewB" の要素には state2.viewB.html が表示されます。

なお、$stateProvider での指定と一致しない URL にアクセスした際に遷移する URL は、$urlRouterProvider.otherwise メソッドを利用して指定します。

Chapter 13

[Section]
13-3 AngularJS Batarang

「AngularJS Batarang」とは、Google Chrome の拡張機能で、AngularJS の開発をサポートする機能を提供します。

「Chrome ウェブストア」(https://chrome.google.com/webstore/category/apps?hl=ja) にアクセスして、「AngularJS Batarang」で検索するか、「https://chrome.google.com/webstore/detail/angularjs-batarang/ighdmehidhipcmcojjgiloacoafjmpfk」にアクセスします。右上の [+ 無料] ボタンをクリックしてインストールします。

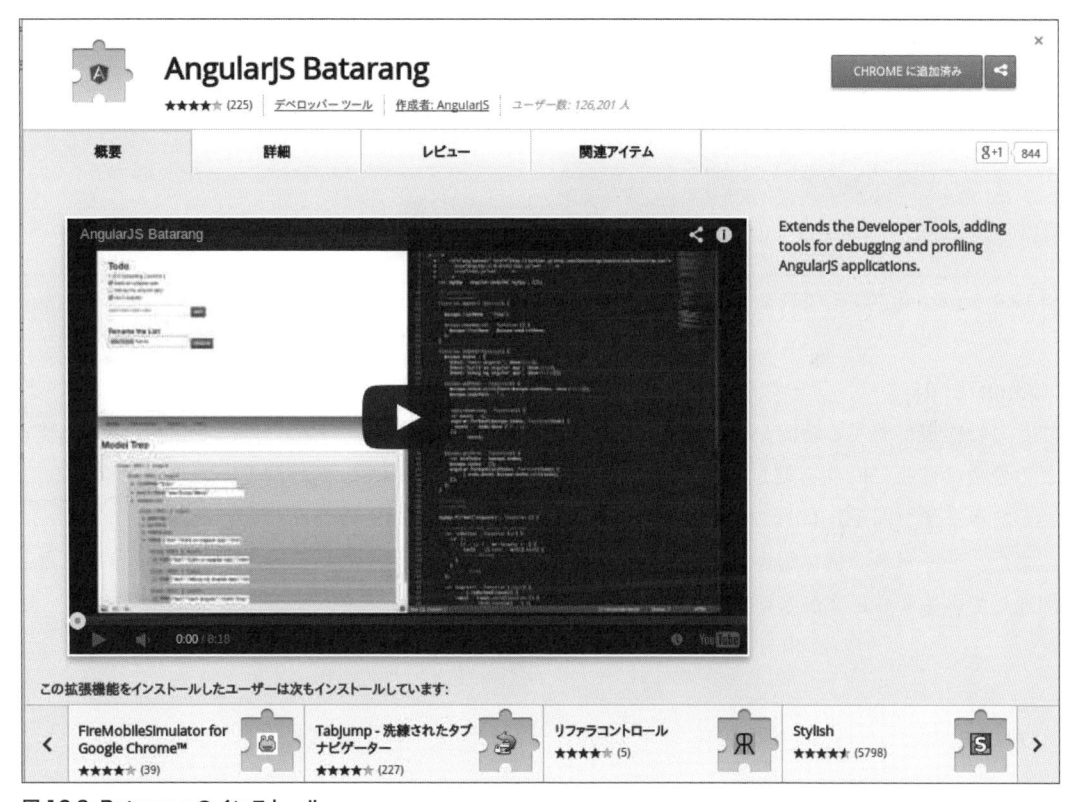

図 13.8: Batarang のインストール

[Scope]タブを開くと、下図の画面が表示されます（図13.9）。$scopeオブジェクトがどのように派生しているかを確認できます。また、いずれかのScopeをクリックすると、その$scopeオブジェクトが持っているプロパティの内容を確認できます。

また、[Enable Inspector]をクリックすると、小さなダイアログが表示され、HTMLの要素にマウスを合わせると、その要素に関連付けられている$scopeの内容を確認できます。

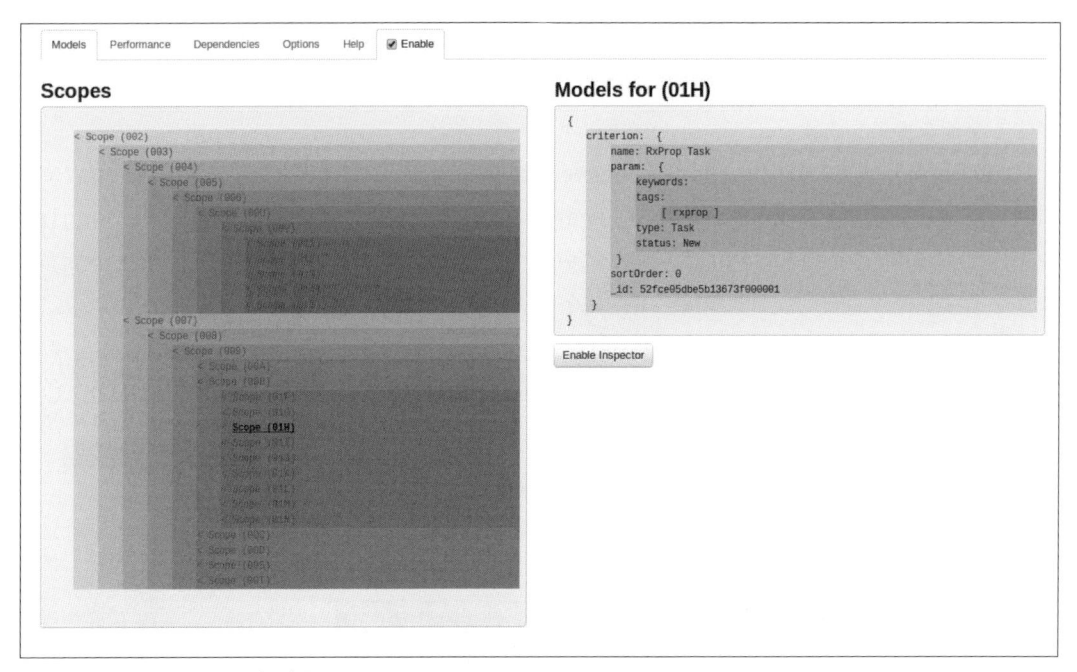

図 13.9: Batarang スコープの表示

AngularJSでは、データバインディングを実現するため、数多くの変数の変更を監視しています。この監視に要する時間が長くなると、当然アプリケーションのパフォーマンスも悪化します。どの変数の監視に時間を要しているか確認できれば、パフォーマンスの改善に大きく役立てることができます（図13.10）。

また、サービスの依存関係を可視化することも可能です。サービス名にマウスオーバーすると、関連しているサービスが赤く表示されます（図13.11）。

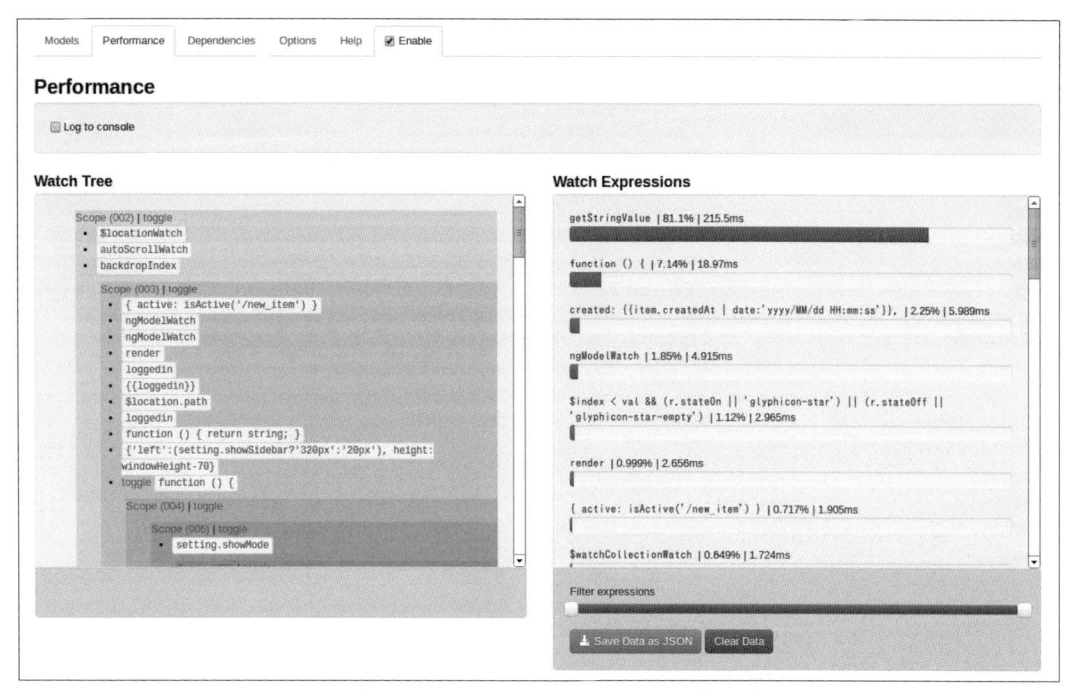

図 13.10: Batarang パフォーマンスの表示

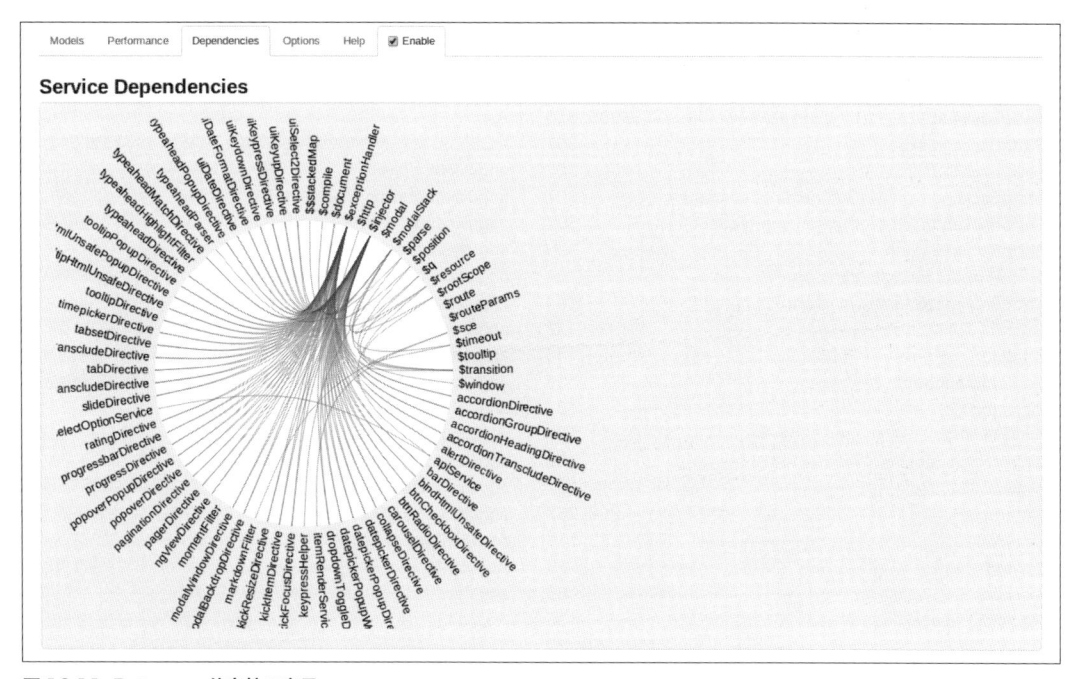

図 13.11: Batarang 依存性の表示

INDEX

■記号

- -end — 249
- -start — 249
- $$phase — 190
- $apply — 88, 164, 189, 229, 276
- $asyncQueue — 229
- $broadcast — 156
- $compile — 266, 269
- $cookies — 90
- $cookieStore — 90
- $destroy — 264
- $digestループ — 228, 229, 231, 276
- $dirty — 96
- $emit — 156, 283
- $error — 96
- $eval — 265, 346
- $evalAsync — 229, 265, 346
- $event — 47
- $exceptionalHandler.error — 309
- $exceptionHandler — 308
- $exceptionHandlerProvider — 308
- $exceptionHandlerProvider.mode — 309
- $filter — 199
- $formatters — 271, 281
- $get — 216
- $http — 136, 172, 176, 182, 305, 307, 350
- $httpBackend — 305, 326
- $httpBackend.expect — 307
- $httpBackend.flush — 307
- $httpBackend.verifyNoOutstandingExpectation — 307
- $httpBackend.verifyNoOutstandingRequest — 307
- $httpBackend.when — 307, 390
- $httpProvider.defaults.transformRequest — 184
- $httpProvider.defaults.transformResponse — 184
- $inject — 132
- $injector — 136
- $injector#annotate — 139
- $injector#get — 137
- $injector#has — 137
- $injector#instantlate — 138
- $injector#invoke — 137
- $interpolate — 266, 267
- $interval — 88, 176
- $invalid — 96
- $location — 86
- $locationProvider — 135
- $log — 89
- $modelValue — 271
- $new — 263
- $on — 156
- $parent — 152, 228, 240
- $parse — 266
- $parsers — 271
- $pristine — 96
- $provider.decorate — 312
- $q — 174
- $render — 271, 281
- $resource — 126, 186, 305, 30, 350
- $rootScope — 85, 154, 264
- $routeProvider.when — 179
- $sce.DelegateProvider — 343
- $sce.HTML — 342
- $sce.RESOUCE_URL — 342, 343
- $sce.trustAs — 333
- $sce.trustAsResourceUrl — 343
- $sce.URL — 343
- $scope — 229
- $setPristine — 274
- $setValidity — 271
- $stateProvider — 376
- $swipe — 90
- $timeout — 87, 130, 176, 304
- $urlRouterProvider.otherwise — 378
- $valid — 96
- $viewValue — 271
- $watch — 160, 277
- $watchCollection — 160
- $watchGroup — 160

■A

- absUrl — 86
- Ajax — 166, 172
- altJS — 112, 213, 357
- angular.bind — 101
- angular.bootstrap — 141
- angular.copy — 104
- angular.element — 115
- angular.equals — 110
- angular.extend — 105
- angular.forEach — 107, 194
- angular.fromJson — 110
- angular.identity — 114
- angular.mock.TzData — 311
- angular.module — 123
- angular.noop — 114
- angular.toJson — 108
- angular.value — 125
- AngularDart — 232
- Angular-UI — 190, 364
- angularパッケージ — 357
- Apache — 320
- as — 155
- ASP.NET MVC — 166
- assign — 267

autoWatch	302	email	54
a要素	66	Ember.js	3
		error	89
■B		eval	345
Backbone.js	3	expect	301
Batarang	379	expression	346
BDD（Behavior Driven Development）	295		
bower	355	■F	
bower.json	355	flush	305
		focus	38
■C		form要素	52
C#	129	ftp	339
CDN（Contents Delivery Network）	6		
checkbox	55	■G	
change	42	generator-angular	358
Chromeアプリケーション	347	getYear	311
Chrome拡張	347	grunt	357
CI（継続的インテグレーション）	296	grunt-contrib-connect	320
click	32	gulp-connect	320
CoffeeScript	213		
compile	227, 250	■H	
constant	267	hammer.js	91
context	101	hash	87
controller	120, 257, 282	Hashモード	179
controllerAs	257	highlight	365
cookie	90	History API	177
CSP（Content Security Policy）	333, 345	history#pushState	177
CSS	18, 97	host	86
Cucumber	326	HTML5	92, 234
currency	70, 192	html5モード	179
		http	339
■D		https	339
D3.js	288		
Dart	232	■I	
date	57, 71, 192	i18n	70, 81
dateTimeLocal	57	info	89
dblclick	33	inject	303
dateフォーマット	72	injector	120
debug	89	input	95
deferred	175	input要素	53
describe	301	Internet Explorer	179
DI（Dependency Injection）	11, 122, 129, 197, 257, 296	it	301
Dirty Checking	202, 230	iterator	107
disable	61		
disabled	95	■J	
DOM（Document Object Model）	14, 115	Jasmine	295, 297, 303, 326
DOMElement	117	Jasmine Matcher	303
DOM操作	14, 146	Java	102, 129, 316
dump	315	jqLite	115, 116
		jQuery	2, 115, 119, 145, 163
■E		jQuery Mobile	91
ECMAScript	262	JSON	74
ECMAScript 6	12, 159	JSON.parse	110
ElementArrayFinder	324	JSONP（JSON with Padding）	349
ElementFinder	324	JSON形式	74, 110, 184, 349

■K
- Karma — 294, 295, 297
- keydown — 40
- keypress — 41
- keyup — 41
- kris Kowal's Q — 174

■L
- l10n — 81
- LESS — 357
- limitTo — 75, 80, 192
- link — 228, 250
- linky — 338
- literal — 267
- localStorage — 223
- log — 89
- lowercase — 78, 114

■M
- mailto — 339
- Markdown形式 — 337
- Matcher — 303
- minify — 132, 133
- MIT License — 3
- Mocha — 295, 326
- module — 303
- Module#config — 134, 179, 208, 216, 221
- Module#constant — 135, 206
- Module#controller — 144
- Module#decorator — 208
- Module#directive — 233
- Module#factory — 129, 209, 214, 221
- Module#filter — 192, 194
- Module#provider — 135, 214, 221
- Module#run — 135, 232
- Module#service — 209, 214, 221
- Module#value — 124, 206, 214
- month — 57
- mousedown — 34
- mouseenter — 35
- mouseleave — 38
- mousemove — 37
- mouseover — 36, 336
- mouseup — 34
- multiElement — 242
- MVC — 122, 231
- MVVM（Model View ViewModel） — 169
- MVW（Model View Whatever） — 166, 169

■N
- name — 234
- ngApp — 63
- ngBind — 14
- ngBindHtml — 15
- ngBindTemplate — 16
- ngBlur — 39
- ngChange — 42
- ngChecked — 43
- ngClass — 18
- ngClassEven — 20
- ngClassOdd — 21
- ngClick — 32
- ngCloak — 17
- ngCookies — 90
- ngCopy — 44
- ngCsp — 67
- ngCut — 45
- ngDblClick — 33
- ng-dirty — 97
- ngDisable — 61
- ng-disabled — 95
- ngFocus — 38
- ngForm — 52
- ngGrid — 373
- NG-Grid — 371
- ngHide — 22, 25
- ngHref — 66
- ngIf — 25
- ngInclude — 64
- ngInit — 64
- ng-invalid — 97
- nginx — 320
- ngKeydown — 40
- ngKeypress — 41
- ngKeyup — 41
- ngList — 58
- ngMessage — 30
- ngMessages — 30
- ng-minlength — 94
- ngMock — 296, 303, 304
- ngMockE2E — 326
- ngModel — 64
- ngModelController — 270, 279
- ngModelOptions — 65
- ngMousedown — 34
- ngmouseenter — 35
- ngMouseleave — 38
- ngMousemove — 37
- ngMouseover — 36
- ngMouseup — 34
- ngNonBindable — 16
- ngOpen — 23
- ngOptions — 59
- ngPaste — 45
- ng-pattern — 95
- ngPluralize — 23
- ngReadonly — 61
- ngRepeat — 20, 21, 27
- ng-repeat — 195
- ng-required — 95

ngResource — 126, 187
ngRoute — 376
ng-route — 178
ngSanitize — 333, 337, 341
ngScenario — 296
ngSelected — 61
ngShow — 21
ng-show — 95
ngSrc — 67
ngSrcset — 67
ngStyle — 18
ngSubmit — 46
ngSwipeLeft — 91
ngSwipeRight — 91
ngSwitch — 26
ngTouch — 90
ngTransclude — 67
ng-valid — 97
ngValue — 61
ng-view — 181
ngモジュール — 127
Node Debugger — 321
Node.js — 297, 316, 352
nodebrew — 352
novalidate — 94
npm (Node Package Manager) — 297, 352
number — 54, 73
nvm — 352

■O
Object.observe — 262
onBlur — 39
onclick — 336
One-time binding — 165, 231
option — 59
orderBy — 76, 80, 192, 198
otherwise — 180

■P
package.json — 354
passThrough — 330
path — 86
Play Framework — 166
popState — 177
port — 86
postLink — 251
preLink — 251
priority — 254
Promise — 174
protocol — 86
prototype.js — 2
Protractor — 294, 295, 316, 322
ProtractorBy — 323
Provider — 214

■Q
query — 188
Qunit — 295

■R
radio — 56
readOnly — 61
replace — 242
require — 257, 282
Require.js — 298
required — 95
resourceUrlBlacklist — 343
resourceUrlWhitelist — 343
respond — 307
REST — 185
restrict — 236
row — 330
Rspec — 295
Ruby on Rails — 166

■S
SCE (Strict Contextual Escaping) — 341
scope — 120, 238
Scope#$apply — 88, 164, 189, 229, 276
Scope#$broadcast — 156
Scope#$destroy — 264
Scope#$emit — 156, 283
Scope#$eval — 265, 346
Scope#$evalAsync — 229, 265, 346
Scope#$new — 263
Scope#$on — 156
Scope#$parent — 152, 228, 240
Scope#$watch — 160, 277
Scope#$watchGroup — 160
Scope#$watchCollection — 160
Script — 66
SCSS — 357
search — 86
select — 59
selected — 61
Selenium Standalone Server — 320
SeleniumServer — 316
SeleniumWebDriver — 296
SEO — 167
sessionStorage — 223
setBreakpoint — 321
setDate — 311
SPA (Single Page Application) — 166
stripTrailingSlashes — 187
switch — 26

■T
template — 235
templateUrl — 235
terminal — 254

383

then	173, 175
this	101
time	57
toLowerCase	114
toThrow	308
toUpperCase	114
transclude	242, 263
trustAsCss	343
trustAsHtml	343
trustAsJS	343
trustAsResourceUrl	343
TrustAsUrl	343
TypeScript	213

■U
UI-Bootstrap	373
UI-Layout	367
UI-Modules	368
UI-Router	190, 376
ui-sref	377
UI-Utils	364
unsafe:	336
uppercase	78, 114
URL	55, 66, 86
url	87

■W
warn()	89
Web Components	292
Web Storage	221
WebDriver	322
WebDriverBy	323
WebDriverJS	316
webdriver-manager	316
WebSocket	163, 189
week	57
when	180
window.location	86
window.setInterval	88
window.setTimeout	87

■X
XHR（XMLHttpRequest）	333, 348
XHTML	234
XMLHttpRequest	182
XSRF（Cross Site Request Forgeries）	184, 333, 348
XSS（Cross Site Scripting）	15, 332

■Y
yeoman	358
yeoman-generator	358
yo	358

■あ
アーキテクチャ	166
アノテーション	129, 132, 133
アンダースコアラッピング	131

■い
イベント	32, 47, 156
インジェクション	129, 133
インジェクト	130, 210
インスタンス	12, 148
インテグレーションテスト	294, 322, 360

■え
エクスプレッション	7, 10
エスケープ	334, 341, 342
エラーハンドリング	95
エラーメッセージ	95
エンドツーエンド	294

■お
オブジェクト指向	102
オプションパラメータ	195

■か
外部モジュール	83
カスタム属性	8
カスタムタグ	8, 226
カスタムヘッダ	350
画像リンク	67
型判別	113

■く
グリッド	371
グローバルAPI	100, 115
グローバル変数	86, 100

■け
継続的インテグレーション	296
厳格なDI	133

■こ
コールバック	102
コントローラ	10, 83, 85, 122, 144, 147
コンパイル処理	227
コンフィギュレーション	134
コンポーネント	129, 170, 296

■さ
サーバ	172
サービス	70, 83, 122, 125, 126
サニタイズ	333, 337, 342

■し
ジェスチャー	91

絞り込み	79
初期化処理	135, 141
シングルトン	217

■す
スコープ	10, 85, 144, 145, 263
スマートフォン	90
スワイプ処理	90

■せ
正規表現	95
セキュリティ	8, 332, 348
セキュリティトークン	333, 348
セキュリティホール	332

■そ
双方向データバインディング	9
ソート	76, 80

■た
タブレット	91

■ち
チェックボックス	43

■つ
通貨表記	70

■て
ディープコピー	104
ディレクティブ	14, 115, 122, 124, 226, 250, 314
データバインディング	9, 226, 241
デザインパターン	169
テスタビリティ	297
テスティングフレームワーク	295
テストツール	294
テストランナー	295
デファクトスタンダード	182
テンプレート	11, 16, 26, 64, 66, 234, 258
テンプレートエンジン	7

■の
ノンブロッキング処理	172

■は
バインディング	92
パッケージマネージャ	352, 355
パフォーマンス	202
パフォーマンステスト	294
バリデーション	92

■ひ
非同期処理	87
ピンチアウト	91
ピンチイン	91

■ふ
フィルター	70, 122, 124, 192
部分適用	103
ブラックリスト	343
プロトタイプ継承	151
プロミス	173
分離スコープ	238

■ほ
ホワイトリスト	343

■め
メソッドチェーン	125
メッセージ	30

■も
モジュール	122, 123, 124, 126
モジュール指定	63
モジュール分割	140
モック	296, 311
モデル更新	65
モデル初期値	64
モバイル	90
モバイルファースト	90

■ゆ
ユーザビリティテスト	294
ユーティリティ	364
ユニットテスト	294, 297

■り
リクエスト	184
リンク処理	227

■る
ルーティング	172, 177, 376
ループ	27

■れ
レスポンス	184

■ろ
ローカライゼーション	72
ロケーター	323

■わ
ワンタイムトークン	348

謝辞

　本書の執筆にあたっては、本当にたくさんの方々のご協力をいただきました。

　編集を担当いただいた丸山弘詩氏、畑中二四氏には、的確なアドバイスとサポートをいただいたことを感謝致します。執筆経験の少ない執筆陣を常に支え励ましていただいたことで、本書を世に出すことができました。

　装丁担当のデザイナーの久米康大氏には、AngularJSのイメージカラーを反映した素敵な表紙を作成していただいたことを感謝致します。また、本文デザイン・イラスト担当の鈴木良太氏には、著者の作成したラフなイラストを元に、統一感のある分かりやすいイラストを作成していただいたことを感謝致します。デザインの力により、本書をより理解しやすいものとできました。

　レビューを引き受けていただいた今雄一氏、栗田実芳氏、高村壮一氏、稲垣龍一氏、久保田光則氏、五藤佑典氏に感謝し致します。それぞれの専門分野からの造詣の深いコメントや、多角的な視点から執筆陣が気付けなかったような指摘をいただいたことで、本書をよりわかりやすくバランスのよい内容に仕上げることができました。

　最後に、本書を手にとっていただいた読者の皆様へ心から感謝の気持ちと御礼を申し上げます。

　本書が皆様の役に立つことを願っています。

2014年8月　著者一同

著者プロフィール

池添 明宏（いけぞえ・あきひろ）

中堅SIerでロボットソフトウェアの研究開発に従事、2012年以降はアリエル・ネットワーク株式会社にてグループウェア開発を担当。Webアプリケーションのフロントエンド・サーバーサイド開発からWindows GUIアプリ、画像処理や組み込みソフトウェアなど幅広い分野に精通。最近はAngularJSはもちろん、TypeScriptやWebComponentsなどフロントエンドよりの技術に注目している。

金井 健一（かない・けんいち）

SIer、Web制作会社を経て現在はフリーランスとして活動。AngularJS Japan User Group管理人やhtml5j Web先端技術味見部部長を務め、多彩な勉強会やイベントなどの主催、セミナー講師や各種メディアへの寄稿などもおこなっている。
・AngularJS Japan User Group（https://groups.google.com/forum/#!forum/angularjs-jp）
・html5j Web先端技術味見部（https://www.facebook.com/ajimibu）

吉田 徹生（よしだ・てっせい）

JavaScriptに魅せられてWEB業界に参入しフロントエンドを主に開発。現在はEラーニングの開発をメインにサーバーサイドからフロントエンドまでを担当。サーバーサイドにNode.jsを利用するなど生粋のJavaScript愛好家であり、WebRTCやWeb Audio APIなどの先端技術をどうやってAngularJSと繋げるか、日々考えている

編集者プロフィール

丸山 弘詩（まるやま・ひろし）

Hecula,Inc.代表取締役。書籍編集者。iPhoneやAndroidなどスマートフォン全般、BSDならびにLinux関連に深い造詣を持つ。関連書籍の執筆・編集はもちろん、アプリケーションの企画開発、運用やプロモーションを手掛け、様々な分野のコンサルティングやプロダクトディレクションなども担当。

◆協力
アリエル・ネットワーク株式会社　栗田 実芳、高村 壮一、稲垣 龍一
株式会社ピースオブケイク　今 雄一
アシアル株式会社　久保田 光則
株式会社サイバーエージェント　五藤 佑典

◆STAFF
装丁　　　　久米 康大（FretJamDESIGN）
本文デザイン　鈴木 良太（Rin Inc.）
DTP　　　　Hecula, Inc.
編集　　　　丸山 弘詩（Hecula, Inc.）
　　　　　　畑中 二四（株式会社インプレス）

■お買い上げ書籍についてのお問い合わせ先

本書の内容に関するご質問は、書名・ISBN（奥付ページに記載）・お名前・電話番号と、該当するページや具体的な質問内容、お使いの動作環境などを明記のうえ、インプレスカスタマーセンターまでメールまたは封書にてお問い合わせください。なお、本書発行後に仕様が変更されたハードウェア、ソフトウェア、サービスの内容等に関するご質問にはお答えできない場合があります。また、以下のご質問にはお答えできませんのでご了承ください。

・書籍に掲載している手順以外のご質問
・ハードウェア、ソフトウェア、サービス自体の不具合に関するご質問
・インターネットや電子メール、固有のデータ作成方法に関するご質問

■乱丁・落丁本のご返送先

乱丁・落丁本などは、送料当社負担にてお取り替えいたします。お手数ですがインプレスカスタマーセンターまでご返送ください。

■読者様のお問い合わせ先
インプレスカスタマーセンター
〒102-0075 東京都千代田区三番町20番地
TEL：03-5213-9295 / FAX：03-5275-2443
E-Mail：info@impress.co.jp

本書のご感想をぜひお寄せください
http://book.impress.co.jp/books/1114101042

[読者登録する]をクリックしてアンケートにご協力ください。アンケート回答者の中から、抽選で商品券（1万円分）や図書カード（1,000円分）などを毎月プレゼント。当選は賞品の発送をもって代えさせていただきます。はじめての方は、「CLUB Impress」へご登録（無料）いただく必要があります。

アンケート回答、レビュー投稿でプレゼントが当たる！

読者登録サービス　CLUB Impress　登録カンタン 費用も無料！

AngularJS リファレンス

2014年　9月11日　初版第1刷発行
2014年 11月11日　初版第2刷発行

著者　　池添 明宏、金井 健一、吉田 徹生
発行人　土田 米一
発行所　株式会社インプレス
　　　　〒102-0075 東京都千代田区三番町20番地
　　　　TEL 03-5275-2442
　　　　ホームページ http://www.impress.co.jp

本書は著作権法上の保護を受けています。本書の一部あるいは全部について（ソフトウェア及びプログラムを含む）、株式会社インプレスから文書による許諾を得ずに、いかなる方法においても無断で複写、複製することは禁じられています。

Copyright ©2014 Akihiro Ikezoe, Kenichi Kanai, Tessei Yoshida and Hecula, Inc. All rights reserved.

印刷所　　株式会社 廣済堂
ISBN978-4-8443-3668-6
Printed in Japan